甜瓜性别相关性状研究

盛云燕　著

哈尔滨工业大学出版社
HARBIN INSTITUTE OF TECHNOLOGY PRESS

内 容 简 介

本书基于作者的科研成果,将近年来在甜瓜性别相关性状方面的研究内容进行整理编辑,全书共分四章,主要内容为甜瓜概述、甜瓜生育期遗传规律的研究、甜瓜性别表达基因的研究、甜瓜雄性不育的研究。

本书可为从事甜瓜遗传育种研究的科研工作者及相关专业的教学研究人员提供参考。

图书在版编目(CIP)数据

甜瓜性别相关性状研究/盛云燕著. —哈尔滨:
哈尔滨工业大学出版社,2017.12
ISBN 978 - 7 - 5603 - 6754 - 5

Ⅰ.①甜…　Ⅱ.①盛…　Ⅲ.①甜瓜-遗传育种-研究　Ⅳ.①S652

中国版本图书馆 CIP 数据核字(2017)第 160454 号

策划编辑　丁桂焱
责任编辑　杨秀华
封面设计　博鑫设计
出版发行　哈尔滨工业大学出版社
社　　址　哈尔滨市南岗区复华四道街 10 号　邮编 150006
传　　真　0451 - 86414749
网　　址　http://hitpress.hit.edu.cn
印　　刷　哈尔滨圣铂印刷有限公司
开　　本　787mm×1092mm　1/16　印张 11　字数 268 千字
版　　次　2017 年 12 月第 1 版　2017 年 12 月第 1 次印刷
书　　号　ISBN 978 - 7 - 5603 - 6754 - 5
定　　价　45.00 元

前　　言

甜瓜（*Cucumis melo* L.）为葫芦科重要的经济作物之一。根据中国农业资源统计,2015年,我国甜瓜播种面积达 4.61×10^5 m² ,是世界上重要的瓜菜生产、销售、出口地。近年来,瓜类性别分化成为研究热点。甜瓜性型复杂,是具有性别分化的高等植物之一。性别分化是植物个体发育的一个重要阶段,影响和决定了植物花器官的形成及发育,而且性别分化对作物的果实品质和果实产量都有诸多的影响。甜瓜有 3 种花型,即雌花、雄花和完全花。3 种花型进行不同的搭配产生七种植株类型,分别是:雌雄异花同株(monoecious),即大部分的单性雄花和少量的雌花;雄全同株(andromonoecious),即大部分单性雄花和少量的完全花;完全花株(hermaphrodite),即全部为完全花;雌全同株(gynomonoecious),即大部分的单性雌花和少量的完全花;三性混合株(trimonoecious),即同一植株上存在单性雄花、单性雌花和完全花;全雌株(gynoecious),即全部为单性雌花;全雄株(androecious),即全部为单性雄花。栽培方式、光照、温度、水肥及植物内部的激素水平等方面对植物的性别分化都会产生影响。本书以甜瓜的性别分化、栽培方式对开花性别的影响及对雄性不育的研究为突破点,结合作者多年来的研究成果,对甜瓜性别相关的研究进行整理。

本书分为"甜瓜性别分化研究"和"甜瓜雄性不育研究"两部分,共四章。本书由黑龙江八一农垦大学盛云燕著,本书中大部分实验内容是作者在东北农业大学西甜瓜遗传育种实验室攻读学位时完成的。在恩师栾非时教授的引领与支持下,作者在甜瓜性别方面取得了一些研究成果,在此向恩师表示感谢! 本书在撰写过程中,得到了国家西甜瓜产业技术体系各位专家的帮助和支持,在此一并表示感谢!

本书得到国家自然基金(31401892)(31722330)、黑龙江省自然科学基金(C2017054)、黑龙江省博士后科研启动项目共同资助。

由于作者能力有限,书中难免有疏漏和不当之处,希望各位专家读者提出宝贵意见,以供再版时修改采用。

作者

2017 年 6 月于大庆

目　　录

第一章　甜瓜概述

第一节　甜瓜植物学特性

甜瓜又称甘瓜或香瓜。甜瓜因味甜而得名,由于清香袭人又名香瓜。甜瓜是夏令消暑瓜果,其营养价值可与西瓜媲美。据测定,甜瓜除了水分和蛋白质的含量低于西瓜外,其他营养成分均种类及含量不低于西瓜,而芳香物质、矿物质、糖分和维生素 C 的含量则明显高于西瓜。多食甜瓜有利于人体心脏、肝脏及肠道的活动,能促进内分泌和造血机能。

甜瓜拉丁语学名为 *Cucumis melo* L. ,英语名字为 Muskmelon,别名香瓜,是一年生蔓生植物。其果实香甜,富含糖、淀粉,还有少量蛋白质、矿物质及其他维生素。通常以鲜食为主,也可制作成果干、果脯、果汁、果酱及腌渍品等。

甜瓜植株分为根、茎、叶、花、果实及种子多个部分,其中可食用的部分为果实,而其他部分对于植株的生长发育同样具有重要的作用。

一、根

甜瓜根系发达,主根深达 1 m 以上,侧根分布直径 2~3 m,但根的再生力弱,不宜移植。甜瓜幼根显微示意图如图 1.1 所示,甜瓜老根显微示意图如图 1.2 所示。

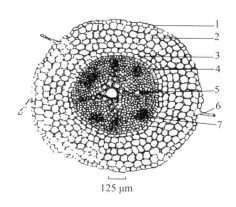

125 μm

图 1.1　甜瓜幼根显微示意图(王东春等,1989 年)
1—表皮;2—皮层;3—内皮层;4—中柱;5—初生木质部;6—根毛;7—初生韧皮部

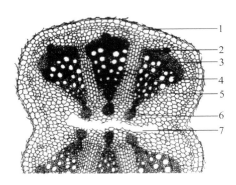

图 1.2　甜瓜老根显微示意图(王东春等,1989 年)
1—周皮;2—韧皮组织;3—次生韧皮部;4—次生木质部;5—射线;6—初生木质部;7—髓腔

1. 分布特点

甜瓜根系发达,入土深广,生长旺盛。主根垂直向下,入土深度可达 1 m 以上,侧根发达,横展半径可达 2~3 m。甜瓜一生中根的分级可达 3~4 级,甚至 5 级。根毛寿命短、更新快,90% 的根毛着生在 2~3 级侧根上,从而形成强大的根群。开花时,甜瓜根系发展到最大,此时一株甜瓜的主要根系能占据 3~5 m³ 的土体,故能充分利用大量土壤中的水分和矿物质,植株表现为具有较强的抗旱性和一定的耐瘠薄能力。甜瓜主要根群在 10~30 cm 的耕层土壤当中。土壤水分不足时,甜瓜根系分布范围较大;水分充足时,分布范围要缩小。如果生长前期的土壤水分过多,甜瓜根系分布会变得浅而少,不仅抗旱力减弱,不利于果实成熟期的控水管理,而且在深冬保护地里遭遇连阴天时,又会造成根系死亡。在轻质沙壤或轻沙壤土中,甜瓜根系生长旺盛,分布较广。土壤有机质丰富,矿质元素充足,也有利于甜瓜根系的生长。植株栽培过密或整枝过早、过狠,不仅影响茎蔓的生长量,也会影响到根系的发展。

2. 生长特点

甜瓜根系好气性强、生长快、具有一定的耐盐碱能力。首先,甜瓜根系对含氧量的要求较高,只有当土壤空气中的含氧量在 10% 以上时,根系才能保持正常的代谢活动。土壤黏重和低洼积水对甜瓜根系生长不利。所以,在栽培甜瓜时,除了要选择好的地块以外,还须进一步改良熟化土壤,并采取垄作和覆盖地膜等形式来改善土壤环境条件。甜瓜根系生长快,当 2 片子叶展开时,主根可长达 15 cm 以上;当幼苗具有 4 片真叶达到定植标准时,主根扎深和侧根横展均可超过 24 cm。甜瓜根系易于木栓化从而导致再生能力弱,因此在育苗时宜采用护根育苗的方式。采用一般育苗方法掘取苗时必然要切断大量根系,这会导致缓苗期延长,甚至影响成活。根系发育的适温为 25~35 ℃,最高可耐受 40 ℃,最低可耐受 15 ℃,超过此限,根系便停止生长。甜瓜根系生长适宜的土壤酸碱度(pH)为 6~6.8,但其适应性较宽,特别是对碱性适应力强,在 pH 为 8~9 的条件下,甜瓜仍能生长发育。甜瓜的耐盐性也较强,在土壤总盐量 1.4% 以下时,甜瓜仍能正常生长。

3. 作用

甜瓜的根系除了具有一般作物的固定植株、从土壤当中吸收水分和无机盐等养料的作用外,还有直接参与有机物质合成的作用,甜瓜有 18 种氨基酸是在根系里合成的。所以,促进和保护甜瓜的根系对促进生产更有重要的意义。

二、茎

甜瓜的茎为一年葡匐或攀缘草本。茎、枝有黄褐色或白色的糙毛和突起。甜瓜茎的显微示意图如图 1.3 所示。

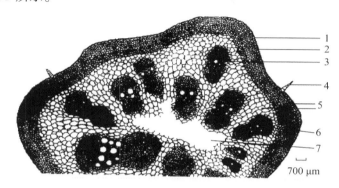

图 1.3 甜瓜茎的显微示意图(王东春等,1989 年)

1—角质层;2—表皮;3—维管束;4—表皮毛;5—皮层;6—纤维带;7—髓腔

1. 植物学特征

甜瓜茎中空有刺毛,节间有不分叉的卷须,可攀缘生长。一般品种节间长 5 ~ 10 cm,但在水分管理不当时,甜瓜的节间会显著变长而不利于管理。甜瓜的茎为蔓生,分枝性强,每节都能发生侧枝,主蔓上生子蔓,子蔓上生孙蔓,条件适宜时可无限生长而成为很大的株丛,因此栽培中须整枝,在保护地栽培时须搭架或吊蔓。茎圆形,有棱,被短刺毛,分枝性强。茎上单叶互生,叶片近圆形或肾形,被毛。

2. 生长特点

甜瓜茎的分枝性极强,每一叶腋都可发生新的分枝,如果放任生长,则会形成杂乱无章、主次不分、难以管理的株丛,不仅影响坐瓜,而且结出的瓜较小、成熟期推迟。因此,在栽培中必须及时而严格地采用整枝、摘心和打杈等手法,调节植株向有利于结瓜的方向发展,从而达到甜瓜高产、优质和早熟的目的。甜瓜茎生长迅速,旺盛生长期一昼夜可延伸 6 ~ 15 cm,白天的生长量大于夜间。自然生长的条件下,主蔓的生长较弱,通常不超过 1 m,但侧蔓的生长特别旺盛,往往超过主蔓。薄皮甜瓜的枝蔓不如厚皮甜瓜的粗壮。整枝方式因品种的着花、结果习性,栽培形式、栽培条件而异。一般第 1 侧枝生长势较弱,多不选留。瓜蔓伸长在整个生育期中有两种形态,即直线型伸长和弯曲型伸长。结果前,瓜蔓为直线型伸长,节间长 11.4 cm;结果后,瓜蔓为弯曲型伸长,节间长 8.04 cm。瓜蔓弯曲伸长是开始结果的标志,在生产上可作为中期植株长势衡量指标,用于指导肥水管理和中期棚温调控工作。

三、叶

甜瓜的叶分为子叶和真叶,子叶在出生后变成光合作用的器官。子叶与营养叶的结构相似,包括表皮、叶肉和叶脉三个部分。甜瓜子叶的横切面示意图如图1.4所示。

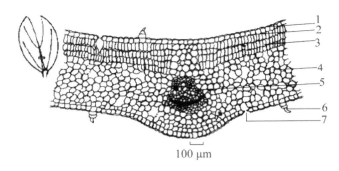

100 μm

图1.4　甜瓜子叶的横切面示意图(王东春等,1989年)
1—角质层;2—表皮;3—栅栏组织;4—海绵组织;5—叶脉;6—表皮毛;7—气孔

1.植物学特征

甜瓜叶大而薄,蒸腾作用强烈。甜瓜子叶较大,呈长圆形,生长时间为1个月左右,生长速度在2叶1心后最快。真叶为单叶互生,呈圆形或肾形,有角、全缘或5裂,同一品种的叶的大小、裂刻深浅因节位和栽培环境的不同而不同。厚皮甜瓜的叶片比薄皮甜瓜的色浅而平展。叶的净同化率因叶龄与栽培条件而异,通常叶的长、宽多在8~15 cm,厚度为0.4~0.5 mm。厚皮甜瓜的叶片比薄皮甜瓜要大,新疆哈密瓜的叶片最大。在保护地栽培的情况下叶片显著增大,长径可达30 cm以上,叶形也会因水分状况而有所改变。土壤水分过多时,叶片增大,叶片变长如牛舌形,裂刻变浅。支架栽培时,叶柄与茎的夹角增大,叶片下垂,节间变长,生长点突出。甜瓜的叶色深浅不一,厚皮甜瓜的颜色较浅,薄皮甜瓜的颜色则较深。一般来说,深绿色叶片的品种其抗病性较强一些。

2.生长特点

甜瓜在结瓜以前叶片生长迅速,一般每3~5天可展开1片新叶。甜瓜叶从出现到不再扩大需15~20天,白天的生长量大于夜间。刚展现的幼叶在前5~7天内光合作用较弱,其制造的养分不能满足自身生长的需要。以后随着叶片的迅速扩大,其光合效率也不断提高,此时光合产物除供叶片自身生长需要外,尚有输出。当叶片展现后30天左右,叶片的面积达到最大,其光合作用也最强,向外输出的养分也最多。此种状况维持一段时间之后便开始下降,当叶片展现后45~50天,光合产物向外输出的就很少了。栽培过程中,特别是保护地栽培时,及时摘除这一部分老叶是非常必要的。但在管理水平高时,也可延长功能叶的寿命,提高整株植株的光合效率。

3.与外界条件的关系

水肥条件良好,日照充足,营养面积合理,单株留果数、留果节位合理,种植密度和株行距配置适宜,对提高叶片光合效率有利。反之,会导致叶的早衰。茎和叶生长过弱或整枝过度、单株叶面积过小、叶面积尚未充分增加前在低节位坐果、坐果数过多等都可导致叶片早衰。特别是果实开始膨大时,常因果实与叶片争夺养分更容易加速叶片的衰老,致使叶色变灰、变脆硬而无光泽。严重时在生长发育后期还会导致叶片急速性萎蔫、干枯,甚至植株整株死亡。土壤中缺少磷、镁元素或锰元素过剩(过量喷用含锰的农药),都会导致叶片早衰。

4. 光合产物运转

叶片的光合产物除供自身利用外,结果前,植株基部叶片的净光合产物主要运往根部,上部叶片的净光合产物主要运往茎尖生长点。开始结果后,结果部位下部的叶片的净光合产物主要运往根部,其余部分运往果实;上部叶片部分运往顶端生长点,部分运往果实;结果部位附近的叶片,特别是坐果节前后2片叶的同化产物绝大部分运往果实,所以必须充分保护好这部分叶片。叶片的同化作用在新叶展开10天时最强,维持40天后进入结果期,此时可把基部已衰老的15节叶片摘掉以减少养分消耗,改善根茎部通风透光条件,减轻病害的发生。

四、花

甜瓜花冠为黄色,雄花丛生,雌花多为单生,一般为雌雄同株或雄花与两性花同株,雌花子房下位。甜瓜中存在三种花型,即完全花、雄花和雌花。图1.5为不同甜瓜开花类型示意图。

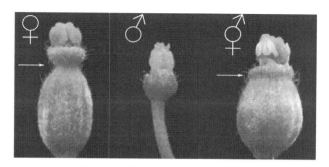

图1.5　不同甜瓜开花类型示意图

根据植株开花不同的数量和组合将甜瓜植株分为以下几种:雌雄异花同株(monoecious),即大部分的单性雄花和少量的雌花;雄全同株(andromonoecious),即大部分单性雄花和少量的完全花;完全花株(hermaphrodite),全部为完全花;雌全同株(gynomonoecious),即大部分的单性雌花和少量的完全花;三性混合株(trimonoecious),即同一植株上存在单性雄花、单性雌花和完全花;全雌株(gynoecious),即全部为单性雌花;全雄株(androecious),即全部为单性雄花(Poole 和 Grimball,1939)。图1.6为甜瓜不同植株类型示意图。

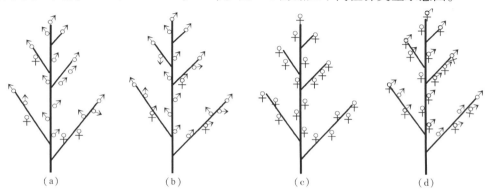

(a)　　　　　　(b)　　　　　　(c)　　　　　　(d)

图1.6　甜瓜不同植株类型示意图(Antoine Martin,等,2009)

目前大多数的商业栽培品种为雄全同株。雄全同株的杂交授粉必须通过去雄及人工授粉,此过程非常费工并且和其他作物相比在甜瓜中成功的概率相对较低(24% ~40%)。雄性花多为数朵簇生单性花。栽培品种多为雄全同株。两性花多为单生,它的雌蕊和雄蕊都发育正常,通过自花授粉可以结实。但甜瓜两性花的结构是典型的虫媒花,雄蕊低于柱头,花粉沉重而黏滞,如果没有昆虫等外力的帮助,很难完成授粉过程。在保护地里极少有昆虫活动的情况下,只有做好人工辅助授粉工作或用激素处理才能保证正常坐瓜。全雌系雌花出现早、数量多且结成率高,全雌系如果能够实现其性别稳定则可以用于杂种生产(Zalapa J E 等,2007)。薄皮甜瓜的花着生在叶腋处,多为雌雄异花同株。雌花单生,雄花3 ~5 朵簇生。雌花多为两性花,又称结果花。雌、雄花均具有蜜腺,属虫媒花,通过自花授粉和异花授粉都能结出果实。主蔓雌花出现较迟,子蔓、孙蔓雌花出现较早。通常在第1、2节出现雌花。甜瓜的花芽分化在主蔓和侧蔓的叶腋处,由下向上分化花芽。与黄瓜类似,花芽分化初期不分性别,随后才向雌性或雄性方向发展成雌花或雄花,雌花上的雄蕊发育进而成为两性花。甜瓜花芽分化期较早,幼苗具有3 片真叶时,主蔓叶芽已分化到17 节,花芽已分化到13 节,第1 ~11 节已分化侧蔓,其中第1 ~9 节侧蔓的花芽已分化完成。甜瓜的花芽分化受温度和光照条件的影响较大。在适宜的温度下,随着温度的升高,幼苗的生长加速,花芽分化提前。但较低的温度有利于结实花的形成,特别是低夜温可使结实花的数量增多。昼温30 ℃、夜温18 ~20 ℃对甜瓜雌花的形成是有利的。甜瓜的花在早晨气温上升到20 ~21 ℃时开放,同一叶腋的雄花逐日次第开放,通常1 朵花只开放1 天。开花后2小时内授粉结实率最高,花在中午闭合、下午萎蔫。厚皮甜瓜花型为雄花与雌花(或完全花),同株型雄花多单生,开放早;雌花通过自花或异花授粉均能结实,其着生的习性因品种而异,极早熟品种的主蔓即可结果,但多数品种以子蔓、孙蔓结果为主,孙蔓上第1 朵雌花大多在孙蔓第1 叶节上。厚皮甜瓜花的开放时间主要取决于温度,当早晨田间气温为20 ℃左右开始开放,开花后3、4 小时内授粉最好,空气湿度过高、温度过低或阴雨高湿的环境都不利于授粉、受精与坐果。甜瓜不同花型花芽分化示意图如图1.7 所示。

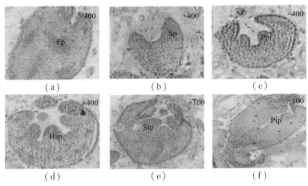

图1.7　甜瓜不同花型花芽分化示意图(王强等,2009)

(a)花芽原基(Fp);(b)花萼原基(Sp);(c)花瓣原基(Pp);

(d)两性原基(Tsp);(e)雄蕊原基(Stp);(f)雌蕊原基(Pip)

五、果实

甜瓜为瓠果,侧膜胎座,3 ~5 心室,果实由花托和子房共同发育而成。甜瓜果实成熟后,果柄有的脱落,有的不脱落。保护地栽培的品种要求不落柄。甜瓜果实的可食用部分多为发达的中、内果皮。厚皮甜瓜的外果皮韧而硬,不可食用,其可食用部分为中、内果皮,即果肉。薄皮甜瓜的可食用部分为整个果实,即果肉和皮。甜瓜果实的形状、大小、色泽因品种而异。薄皮甜瓜的外果皮薄而软,可以食用。甜瓜果实形状多种多样,外表有的光滑,有的有网纹或棱沟,颜色美丽多彩。果肉的色泽也较丰富,有不同程度的绿、白、橘红、黄等颜色。有的品种的果实具有两种色彩,外绿里白或外绿里红,十分美观。甜瓜果实的香味有芳香、醇香、异香等多种类型。黄皮早熟品种香气较浓,白皮、网纹品种香气较淡。薄皮甜瓜果实个小,多在 0.5 kg 以下;厚皮甜瓜果实个大,多为 1 ~ 5 kg,有的达 10 kg 以上。果肉含糖量为 12% ~ 16%,有的果实中含糖量可高达 20% 以上。厚皮甜瓜从开花到成熟共 38 ~ 40 天,单株结瓜 4 ~ 6 个。

六、种子

甜瓜种子由种皮、子叶、胚三部分组成。子叶占种子的大部分,富含脂肪、蛋白质。甜瓜种子扁平,呈披针形、长卵圆形或芝麻粒形,颜色为黄色、白色、褐色或红色。厚皮甜瓜种子千粒重 27 ~ 80 g,薄皮甜瓜种子千粒重 9 ~ 20 g,甜瓜种子在平常条件下的寿命为 4 ~ 5年,在干燥、冷凉条件下其寿命可达 15 年以上。

第二节 甜瓜开花授粉习性

一、开花习性的观察

大多数甜瓜为雄全同株类型,很少一部分为雌雄异花同株或全雌株。2007 年,作者通过观察雄全同株与雌雄异花同株材料的开花类型发现,虽然甜瓜的花的分生能力在不同品种、不同整枝方式之间有差异,但是总体来说,植株生长旺盛,花的数量很多,然而,进一步发育到开花、结实的植株却不多,尤其是在不整枝的情况下更为明显。同期育苗定植的甜瓜品种中,雌雄异花同株材料与雄全同株材料的杂交后代比其他常规品种材料的前期营养生长速度快,花芽分化比其他品种材料早,尤其是雌花分化。在定植 38 天后,雄全同株品种有个别雄花开放,而杂交后代雌花大量发育,雄花发育相对落后,有时 F_1 代植株雄花大量发生,多为 3 ~ 4 朵簇生,植株群体存在早衰现象。表 1.1 为甜瓜植株开花数调查表。

表 1.1 甜瓜植株开花数调查表

植株类型	雌雄异花同株		雄全同株	
整枝方式	双蔓整枝	不整枝	双蔓整枝	不整枝
雄花数/朵	169	193	150	178
完全花数/朵	—	—	89	102
雌花数/朵	64	42	—	—

注:调查时期为从定植到第 1 个果实成熟采摘。

绝大多数的结实花在发育过程中常由于营养不良而退化、夭折。在所观察的品种中,能够开花的结实花为20～30朵,能够发育成果实的更少。在雌雄异花同株材料中,能够发育成果实的结实花为3～4朵,但是果实较小;在雄全同株材料中多者为5～6朵,少者为1朵,果实也比较小。尤其在不整枝的条件下,情况更为突出,可能是与坐果率和自交授粉的能力有关。

调查的这两种开花类型的植株材料,大多数为子蔓结瓜,大量结果出现在孙蔓上。在双蔓整枝时,第1结实花多出现在子蔓的第1节,雄花出现较早,一般一节一朵,也常发生簇生的现象。雄花的开放时间早于雌花或完全花,但是在短日照或者温度较低的情况下,其开放时间晚于雌花或完全花。

二、开花期对环境的要求

开花期对环境的要求主要是温度,其他因素的影响不大(吴明珠,1983)。甜瓜开花的温度最低是18～20 ℃,最适合的温度为20～24 ℃。作者在东北农业大学香坊实验农场的24号、5号日光节能温室,于2007年9月25日和26日、2008年的5月14日和15日,观察植株的开花情况。夜间温度低于16 ℃时,雄花基本不开放,而且无花粉。当夜间温度达到18 ℃以上时,有的雄花虽然没有开放,但是却发现散粉的现象,并且花粉具有生活力(进行人工授粉,并追踪调查)。

雌花由于雄蕊与雌蕊的特征不同(图1.8),但是不论雌、雄蕊的形态特征如何,植株通过人工授粉都能够结实。自花授粉结实成功率低于异花授粉。

（a）　　　　　　　　　　（b）　　　　　　　　　　（c）

图1.8　甜瓜不同性别花雌蕊与雄蕊示意图
（a）完全花;（b）完全花(强雌蕊型);（c）雄花

三、甜瓜的生育期

甜瓜的整个生育期大致可分为以下4个时期,如图1.9所示。

1. 发芽期

发芽期指从播种至第1片真叶显露,在30～35 ℃条件下,需1周左右。此时期主要靠转化种子储藏的养分来提供能量,甜瓜根系和地上部的干重增长很少,主要是胚轴的伸长。叶是甜瓜主要的同化器官,其生理活动旺盛。

2. 幼苗期

幼苗期是指从第1片真叶显露至幼苗具有5、6片真叶的"团棵期",在25 ℃条件下,需20～25天左右。此时期幼苗生长缓慢,节间较短,呈直立生长。同时,花芽和叶芽大量分化,因此,需要创造良好的生长发育环境,满足花芽、叶芽分化的要求,为以后植株的生长和

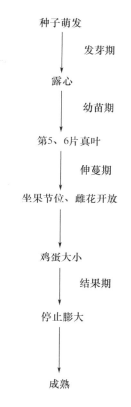

种子萌发

发芽期

露心

幼苗期

第5、6片真叶

伸蔓期

坐果节位、雌花开放

鸡蛋大小

结果期

停止膨大

成熟

图 1.9　甜瓜的生育期

结果奠定基础。生产中宜采取大温差育苗的管理方法，白天给予充足的光照和较高的温度（30 ℃左右）条件以提高同化能力，积累充足的营养，夜间给予 15～18 ℃的低温以利于花芽分化和雌花形成。

3. 伸蔓期

伸蔓期指从"团棵期"至第 1 朵雌花开放，需 25～30 天。此时期根系迅速扩展，吸收量增加，侧蔓不断发生并迅速伸长，每 2～3 天就可展开一片新叶，植株进入旺盛生长阶段。此时期是植株建立强大的营养体系、为果实膨大奠定物质基础的关键时期，如管理不当易出现两种情况：一是植株生长不良，表现为茎蔓细弱，叶面积小，雌花子房小，导致不能坐果或果实很小；二是茎叶生长过旺，不能在适当的位置及时坐果，因而延误了生长季节。可通过肥水管理及植株调整来控制植株生长势，以确保营养生长和生殖生长的平衡。

4. 结果期

从结实花开放到果实采收这段时间为结果期。早熟品种需 20～30 天，中晚熟品种需 30～40天。结果期又可细分为结果前期、结果中期和结果后期。结果前期指雌花开放到果实坐住，约需 7 天。此时期是植株由以营养生长为主转向以果实生长为主的过渡期，植株长势虽较强，但果实生长逐渐占优势。结果中期指自果实迅速膨大至停止膨大。此时期植株总生长量达到最大值，植株生长以果重增长为主，是果实生长最快的时期，也是决定果实膨大的关键时期，日增长量可达 50～100 g，同时，茎、叶的生长显著减少或停滞。结果后期指自果实停止膨大至成熟,营养生长停滞甚至衰退。此时期果实体积增加很少,主要是果实内部发生生理生化变化,糖分增加。早熟品种的这一过程较短,晚熟品种的较长,甚至有后熟现象。

四、甜瓜的整枝技术

甜瓜在栽培中必须通过科学合理地整枝来调节营养生长与生殖生长的关系,才能实现高产、优质、高效的栽培目标。整枝方式多采用直立式单蔓整枝法、匍地式单蔓整枝法、双蔓整枝法、匍地式双蔓整枝法和四蔓整枝法等,根据栽培地点及种植地点的不同而进行调整。

1. 直立式单蔓整枝法

直立式单蔓整枝法适用于温室、大棚或露地间套作甜瓜的整枝。当幼苗长至20 cm长、发生卷须时,露地搭1.5 m高的架或在棚里用尼龙绳将蔓悬吊。当主蔓有25~30片叶时摘心,留第11~16节上发生的3条子蔓作为结瓜蔓,结瓜蔓留2叶摘心,其余子蔓和结瓜蔓上的腋芽全部摘除。

2. 匍地式单蔓整枝法

匍地式单蔓整枝法又称子蔓结瓜整枝法。当主蔓有25~30片叶时摘心。早春低温期将主蔓第12~16节、夏秋高温期将主蔓第8~12节发生的子蔓留作结瓜蔓,其余蔓尽早摘除。开花前,结瓜子蔓留2叶摘心,主蔓前3节发生的侧蔓全部摘除。不结瓜的蔓整枝法与匍地式双蔓整枝法相同。

3. 双蔓整枝法

甜瓜采用双蔓整枝或子蔓作为主蔓的单蔓整枝方法时,于幼苗4~5叶时摘心,留健壮子蔓并及时摘除多余子蔓,子蔓有25~30片叶时摘心,促进开花。结合人工授粉,在子蔓第11~15节留瓜,当果实长至鸡蛋大小时疏果,每株留4果,每条子蔓上留2果,节位适中,适当留低节位结果并及时翻果、垫果。

4. 匍地式双蔓整枝法

匍地式双蔓整枝法又称孙蔓结瓜整枝法。在幼苗有4片真叶时摘心,促进主蔓生长。当主蔓长至15 cm左右时,选留健壮、整齐的子蔓2条,其余蔓摘除。当2条子蔓有20~25片叶时摘心,促进孙蔓发生和生长。低温季节时于孙蔓第10节左右留瓜,高温季节时则留孙蔓第6节后发生的瓜。将结瓜蔓以下发生的侧蔓全部摘除并留2叶摘心,同时将子蔓前3节发生的侧蔓也全部摘除。对其他不结瓜、长势旺盛的孙蔓留1叶摘心,长势较差的则任其生长。

5. 四蔓整枝法

甜瓜秧苗定植后,在主蔓出现5片真叶时进行第一次摘心。第1片真叶的腋芽应及早摘掉,上部其余腋芽保留并培养成4条子蔓。当每条子蔓长出4~5片叶时,进行第二次摘心。在每条子蔓的第1、2节位雌花出现时采取保花促果措施,每条子蔓上选留1个果形丰满、瓜柄粗壮的幼瓜,一般以第2节位的幼瓜作为首选,其余的摘除。同时,必须将幼瓜所在节位和前面新发出的孙蔓尽快摘除,否则极易造成化瓜。正常情况下,每条子蔓留1个瓜,如果水肥供应充足,温度光照适宜,病、虫、草、鼠防治到位,结出的瓜不仅整齐,熟期集中,可抢早上市,外观好,商品性极佳,而且直到收获之前,都不会出现疯秧现象。

若遇特殊情况,如因自然灾害、鼠害或人为损伤幼瓜造成化瓜时,则应利用该子蔓的第3或第4节位的孙蔓结瓜进行补救,不会影响产量。

当每蔓1瓜全部坐稳并开始膨大时,以每瓜前后保留10~12片健全的功能叶为标准,进行最后一次全面的、彻底的摘心。需注意的是,每次整枝摘心应选在晴天进行,避开阴雨天,防止病害入侵。按此法整枝不仅无空秧,坐果齐,产量高,品质上乘,而且能最大限度地缩短采收期,利于下茬轮作。

五、甜瓜开花授粉技术

对于雌雄异花同株的甜瓜植株,其雄花单性,在主蔓第1节即可发生,单生或簇生;结实花多发生在主蔓7~9节以上,而在子蔓、孙蔓上发生得较早,单生,少有双生或三生,且多数为两性花。结实花柱头3裂,子房下位;柱头周围有3组雄蕊,均低于柱头。因此,在昆虫活动较少的情况下,甜瓜自然授粉期间工作量较大,需整枝、扎花、去雄、标记。为提高授粉的工作效率,保证产籽量和发芽率,根据甜瓜开花习性和授粉、受精规律,几年来,作者等人采用下列授粉方式,收到了良好效果。甜瓜花一般在早晨气温达20~21 ℃时开放,每朵花开一天,开花后2小时内授粉其受精能力最强。因此,晴天授粉时,要尽量在上午10时以前完成。

1. 自交授粉

可于下午4时后巡视瓜蔓,在次日将开的结实花的上方挂小红牌做标记,然后用细铁丝将花冠轻轻扎住,再在同一株上扎一朵次日将开的雄花。第二天早晨花开放以后,除去铁丝,将雄花花冠用镊子除去,露出雄蕊,用花药直接在结实花的柱头涂抹上充足的花粉,迅速把结实花重新扎严,挂上白牌,在牌子上写明授粉时间。在结实花前留2叶摘心,这种既可保证养分较多地供应到授粉瓜上,促进坐瓜,又可作为授粉的一个标记。最后要把上方的红牌取下。

2. 杂交授粉

一般在母本结实花开放前一天去雄,授以当天开放的父本雄花的花粉。具体方法是:开花前一天下午,在母本结实花上方挂红牌标记,然后用镊子拨开花冠,除净雄蕊(切勿损伤柱头),套上纸袋绑牢或用小号医用胶囊代替纸袋,之后在父本植株上扎雄花备用。杂交当天,除去结实花上的纸袋或胶囊,用父本花雄蕊涂抹母本花柱头。在授粉瓜节位挂白牌,写明授粉时间、母本,授粉花前留2叶摘心,并取下上方的红牌。每处理完一朵花,应把镊子插入含体积分数为70%酒精的棉球的小瓶中清洗一次,以免镊子携带花粉。如果在授粉时,发现结实花上还有残存的雄蕊,一定要摘除这朵花。甜瓜的花粉和雌蕊,在开花前一天、后一天都具有授粉、受精能力,因而也可采用蕾期授粉法,即在开花前一天进行去雄,开花前一天或当天授粉,这样既可保证纯度,又不影响采种量。为了能在较短时间内对生长一致的结实花同时授粉,整枝时应尽量保留结实花生长一致的侧枝,每株授粉4朵,完成以后,将其余的结实花蕾及早摘除,这样可以节省养分,有利于植株生长,促进坐瓜,加速果实膨大。

3. 甜瓜去雄技术

人工去雄授粉是杂交制种中关键的技术环节,其技术要点如下:

（1）准备工作。去雄授粉前，认真检查制种田，彻底拔除杂株，尤其父本田，认不准时宁可错拔而不可漏拔，否则，一株的混杂便可造成不可挽救的损失。此时，将母本植株上全部已开的花和已结的果彻底摘除，同时进行整枝，掰除多余的腋芽。

（2）去雄。去雄工作在早上露水干后至天黑前全天均可进行，选择适宜大小的花蕾进行去雄是保证种子杂交纯度的关键，选蕾偏大影响纯度，选蕾太小则影响坐果及产籽率。一般应选择发育正常的、开花前 24～48 h 的花蕾去雄。去雄时用左手夹住花蕾基部，右手持镊子，先将花瓣去掉，之后再用镊子将雄蕊夹去。注意去雄一定要干净彻底，不能留下一个或半个花粉囊，否则将产生自交，影响纯度。去雄时绝不能用力挟持或转动花蕾，更不能用镊子碰伤子房及花柱。去掉的花药一定要落地，以免散粉造成自交。去雄时有时会出现花瓣连同花药一同脱落的现象，原因一般是选蕾偏大、空气干燥或土壤湿度小。

（3）套袋。提前一天将即将开放的雌花、雄花或去雄后的雌花用卷好的卷烟纸套牢，以免因风媒或虫媒造成串粉。

（4）授粉。露水干后，避开中午高温，气温为 15～28 ℃时授粉为宜。最好在早晨 9～11 时这一期间安排授粉。如遇高温、干燥或有大风的天气，应提早授粉，以免柱头变黑，影响受精结实。选择花粉鲜黄、花粉量多的雄花去掉花瓣，用来授粉。授粉时，先摘除雌花上的卷烟纸，用左手拇指和食指稳住花朵基部，右手夹住雄花，在雌花的柱头上均匀地涂抹花粉，之后再用卷烟纸将授好的花套牢，以免串粉。

第三节　甜瓜生长发育对环境条件的要求

一、甜瓜生长发育所需的环境条件

1. 温度

甜瓜是喜温耐热的作物之一，极不耐寒，遇霜即死。其生长适宜的温度，昼温为 26～32 ℃，夜温为 15～20 ℃。甜瓜对低温反应敏感，昼温 18 ℃、夜温 13 ℃以下时，植株发育迟缓，其生长能耐受的最低温度为 15 ℃。10 ℃以下时，甜瓜停止生长并发生生长发育异常；7 ℃以下时，甜瓜发生亚急性生理伤害；5 ℃持续 8 h 以上便可使甜瓜发生急性生理伤害。甜瓜对高温的适应性非常强，30～35 ℃内仍能正常生长结果。

甜瓜不同器官的生长发育对温度的要求有所不同，茎、叶生长的适温范围为 22～32 ℃，最适昼温为 25～30 ℃，夜温为 16～18 ℃。当气温在 13 ℃以下、40 ℃以上时，植株生长停滞。甜瓜根系生长耐受的最低温度为 15 ℃、最高为 40 ℃，14 ℃以下或 40 ℃以上时根毛停止生长。为使植株根系正常生长，生育的前半期地温应高于 25 ℃，后半期应高于 20 ℃，18 ℃以下会有不良影响。若土壤冷凉且水分过多，植株根毛易变褐，导致幼苗死亡，这在冬春栽培育苗中容易发生。果实膨大时以昼温 27～32 ℃、夜温 18 ℃左右为宜，较高的温度有利于果实的膨大。

甜瓜不同生育阶段对温度的要求也有明显差异。种子发芽的适温为 28～32 ℃，浸泡 4～6 h 后的种子放在 30 ℃条件下 15 h 即可萌动。在 25 ℃以下时，种子发芽时间长且不整齐，温度越低，出苗时间越长，同时还可能出现烂种、死苗现象。甜瓜种子在低于 15 ℃的条件下不发芽。因此，必须在地温稳定在 15 ℃以上时才能直播或定植。幼苗期的温度直接影响甜瓜的坐果和着花节位。较低的温度，特别是较低的夜温有利于结实花的形成，使其数量增加、节位降低。因此，要注意幼苗期夜温不可过高，安全值为 18～20 ℃，超过 25 ℃时结实花推迟开放、节位升高。开花坐果期的适温为 28 ℃左右，夜温不低于15 ℃，15 ℃以下则会影响甜瓜的开花、授粉，35 ℃以上、10 ℃以下的温度对甜瓜的开花、坐果极为不利。结果期特别是膨瓜期以昼温为 28～32 ℃，夜温为 15～18 ℃为宜。

甜瓜茎、叶的生长和果实发育均需要有一定的昼夜温差。茎、叶生长期的温差为 10～13 ℃，果实发育期的温差为 13～15 ℃。昼夜温差对甜瓜果实发育、糖分的转化和积累等都有明显影响。昼夜温差大，植株干物质积累和果实含糖量均较高；反之则干物质积累少，含糖量低。

甜瓜全生育期的有效积温：早熟品种为 1 500～2 200 ℃；中熟品种为 2 200～2 500 ℃；晚熟品种为 2 500 ℃以上。

2. 光照

甜瓜是喜光作物，生育期内，其在光照充足的条件下才能生长发育良好。光照不足时，植株生长发育受到抑制，果实产量低、品质低劣。甜瓜的光饱和点为 5.5 万～6.0 万 lx，光补偿点一般在 4 000 lx，光合强度为 17～20 mg/100（cm^2·h）。幼苗期光照不足，幼苗易徒长，叶色发黄，生长不良；开花结果期光照不足，植株表现为营养不足、花小、子房小、易落花落果；结果期光照不足，不利于果实膨大，且会导致果实着色不良、香气不足、含糖量下降等。

甜瓜正常生长发育需 10～12 h 的日照，日照长短对甜瓜的生长发育影响很大。据实验，在每天 10 h 的日照条件下，甜瓜花芽分化提前，结实花节位低、数量多、开花早。每天日照时间少于 8 h，无论其他条件如何优越，植株均表现出结实花节位高、开花延迟、数量减少。

不同的甜瓜品种对日照总时长的要求也不同，早熟品种需 1 100～1 300 h，中熟品种需 1 300～1 500 h，晚熟品种需 1 500 h 以上。

日照资源丰富，春、夏季节日照率高，4～7 月光照强度常在 10^5 lx 以上，日照时长超过 10 h 的地区，特别适宜栽培甜瓜，如山东省。在冬、春季节，甜瓜在大棚中栽培，多需在冬季或早春时进行保护地育苗。此时日照时间短、光照弱，因此育苗密度要小，在保证幼苗不受冻害的前提下，尽量将覆盖物早揭晚盖，让幼苗多接受光照。连续阴雨天时，可利用高压汞灯、碘钨灯等对幼苗进行人工补光。在栽培过程中，应尽量保持大棚塑料薄膜干净透明。

3. 湿度

甜瓜对湿度的要求包括空气湿度和土壤湿度两个方面。甜瓜生长发育过程中，较适宜的空气相对湿度为 50%～60%。在空气干燥的地区栽培的甜瓜甜度高、香味浓；在空气潮湿的地区栽培的甜瓜水分多、味淡、品质差。空气湿度过高不仅对甜瓜的生长发育有不良影响，更易诱发各种病害。在高温、高湿的条件下，这种危害就更加严重。甜瓜在开花、坐果前适应较高的空气湿度，但坐果后对高湿环境的适应性减弱。

大棚栽培甜瓜时，棚内的湿度一般都偏高，很容易引发霜霉病、疫病、茎腐病等病害。因此，在栽培中可采用地膜覆盖或大棚覆盖长寿无滴膜、严格控制浇水次数和浇水量、浇水后及时通风散湿、浇水前喷药防病等措施加以预防。

甜瓜根系发达，在土壤中分布深而广，具有较强的吸水能力。甜瓜生长快，生长量大，

13

茎叶繁茂,蒸腾作用强,一生中需消耗大量水分。据测定,一棵有3片真叶的甜瓜幼苗,每天耗水170 g;开花坐果期,每株甜瓜每昼夜耗水达250 g。因此,应保持土壤有充足的水分。甜瓜的不同生育期对土壤中水分的要求是不同的,幼苗期应维持土壤最大持水量的65%,伸蔓期为70%,果实膨大期为80%,结果后期为55%~60%。幼苗期和伸蔓期土壤水分适宜,有利于根系和茎、叶生长。在雌花开放前后,土壤水分不足或空气干燥,均可使子房发育不良。但水分过大也会导致植株徒长,易化瓜。果实膨大期是甜瓜对水分需求的敏感期,果实膨大前期水分不足会影响果实膨大,导致产量降低,易出现畸形瓜;后期水分过多则会使果实含糖量降低、品质下降,易出现裂果等现象。大棚栽培甜瓜中多采用地膜覆盖,地膜具有很好的保墒作用,因此浇水次数可适当减少。

4. 土壤

甜瓜根系强壮,吸收力强,对土质的要求不高,在沙土、沙壤土、黏土上均可种植,但以疏松、土层厚、土质肥沃、通气良好的沙壤土为最好。沙壤土早春时地温回升快,有利于甜瓜幼苗生长,果实成熟早、品质好。但沙壤土保水、保肥能力差,有机质含量少,肥力差,植株生育后期容易早衰,影响果实的品质和产量。黏性土壤一般肥力好,保水、保肥能力强,在黏性土壤上栽培甜瓜,生长后期长势稳定。在沙质土壤上种植甜瓜,在生长发育的中后期要加强肥水管理,增施有机肥,改善土壤的保水、保肥能力;还要注意在早春时多中耕,提高地温,后期控制肥水,以免引起植株徒长。

甜瓜对土壤酸碱度的要求不甚严格,但在 pH 为 6~6.8 条件下生长最好。酸性土壤容易影响甜瓜对钙的吸收而使叶片发黄。甜瓜的耐盐能力较强,在总盐量超过 0.114% 的土壤中能正常生长,可利用这一特性在轻度盐碱地上种植甜瓜,但甜瓜在含氯离子较高的盐碱地上生长不良。

甜瓜比较耐瘠薄,但增施有机肥、肥料合理配比可以实现高产、优质的目标。甜瓜对矿质营养需求量大,从土壤中可大量吸收氮、磷、钾、钙等元素。矿质元素在甜瓜的生理活动及产量形成、品质提高中起着重要的作用。供氮充足时,甜瓜叶色浓绿,生长旺盛;供氮不足时则叶片发黄,植株瘦小。但生长前期若氮素过多,易导致植株疯长;结果后期植株吸收氮素过多,则会延迟果实成熟且果实含糖量低。缺磷会使植株叶片老化,植株早衰。钾有利于植株进行光合作用及细胞中原生质的生命活动,施钾能促进甜瓜光合产物的合成和运输,提高产量,并能减轻枯萎病的危害。

钙和硼不仅影响甜瓜果实的含糖量,而且影响果实外观。钙不足时,果实表面网纹粗糙、泛白。缺硼时,果肉易出现褐色斑点。甜瓜对矿质元素的吸收高峰一般在开花至果实停止膨大的一段时间内。施肥时既要从整个生育期来考虑,又要注意施肥的关键时期,基肥与追肥相结合。在播种或定植时施入基肥,在生长期间及时追肥。为满足甜瓜对各种元素的需要,基肥主要施用含氮、磷、钾丰富的有机肥,如圈肥、饼肥等;追肥尽量追施氮、磷、钾复合肥和磷酸二铵等,一般不单纯施用尿素、硝酸铵等化肥。尤应注意在果实膨大后不再施用速效氮肥,以免降低果实含糖量。另外,在甜瓜栽培中,铵态氮肥比硝态氮肥肥效差,且铵态氮会影响果实含糖量,因此生产中应尽量选用硝态氮肥。

甜瓜为忌氯作物,不宜施用氯化铵、氯化钾等肥料,也不能施用含氯农药,以免对植株造成不必要的伤害。

由于保护地内植株密集,单位空间中的叶片数很多,随着光合作用的进行,保护地中二氧化碳浓度很快下降到二氧化碳补偿点以下,导致光合作用下降。因此,采取增加二氧化碳浓度的措施,能显著地提高果实产量和改善品质。

甜瓜生长环境中的温度、光照、水分、土壤和营养等因子是密切联系、互相制约的。其表现为:

(1)对温度的需求因光照强弱而不同。

晴天光照强时光合作用强,要求较高的温度,但温度过高又会增加呼吸消耗;阴天时光照弱,光合作用受到限制,要求温度较低,若温度高有时会使净光合率急剧下降,产量下降。在保护地栽培中,特别是深冬生产时,更需注意这一关系,要坚持"以光照定管理温度"的原则,加温和补温必须慎重。

(2)对水分的需求因温度而异。

在温度低时,特别是地温低时,根系吸水力弱,植株的蒸腾作用也差。所以,保护地深冬栽培和露地早春栽培时,浇水量不能过多,否则不仅会影响根系的生命活动,而且有时还会出现沤根等不良后果。光照强、温度高时,植株地上、地下部分的活动明显加快,茎、叶激烈的蒸腾作用需要及时补充水分,以满足需要。

(3)追肥需要与水分供应结合起来。

温度高、植株吸水多、光合作用旺盛时,必须保证土壤营养的供应。追肥必须结合浇水,以水调肥。

综合以上可以看出,不论是露地栽培还是保护地栽培,都要以光照为核心,"以光照定管理温度,以温度定肥水管理的频率和强度",从而使环境条件的诸因子间,环境与甜瓜生长发育之间能够得到最大限度的协调,从而实现甜瓜栽培的稳产、高产、优质和低耗。

第四节　甜瓜开花相关性状的研究进展

甜瓜是具有性别分化的高等植物之一,性别分化是植物个体发育的一个重要阶段,影响和决定了植物花器官的形成及发育。而且性别分化与作物的果实品质和果实产量都有着千丝万缕的联系。近几年,植物性别分化和其机理的研究一直是研究的热点(娄群峰等,2002)。

栽培方式、光照、温度、水、肥及植物内部的激素水平等各个方面因素对植物性别分化都会产生影响。甜瓜具有不同的花型及植株类型,前人的一些研究表明参与控制甜瓜性别分化的基因主要有雄全同株基因 a 和雌性系基因 g(Rosa,1928;Wall,1967)。

根据不同的植株类型,研究其开花期的相关性状。开花期的相关性状大多为数量性状。甜瓜开花相关性状有第1雌花开花期、雌花率、雌花连生类型、第1雌花节位(高美玲,2011),第1雄花开花期、雄花率、第1雄花节位等。

一、甜瓜开花相关性状的数量性状基因座(QTL)分析

对甜瓜开花相关性状进行 QTL 分析定位。高美玲(2011)对第1雌花开花期性状研究发现,在春、秋两季各检测到了1个 QTL 位点,贡献率均高于10%,而且加性效应均为负值,说明甜瓜第1雌花开花期位点受季节变化影响小,而且这两个位点有缩短第1雌花开花期的作用。春、秋季时甜瓜第1雌花开花期的遗传符合主基因＋多基因遗传模型,检测到1个在春、秋两季都稳定表达的位点。春、秋季时甜瓜第1次雌花节位的遗传符合主基因＋多基

因遗传模型,春、秋两季共检测到 3 个位点。

朱子成等(2011)以 WI998 为母本(全雌株、厚皮网纹甜瓜品系),以 Top Mark 为父本(雄全同株纯合品系)进行杂交组合构建重组自交系(RIL),检测到的 9 个 QTL 中,单个贡献率在 3.59% ~ 18.57% 之间,贡献率大于 15% 的 QTL 有 3 个。其中,在 2010 年秋季检测到位于第 9 连锁群上的 QTL Fp9.4 贡献率最大,为 18.57%;在 2010 年春季检测到位于第 10 连锁群上的 QTL Fp10.1 贡献率最小,为 3.59%。

刘威等人(2010)将甜瓜雄全同株基因 a 定位在第 4 连锁群上,与其最近的分子标记为 MU55491,距离为 13.5 cM。将控制全雌株基因 gy 定位在第 8 连锁群上,与其最近的分子标记为 MU147232,距离为 11.6 cM。经适合性检验,MU55491 和 MU147232 两标记在 F_2 群体中均符合 3:1 分离比率。

Danin-Poleg Y 等人(2002)利用 PI414723 和 Dulce 之间的交叉,发现映射到一个基因的雌花形式的分子连锁群 4 使合并的园艺性状图与分子标记在该地区。

二、瓜类作物开花性状的 QTL 分析

瓜类作物是世界范围内分布广泛的园艺作物之一,除甜瓜外还包括黄瓜、西瓜、青瓜、丝瓜、冬瓜和南瓜等多种园艺作物。其中,黄瓜在世界范围内种植面积最广,销量最大,对黄瓜开花期的研究比对其他瓜类的多。决定黄瓜性别的基因有 F/f(雌性)、A/a(雄性)、M/m(两性花)(Mibus 等,2004;陈惠明等,2005;Li Z 等,2009)。袁晓君(2008)在春、秋两季中检测到与雌花率相关的 3 个 QTLs,其中 sex2.1 和 sex2.2 在春、秋两季中均被稳定检测到,sex2.1 贡献率极高,分别为 40.4%(春)和 60.2%(秋),位于 F 位点附近。Fazio G 等人(2003)对雌花率(主蔓前 10 节位的雌花率)也检测到 3 个 QTLs,其中 sex1.1 距离 F 位点很近,贡献率较高,为 13%,很可能与曲美玲等人(2016)研究中的 sex6.1 为同一位点。Bu F 对雌花率也检测到 3 个 QTLs:sg3.1,sg6.1,sg6.2(Bu F 等,2016)。

对于黄瓜性别的研究,特别是性别表达机制研究如基因表达对黄瓜性别分化的影响,一直是研究热点。有关复雌花性状的相关研究则较为落后,已有研究中也主要是针对复雌花性状的遗传规律进行分析,对该性状的 QTL 研究尚属空白阶段。苗晗等人(2010)首次对控制黄瓜复雌花性状的 QTL 进行了定位,并检测到 5 个位点控制黄瓜复雌花性状。张桂华等(2010)在黄瓜远缘群体的分子遗传连锁图谱中,对雌花节位性状进行了 QTL 定位,共找到 8 个控制雌花节位的 QTL 位点。与黄瓜相关性状的 QTL 定位研究相比,黄瓜开花期的 QTL 定位相对较少,人们把更多的研究集中在研究果实品质方面,然而,对黄瓜开花期的 QTL 分析也是十分重要的。对黄瓜开花期的 QTL 进行分析对于提高黄瓜的产量是不可缺少的一步。

前人的研究基本证明了瓜类的性别分化是由多个基因控制的,与环境关系较大的性别分化受基因、激素和环境因素如光周期、温度等(Tan J 等,2015)共同调控,因而产生了复杂的性型。因为瓜类作物不是典型的模式植物,所以相关研究较少。黄瓜与西瓜和甜瓜相比种植面积较大,研究人员也较多。而人们对甜瓜在质量性状方面的研究较多,但是在与性别相关的数量性状方面的研究很少。在数量性状方面的研究对提高甜瓜产量有很大帮助。对甜瓜开花期的相关性状进行 QTL 分析,为甜瓜分子育种提供了基础及便利,也为了解甜瓜的性别分化提供了依据。

第二章 甜瓜生育期遗传规律的研究

第一节 甜瓜 RIL 群体雄花率、雌花率及生育期遗传规律的研究

现有的甜瓜品种大多数为雄全同株类型(雄花与完全花同株),即植株上有单性的雄花和完全花。其中能结果的是完全花,而且植株雌花出现早、数量多、结果率高、分布均匀,是甜瓜早熟、高产和稳产的保障。甜瓜生育期的长短差异也很大,厚皮甜瓜的早熟品种为85天左右,而厚皮甜瓜的晚熟品种如新疆的"青皮红肉冬瓜"整个生育期长达150天,但从播种到第1雌花开放的时间却相差不大,一般都在48~55天。不同品种的甜瓜生长发育都具有明显的阶段,都要经历相同的生长发育阶段,不同时期器官的生长发育都具有明显的特点。

本节实验开展对甜瓜雄花、雌花和生育期相关遗传性状的研究,利用厚皮甜瓜 WI998 和 TopMark 配置杂交组合获得 F_1 代,通过自交获得 F_2 代群体。对甜瓜花期的相关性状进行遗传分析,为研究提供理论数据,也为研究甜瓜开花相关性状的遗传规律与基因定位提供必要的研究基础。

一、材料与方法

1. 供试材料

供试材料选用厚皮甜瓜 WI998 为母本,起源于美国,由威斯康星大学园艺系瓜类分子育种研究室提供,厚皮甜瓜 TopMark 为父本,来源于美国威斯康星大学农业与生命科学学院园艺系瓜类作物遗传育种实验室,是世界甜瓜遗传图谱构建中常用材料,配置杂交组合获得 F_1 代,通过自交获得 F_2 群体。

(1)实验内容。

将实验材料共 120 株于 2015 年 3 月 18 日在黑龙江八一农垦大学实验室内进行育种,同年 4 月 22 日定植于黑龙江八一农垦大学实习基地大棚内,测量并记录甜瓜雄花率(前 30 节内雄花占所有花的比率)、雌花率(前 30 节内雌花占所有花的比率)、生育期。

(2)栽培管理。

选取籽粒饱满的甜瓜种子,用清洁纱布将种子包好并做好标记,放置于 30~32 ℃恒温下催芽,至露出胚根即可。待 80% 的种子出芽后,选取整齐一致的幼苗移入营养钵中,营养钵用喷壶喷一次透水,晾晒后即可播种,播种后覆土 1.5 cm 并覆盖地膜,保持土壤湿润。当植株长到 3 叶 1 心时定植在黑龙江八一农垦大学大棚内,适时管理、授粉。采用自然生长方式,不整枝。

2. 方法

于 2015 年 3 月在黑龙江八一农垦大学温室内播种以甜瓜品系 WI998 位为母本和以 TopMark 为父本的甜瓜种子,获得 F_1 代,通过自交方式获得 F_2 代群体,记录 F_2 代群体甜瓜的雄花率、雌花率和生育期,并用 Excel 2007 记录数据。

3. 数据分析、处理方法

根据所记录的数据,利用 Excel 2007 进行图表制作,用 DPS 对甜瓜雄花率、雌花率和生育期的相关数据进行方差分析,用植物数量性状混合遗传模型主基因 + 多基因分析方法进行联合分析,通过极大似然法计算出混合分布中各个成分的分布参数并做出估计,然后通过 AIC(Akaike's Information Criterion)值和一组适合性检验(包括均匀性检验 U_1^2、U_2^2、U_3^2、统计量)、Simrov 检验($_nW^2$ 统计量)和 Kolmogorov 检验(D_n 统计量),选择达到显著水平个数最少的模型作为最优模型和相应的一组成分分布参数,并估计主基因和多基因效应值。数据分析参照南京农业大学盖钧镒等方法。

二、实验结果

1. 方差分析

表 2.1 表明,F_2 世代甜瓜间的雄花率、雌花率及生育期的差异达到极显著水平($P < 0.01$),F_2 世代甜瓜间的雄花率、雌花率及生育期存在着真实的差异,适于进行遗传分析。

表 2.1　甜瓜雄花率、雌花率及生育期的方差分析表

变异来源	平方			自由度			均方			F 值		
	雄花率	雌花率	生育期	雄花率	雌花率	生育期	雄花率	雌花率	生育期	雄花率	雌花率	生育期
处理间	13 609.24	8 392.96	2 410.42	123	119	51	116.76	69.15	51.56	149.06 * *	84.28 * *	9.57 * *
处理内	57	104.87	278.51	121	120	53	0.76	0.93	5.58	—	—	—
总变异	13 863.42	7 965.44	2 746.09	256	250	105	—	—	—	—	—	—

注: * 表示差异显著($P < 0.05$); * * 表示差异极显著($P < 0.01$)。

2. 遗传分析

对 F_2 世代甜瓜的雄花率进行主基因 + 多基因混合遗传模型分析,得到 11 种遗传模型,如表 2.2 所示,根据 AIC 值最小原则,初步确定备选遗传模型为 A – 0、A – 2、B – 4 和 B – 6。对 F_2 世代甜瓜的雌花率进行分析,获得 11 种遗传模型的极大对数似然函数值和 AIC 值。根据 AIC 值最小原则,B – 1 甜的雄花为显著水平的统计量为 0 个,A – 0 模型为显著水平的统计量为 1 个,B – 5 模型为显著水平的统计量为 1 个,B – 6 模型为显著水平的统计量为 1 个。对 F_2 世代甜瓜的生育期进行主基因 + 多基因混合遗传模型分析,得到 11 种遗传模型,对备选模型进行适合性检验,结果如表 2.2 所示,选择达到显著水平较少的统计数量模型为最优模型。

表 2.2　甜瓜雄花率、雌花率及生育期遗传模型的极大对数似然函数值和 *AIC* 值

模型	雄花率		雌花率		生育期	
	极大似然函数值	*AIC* 值	极大似然函数值	*AIC* 值	极大似然函数值	*AIC* 值
A－0	－419.25	842.49 *	－425.36	854.72 *	－642.82	1 288.57
A－1	－418.95	843.90 *	－424.19	856.38	－375.40	758.80
A－2	－419.25	844.49 *	－425.36	856.72	－375.40	756.80 *
A－3	－418.95	845.90	－424.19	856.38	－642.28	1 292.57
A－4	－418.95	845.90	－424.19	856.38	－642.28	1 292.57
B－1	－415.05	850.11	－369.12	758.24 *	－241.85	503.69 *
B－2	－418.80	849.60	－423.33	858.67	－375.40	758.80
B－3	－419.25	846.49	－425.36	858.72	－375.40	758.80
B－4	－419.25	844.50 *	－425.36	856.72	－375.40	758.80
B－5	－418.80	845.60	－423.33	854.67 *	－642.29	1 292.57
B－6	－418.80	843.60	－423.33	854.67	－642.29	1 290.57

注：* 表示备选模型。

甜瓜 F_2 世代备选模型的适合性检验参数估计值如表 2.3。

表 2.3　甜瓜 F_2 世代备选模型的适合性检验参数估计值

	模型	U_1^2	U_2^2	U_3^2	$_nW^2$	D_n
雄花率	A－0	0.067 4	0.046 5	3.490 7	0.583 4	0.006 5
		(0.795 1)	－0.829 2	－0.061 7	(<0.05)	(>0.05)
	A－2	0.067 9	0.041 6	3.329 4	0.579 3	0.006 3
		－0.794 4	－0.838 5	－0.068 1	(<0.05)	(>0.05)
	B－4	0.067 9	0.041 6	3.329 6	0.579 3	0.006 3
		－0.794 4	－0.838 5	－0.068	(<0.05)	(>0.05)
	B－6	0.017 5	0.108 6	3.351 8	0.570 9	0.004 7
		－0.894 7	－0.741 8	－0.067 1	(<0.05)	(>0.05)
雌花率	A－0	0.539	0.211 4	21.988 3	0.970 3	0.022 1
		－0.462 6	－0.645 7	0	(<0.05)	(>0.05)
	B－1	0	0.000 7	0	0.073 8	0.007 7
		－0.977 8	－0.978 9	－0.998	(<0.05)	(>0.05)
	B－5	0.245 8	0.441	20.944 3	0.942 3	0.017 5
		－0.62	－0.506 7	0	(<0.05)	(>0.05)
	B－6	0.245 8	0.441	20.944 3	0.942 3	0.017 5
		－0.62	－0.506 7	0	(<0.05)	(>0.05)

续表 2.3

模型	U_1^2	U_2^2	U_3^2	$_nW^2$	D_n
A-1	0.237	0.07	0.680 7	2.226 9	0.022 9
	-0.635 9	-0.790 4	-0.409 3	(<0.05)	(>0.05)
B-1	0.01	0.219 2	5.120 3	2.040 9	0.079 4
	-0.919 8	-0.639 6	-0.023 6	(<0.05)	(>0.05)
A-0	0.444	0.167	17.781	3.504 6	0.101 3
	-0.505 2	-0.682 6	0	(<0.05)	(<0.05)
B-2	0.237	0.07	0.680 7	2.226 9	0.022 9
	-0.625 9	-0.790 4	-0.409 3	(<0.05)	(>0.05)

（左侧合并单元格：生育期）

根据 AIC 值最小原则，选取 AIC 值最小及最小 AIC 值比较接近的遗传模型作为备选最适模型。因在雄花率遗传模型中，A-0 达到显著水平的有 1 个，其他统计量达到显著水平的个数均为 1，即适合性检验的结果是一样的，所以选择 AIC 值最小的 A-1 为最优模型。以上说明甜瓜的雄花率性状遗传受到 1 对加性-显性主基因控制。

F_2 世代甜瓜的雌花率性状遗传模型未达到显著水平，但 B-1 模型的 AIC 值最小，因此选择 B-1 模型为最优模型。甜瓜的雌花率为 2 对基因控制的数量遗传性状，且主基因为加性-显性主基因。

F_2 世代甜瓜的生育期分析表明，甜瓜的生育期为显著水平的统计量为 2 个，A-1 模型为显著水平的统计量为 1 个，A-0 为显著模型水平的统计量为 2 个，B-2 为显著模型水平的统计量为 1 个。因此，A-1 和 B-2 达到显著水平的统计量最小，但 B-1 模型 AIC 值最小，所以选择 B-1 为最优模型。甜瓜的生育期数量性状为 2 个基因遗传位点，受到 2 对加性-显性主基因控制。

三、结论与讨论

本节对甜瓜的 3 个数量性状进行了遗传研究。近年来，利用主基因+多基因混合遗传模型研究作物数量性状遗传的方法在萝卜、白菜、辣椒、茄子、番茄、黄瓜、西葫芦等作物上得到了广泛的应用（洪雅婷等，2013；王玉刚等，2013；张磊等，2012；陈学军等，2012；乔军等，2011；Yang 等，2004）。但是，在瓜类的数量性状遗传方面的研究较少。本节实验对甜瓜的雄花率、雌花率、生育期 3 个数量性状进行了遗传研究分析并得出了相应的结论。实验表明，甜瓜雌花率和生育期受到 2 对加性-显性主基因模型控制，而雄花受到 1 对加性-显性主基因模型控制。目前对甜瓜数量性状遗传规律的研究主要集中在产量及与产量相关的性状上，虽有个别关于甜瓜品质性状遗传规律的研究报道，但对甜瓜数量性状间的相互关系并不完全清楚（陈学军等，2011；陈凤真等，2011；Samejima 等，2004、2005）。所以，本节通过对甜瓜的雄花率、雌花率和生育期 3 个数量性状的遗传分析，为今后有关甜瓜的遗传分析研究提供理论依据。综合来看，甜瓜雄花率受到 1 对加性-显性主基因模型控制，雌花率受到 2 对加性-显性主基因模型控制，甜瓜的生育期受到 2 对加性-显性主基因模型控制。甜瓜雄花率、雌花率、生育期遗传主要为主基因的遗传，因此环境对雄花率、雌花率、生育期

3 个数量性状的遗传影响较大。

第二节　甜瓜第 1 雌花、第 1 雄花开花时间遗传分析

甜瓜以其特有的香气、优良的口感和独特美观的外表深受广大消费者喜爱。甜瓜类型丰富,主要分为两大系列:薄皮甜瓜与厚皮甜瓜,其中我国普遍种植的薄皮甜瓜类型有永甜 7 号、青甜 3 号等;厚皮甜瓜的类型有哈密瓜、白兰瓜和伊丽莎白瓜等(潜宗伟等,2009)。甜瓜早熟性是甜瓜育种的重要目标之一。早熟性甜瓜不仅可以缩短成熟时间还可以提高经济效益,对甜瓜早熟性的研究主要以开花到果实成熟的时间为依据,但第 1 雌花与第 1 雄花的开花期也是早熟性状构成的因素之一,但以往对其深入研究较少(高美玲等,2012)。目前,对蔬菜第 1 雌花与第 1 雄花开花期的研究在黄瓜、苦瓜、丝瓜、冬瓜等蔬菜类作物上已有深入报道,对甜瓜的第 1 雌花与第 1 雄花开花期这一数量性状的研究还很少。从第 1 结实花开放到果实膨大约为 15 天,因此雌花与雄花的开花期与果实成熟期息息相关,栽培学中可以通过摘心达到促进侧蔓形成和提早开花、结果的目的。

主基因 + 多基因混合遗传模型实现了传统遗传学和孟德尔遗传学的规范统一(乐素菊等,2011)。利用主基因 + 多基因混合遗传模型不但能检测主基因的存在,而且能计算主基因的遗传率,这对育种工作具有非常重要的作用。本节对甜瓜第 1 雄花和第 1 雌花开花期的相关遗传性状进行研究,利用厚皮甜瓜 7223g(P_1)和 7223m(P_2)杂交配置组合获得 F_1 代、F_2 代自交系群体,对甜瓜的开花期相关性状进行遗传分析,为甜瓜开花期相关性状的遗传规律及基因定位研究提供理论依据。

一、材料与方法

1. 供试材料

供试材料选用厚皮甜瓜 7223g 为母本,由黑龙江八一农垦大学园艺系研究室提供;厚皮甜瓜 7223m 为父本,由黑龙江八一农垦大学园艺系研究室提供。

(1)实验内容。

将实验材料于 2015 年 3 月 16 日在黑龙江八一农垦大学实验室内进行催芽,同年 3 月 18 日在黑龙江八一农垦大学日光温室内进行播种,同年 4 月 21 日在黑龙江八一农垦大学大棚内进行定植,定植后观察植株的生长状态并测量记录甜瓜第 1 雄花和第 1 雌花开花期的相关数据。

(2)栽培管理。

选取籽粒饱满的甜瓜种子,浸泡后晾干水分,用通气性好的纱布将种子包好并做好标记,放置于恒温培养箱中催芽,温度为 28 ~ 32 ℃。待 80% 的种子出芽后(露出胚根即可),选取整齐一致的幼芽进行播种,选用 6 cm × 10 cm 规格穴盘,穴盘内装入约为一半体积的营养土并用喷壶浇一次透水,晾晒后即可播种,每个小穴盘内放入 1 ~ 2 个幼芽,播种后覆土 1.5 cm 左右并用地膜进行覆盖,以此来保持空气温度和土壤湿度。当植株长到 3 叶 1 心时,选择天气晴朗的上午定植于黑龙江八一农垦大学大棚内,定期进行管理,待开花后每天进行监测,适时授粉。定植前整地作畦,畦高 20 cm 左右,畦宽 80 cm 左右。定植时采用水稳苗的方法,先浇一次透水保证植株成活率,打孔定植使株距保持在 30 ~ 35 cm。双蔓整

枝,主蔓上不留果,每个子蔓上留有 1 个果,每株约留 2~3 个果实。

2. 实验方法

于 2015 年 3 月在黑龙江八一农垦大学温室内播种以甜瓜品系 7223g 为母本和以 7223m 为父本的 F_1 代种子,通过杂交组合的方式获得 F_2 代群体共 108 株,记录 F_2 代甜瓜的第 1 雄花和第 1 雌花的开花期并用 Excel 2007 记录整理数据。

3. 数据分析、处理方法

根据所记录的数据,利用 Excel 2007 进行图表制作,用植物数量性状混合遗传模型主基因 + 多基因分析方法进行联合分析,然后通过 AIC 值、极大似然函数值和一组适合性检验(包括均匀性检验 U_1^2、U_2^2、U_3^2 统计量)、Simrov 检验($_nW^2$ 统计量)和 Kolmogorov 检验(D_n 统计量),选择达到显著水平个数最少的模型作为最优模型,并估计主基因和多基因效应值。数据分析参照南京农业大学盖钧镒等(2005)方法。这里的 U_1、U_2、U_3、W、D 是 BIC (Bayesian Information Criterion)值,它们都是适合性检验所使用的评判参数。

二、结果与分析

1. 遗传分析

如表 2.4 所示,对 F_2 代甜瓜的第 1 雄花开花期数量性状进行主基因 + 多基因混合遗传模型分析,得到 11 种遗传模型,根据最小 AIC 值原则,初步确定备选遗传模型为 A - 1、B - 1 和 B - 2。

对 F_2 代甜瓜的第 1 雌花数量性状进行主基因 + 多基因混合遗传模型分析,得到 11 种遗传模型,根据最小 AIC 值原则,初步确定备选遗传模型为 A - 1、B - 1 和 B - 2。

表 2.4 甜瓜第 1 雄花和第 1 雌花遗传模型的极大对数似然函数值和 AIC 值

模型	第 1 雄花开花期		第 1 雌花开花期	
	极大似然函数值	AIC 值	极大似然函数值	AIC 值
A - 0	-485.98	975.959 4	-510.343	1 024.686
A - 1	-360.525	729.05 *	-368.233	744.466 7 *
A - 2	-485.98	977.960 8	-473.608	953.216 3
A - 3	-485.978	979.956 4	-510.342	1 028.684
A - 4	-485.978	979.956 4	-510.342	1 028.684
B - 1	-323.545	667.089 5 *	-354.112	728.224 *
B - 2	-360.525	733.049 1 *	-368.233	748.466 7 *
B - 3	-485.98	979.960 5	-436.792	881.584 4
B - 4	-485.981	977.962 6	-473.489	952.977 9
B - 5	-485.978	979.956 7	-510.343	1 028.685
B - 6	-485.978	977.956 7	-510.343	1 026.685

注:* 表示备选模型。

通过对第 1 雄花开花期备选模型进行适合性检验发现，B－1 达到极显著水平的有 1 个，A－1 达到显著水平的有 1 个，B－2 达到显著水平的有 1 个，所以在适合性检验的结果是一样的情况下，根据最小 AIC 值原则，选择 AIC 值最小的 B－1 为最优模型。这说明甜瓜的第 1 雄花开花期这一数量遗传性状受到 2 对加性－显性－上位主基因模型控制。

如表 2.5 所示，对第 1 雌花开花时间备选模型进行适合性检验发现，B－1 达到显著水平的有 1 个，A－1 达到显著水平的有 1 个，B－2 达到显著水平的有 1 个，所以在适合性检验的结果是一样的情况下，根据最小 AIC 值原则，选择 AIC 值最小的 B－1 为最优模型。这说明甜瓜的第 1 雌花开花期这一数量遗传性状受到 2 对加性－显性－上位主基因模型控制。

表 2.5　甜瓜第 1 雄花、第 1 雌花开花时间适合性检验

模型		U_1^2	U_2^2	U_3^2	$_nW^2$	D_n
第 1 雄花开花期	A－1	0.885 2(0.332 0)	0.631 7(0.372 7)	0.001 3(0.848 6)	0.125 5($P<0.05$)	0.055 6($P>0.05$)
	B－1	0.000 2(0.895 5)	0.000 0(0.928 8)	0.000 3(0.891 2)	0.010 4($P>0.05$)	0.556 0 $**$($P<0.05$)
	B－2	0.885 2(0.332 0)	0.631 7(0.372 7)	0.001 3(0.848 6)	0.125 5($P<0.05$)	0.055 6($P>0.05$)
第 1 雌花开花期	A－1	0.000 0(0.970 2)	0.000 0(0.937 6)	0.000 8(0.866 1)	0.062 5($P>0.05$)	0.138 9 $*$($P<0.05$)
	B－1	0.000 0(0.967 1)	0.000 0(0.929 6)	0.001 4(0.866 4)	0.010 7($P>0.05$)	0.138 9 $*$($P<0.05$)
	B－2	0.007 1(0.771 5)	0.000 1(0.936 1)	0.007 8(0.148 4)	0.654 6 $*$($P<0.05$)	0.094 2($P>0.05$)

注：$**$表示极显著差异（$P<0.01$），$*$表示显著差异（$P<0.05$）。

2. 遗传参数估算

（1）最适遗传模型的参数分析。

对 F_2 代甜瓜的第 1 雄花和第 1 雌花的开花期这一数量性状进行主基因＋多基因混合遗传模型的遗传分析，根据极大似然值、AIC 值、适合性检验等多组数据的分析结果，最终确定 B－1 模型为 F_2 代甜瓜第 1 雄花和第 1 雌花开花期的最优模型，因此得出了甜瓜第 1 雄花和第 1 雌花开花期的遗传均受到 2 对加性－显性－上位主基因模型控制这一结论。由混合遗传分析得到了由 2 对主基因控制的 B－1 模型的各种遗传模型参数：第 1 雄花开花期的分布方差为 1.61，第 1 雌花开花期分布方差为 2.73，各成分分布见表 2.6。

表 2.6　第 1 雄花、第 1 雌花开花期最适遗传模型参数表

		成分分布 1	成分分布 2	成分分布 3	成分分布 4	成分分布 5	成分分布 6	成分分布 7	成分分布 8	成分分布 9
		AABB	AABb	AAbb	AaBB	AaBb	Aabb	aaBB	aaBb	aabb
第 1 雄花开花期	分布均值	100	45.66	37.62	35.87	32.19	28.09	28.09	28.09	28.09
	分布权重	61.75	28.2	23.23	22.15	19.88	17.34	17.34	17.34	17.34

续表 2.6

		成分分布 1	成分分布 2	成分分布 3	成分分布 4	成分分布 5	成分分布 6	成分分布 7	成分分布 8	成分分布 9
		AABB	AABb	AAbb	AaBB	AaBb	Aabb	aaBB	aaBb	aabb
第 1 雌花开花期	分布均值	100	100	100	53.42	39.02	34.1	33.8	31.88	30.5
	分布权重	36.64	36.64	36.64	19.57	14.3	12.49	12.38	11.68	11.18

（2）主基因遗传参数的分析。

根据已确定的最优模型，通过主基因 + 多基因混合遗传模型的遗传分析，对其一阶参数值进行估算，对甜瓜第 1 雄花和第 1 雌花的开花期这一数量性状进行遗传参数测定（表2.7）。

表 2.7　甜瓜第 1 雄花和第 1 雌花数量性状的一阶参数

一阶参数	一阶参数值	
	第 1 雄花开花期	第 1 雌花开花期
群体平均数	$m = 48.4521$	$m = 66.075$
AA 的加性效应	$da = 20.3591$	$da = 33.925$
BB 的加性效应	$db = 15.5949$	$db = 0.8234$
Aa 的显性效应	$ha = -26.6495$	$ha = -39.2782$
Bb 的显性效应	$hb = -11.5726$	$hb = -0.1363$
加加效应	$i = 15.5949$	$i = -0.8234$
加显效应	$jab = -11.5726$	$jab = 0.1363$
显加效应	$jba = -1.5263$	$jba = 25.799$
显显效应	$l = 21.968$	$l = 12.3621$

甜瓜第 1 雄花开花期的平均数 $m = 48.4521$，主基因遗传方差为 477.0499，主基因遗传率为 0.9966，即 99.66%，由此可以看出甜瓜第 1 雄花开花期这一数量性状的主基因遗传率较高，表现为主基因效应。甜瓜第 1 雌花开花期的平均数 $m = 66.075$，主基因遗传方差为 748.8506，主基因遗传率为 0.9964，即 99.64%，由此可以得出甜瓜第 1 雌花开花期这一数量性状的主基因遗传率较高，表现为主基因效应。由甜瓜第 1 雄花和第 1 雌花的开花期的平均数的差异得出，第 1 雄花的开花时间短于第 1 雌花的开花时间，时间上大约相差 15 天。甜瓜第 1 雄花和第 1 雌花的开花期遗传主要为主基因的遗传，均受到 2 对加性 - 显性 - 上位主基因模型控制，因此环境对第 1 雄花和第 1 雌花的开花期这一数量性状的遗传影响较大。

三、结论与讨论

近年来,研究者利用多世代群体开展了不同性状遗传特性的研究,而此群体为临时群体,无法进行多年、多点实验,难以获得稳定的 QTL。因此,进行多年或多点实验确定基因位点的遗传稳定性是十分必要的,重组自交系群体作为永久性群体可以进行多年或多点的重复实验。另外,有研究者利用 RIL 群体研究了不同性状的遗传特性。本节实验主要针对甜瓜的第 1 雄花开花期与第 1 雌花开花期进行遗传分析的研究。经研究发现,甜瓜的开花期受环境影响较大。第 1 雌花开花期在不同环境中遗传稳定,环境对第 1 雄花开花期和第 1 雌花开花期的遗传影响较大,可以进行早代选择。近年来,利用主基因 + 多基因混合遗传模型分析法对数量性状进行遗传分析在西瓜、南瓜、黄瓜等作物上得到了广泛的应用(王学征等,2016;胡新军等,2015;陈宸等,2015)。而本节实验对甜瓜的第 1 雄花和第 1 雌花的开花期这两个数量性状进行了遗传研究分析并得出了相应的实验结论。实验表明,通过 RIL 主基因 + 多基因混合遗传模型对甜瓜第 1 雄花和第 1 雌花的开花期进行了遗传分析,第 1 雌花的开花期遗传受到 2 对加性 – 显性 – 上位主基因模型控制,第 1 雌花的开花期遗传受到 2 对加性 – 显性 – 上位主基因模型控制,说明相同环境下的甜瓜 F2 代自交系群体第 1 雄花和第 1 雌花受到不同的主基因控制。目前,对甜瓜数量性状遗传规律的研究主要集中在产量及其相关性状上,虽有个别关于甜瓜品质性状遗传规律的研究报道,但对甜瓜雄花与雌花的开花期数量性状间的相互关系并不完全清楚(Samejima 等,2014;Yang 等,2004)。因此本节实验通过对甜瓜的第 1 雄花和第 1 雌花的开花期这两个数量性状进行遗传分析,为今后有关甜瓜的遗传分析研究提供理论上的依据。

第三节　甜瓜雌雄异花同株雌花率的遗传分析

甜瓜单性花遗传研究已经成为甜瓜育种的研究热点,但是,在实际生产过程中,雌花率是衡量开花性状的重要标准之一,它可以直接影响甜瓜的质量及产量。在基础研究中,黄瓜、西瓜等作物常将雌花率作为定义植株性别的标准,进而分析瓜类强雌系性状的遗传规律。因此,甜瓜雌花率的遗传分析不仅为甜瓜性别遗传提供重要的理论依据,而且对甜瓜实际生产和提高甜瓜品质与产量具有指导作用。

一、材料与方法

1. 实验材料

母本:3 – 2 – 2,薄皮甜瓜,来源于东北农业大学园艺学院西甜瓜分子育种实验室,雌雄异花同株,早熟材料,瓜皮颜色为白色,有条纹,果形呈长圆形,果肉为白色,雄蕊 3 枚、3 心皮。父本:TopMark,厚皮甜瓜,来源于美国威斯康星大学瓜类遗传育种研究室,是世界甜瓜遗传图谱构建的常用材料,雄全同株,多分枝,瓜皮颜色为金黄色,网纹,果形呈圆形,果肉为橘黄色。配置杂交组合 3 – 2 – 2 × TopMark 获得 F1 代,通过自交和回交获得 P1、P2、F1、F2 及 BC1P1、BC1P2 共 6 个世代材料。

2. 实验方法

6 个世代材料于 2008 年 3 月播种育苗,定植于东北农业大学香坊实验农场露地,株行距为 35 cm×120 cm,地膜覆盖栽培,自然生长,按照常规的栽培方式管理。2008 年 5 月 25 日,将 3 - 2 - 2(30)、TopMark(30)、F_1(30)、F_2(452)、BC_1P_1(P_2)(各 30 株)移栽在田间,从第 1 朵雌花开花时进行田间调查,调查到定植 60 天后结束,统计数据。

参考王建康等(1997)对杂种世代数量性状主基因 + 多基因混合遗传模型的鉴定方法,对 F_2 世代采用盖钧溢等单个分离世代的数量性状分离分析软件和方法进行。其方法是用 IECM 算法估计各种遗传模型的极大对数似然函数值和 AIC 值,从这些模型中选择 AIC 值较低的模型进行适合性检验,适合性检验参数达到显著差异个数最少的模型即为最优模型。

利用盖钧溢等(2003)的单个分离世代数量性状分离软件分析方法,得到 F_2 分离群体雌花节率数的成分分布方差及环境方差,计算二者的比值,进行差异显著性测验。

$$F = \delta^2/\delta_e^2 \quad F - F(n_{4-1}, n_1 + n_2 + n_{3-1})$$

式中,δ^2、δ_e^2 分别表示成分方差和环境方差;n_1,n_2,n_3,n_4 分别表示 P_1,P_2,F_1,F_2 的群体数。

$$\delta_e^2 = V_E = 0.25 V_{P_1} + 0.25 V_{P_2} + 0.5 V_{F_1}$$

式中,V_{P_1}、V_{P_2}、V_{F_1} 分别是两个亲本和杂种 F_1 的方差。

估算主基因与多基因遗传,主基因遗传率:

$$H_{mg}^2 = \delta_{mg}^2/(\delta_{mg}^2 + \delta^2), \delta_{mg}^2 = 0.75d^2$$

式中,d 为主基因的加性效应。

多基因遗传率:

$$h_{pg}^2 = \delta_{pg}^2/(\delta_{pg}^2 + \delta^2), \delta_{pg}^2 = \delta^2 - \delta_c^2, H_{pg}^2 = \delta_{pg}^2/(\delta_{pg}^2 + \delta^2)$$

二、结果与分析

1. 甜瓜 6 个世代雌花率的分布

如表 2.8 所示,P_1、P_2 雌花率的分布具有明显的差异,从材料的选择中也可以看出,P_1 具有明显分布的雌花率,P_2 由于是雄全同株类型,不存在雌花率。F_1 的平均值为 50.32%,BC_1P_1 呈现单峰分布,BC_1P_2 世代雌雄异花同株与雄全同株分离比率为 17:13,在 17 个雌雄异花同株单株中,雌花率分布较均匀,而 F_2 呈明显的双峰分布,说明控制该性状存在主效基因,需要进一步开展遗传分析。

表 2.8　3 - 2 - 2 × TopMark 6 世代雌花率分布

世代	平均值/ %	雌花率/ %									
		0 ~ 9	10 ~ 19	20 ~ 29	30 ~ 39	40 ~ 49	50 ~ 59	60 ~ 69	70 ~ 79	80 ~ 89	90 ~ 100
P_1	66.67	—	—	—	—	5	4	7	8	4	2
P_2	0										
F_1	50.32	1	2	3	5	7	8	3	1	0	0
BC_1P_1	49.50	0	2	4	7	8	5	4	1	0	0
BC_1P_2	30.88	2	3	4	4	1	1	2	0	0	0
F_2	—	9	10	92	60	124	16	0	0	0	0

2. F_2 世代雌花率的遗传规律分析

从图 2.1 可以看出，F_2 代的数量分布呈双峰状态，说明雌雄异花同株雌花率受到主效基因的控制，同时，可能存在微效基因的影响。进一步用 F_2 代遗传模型分析方法分析雌雄异花同株雌花率的遗传规律。

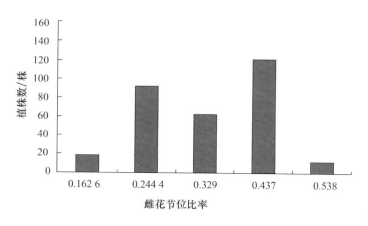

图 2.1 F_2 雌花率分布图

3. F_2 群体遗传模型的选择与检验

由表 2 - 9 可以看出，A - 1、A - 3、B - 1、B - 5 模型的 *AIC* 值均相对较小，从中选出最优模型。

表 2.9 用 IECM 算法估计 3 - 2 - 2 × TopMark F_2 代各种遗传模型的 *AIC* 值

模型	*AIC* 值	模型	*AIC* 值
A - 0	1 203.56	B - 1	1 026.83
A - 1	1 002.75	B - 2	1 136.72
A - 2	1 128.96	B - 3	1 130.81
A - 3	1 003.16	B - 4	1 083.24
A - 4	1 132.44	B - 5	1 027.05
—	—	B - 6	1 132.67

具体方法是将低的 *AIC* 值和适合性检验结果相结合，选择一组适合性检验，由表 2.10 可知，B - 1 模型有 1 个达到显著差异，即有 1 个适合性检验统计量，表明 B - 1 模型与分离群体的分布是不一致的；B - 5 模型有 2 个达到显著差异，即有 2 个适合性检验统计量，表明 B - 5模型与分离群体的分布是不一致的；A - 1 模型和 A - 3 模型没有适合性检验统计量达到显著差异，即没有适合性检验统计量，表明 A - 1 模型或 A - 3 模型与分离群体的分布是不一致的。A - 1 模型的主基因表现为加性和部分显性或超显性。A - 3 模型的主基因表现为完全显性，即显性效应等于加性效应。A - 3 模型比 A - 1 模型简单。根据选择最简单模型的原则，即在有不止一个模型符合适合性检验时，选择最简单的模型。而且，F_2 代的雌花

率分布是由 2 个正态分布混合而成,而 A - 1 模型的 F_2 群体由 3 个正态分布混合而成,A - 3 模型的 F_2 群体由 2 个正态分布混合而成。基于以上两个原因,认为 1 对完全显性基因的模型(即 A - 3 模型)是最适合的。

表 2.10 模型适合性检验

模型	U_1^2	U_2^2	U_3^2	$_nW^2$	D_n
A - 1	0.013(0.935 1)	0.052(0.847 6)	0.371(0.629 0)	0.175 6(<0.05)	0.089 < (0.05)
A - 3	0.013(0.935 0)	0.052(0.847 5)	0.371(0.628 9)	0.175 6(<0.05)	0.089(<0.05)
B - 1	0.002(0.904 6)	0.007 6(0.895 3)	0.306(0.648 2)	0.128 3(<0.05)	0.128 6(>0.05)
B - 5	2.431 8(0.217 6)	2.136 5(0.157 0)	0.095(0.798 8)	1.504 9(>0.01)	0.189 5(>0.05)

注:U_1^2、U_2^2、U_3^2 检测统计量中,括号内为相应的概率。

4. 雌花率多基因存在的鉴定

$$F(n_{4-1}, n_1 + n_2 + n_{3-1})_{0.01} = F(451, 89)_{0.01} = 1.52$$

$$F = \delta^2 / \delta_e^2 = 1.394\ 7 / (0.25 \times 0.944\ 1 + 0.25 \times 0 + 0.5 \times 1.433)$$
$$= 1.46 < F(500, 80)$$

说明差异极显著,多基因存在的假设成立,因此,雌雄异花同株雌花率除了受 1 对显性主基因控制外,还受微效多基因的调控。

5. 主基因与多基因遗传率分析

主基因遗传率:

$$d = 1/2(\mu_1 - \mu_2) = 1/2 \times (38.28 - 32.19) = 3.045$$

$$\delta_{mg}^2 = 0.75d^2 = 6.95$$

$$h_{mg}^2 = \delta_{mg}^2 / (\delta_{mg}^2 + \delta^2) \times 100\% = 83.33\%$$

多基因遗传率:

$$\delta_{pg}^2 = \delta^2 - \delta_e^2 = 1.594\ 7 - 0.952\ 6 = 0.642\ 1$$

$$H_{pg}^2 = \delta_{pg}^2 / (\delta_{mg}^2 + \delta^2) \times 100\% = 8.125\%$$

6. 修饰基因数目的估算

$$n = (X_{P_1} - X_{P_2})^2 / (S_{F_2}^2 - S_{F_1}^2) = (0.363\ 2 - 0.271\ 6)^2 / (0.019 - 0.014\ 1) = 1.7 \approx 2$$

按照数量性状进行统计,修饰基因数为 2,即有 2 对修饰基因调控甜瓜雌雄异花同株植株的雌花率。

三、讨论

甜瓜由于其性别的复杂性,一直以来作为葫芦科的研究热点,但是鲜有突破性的研究结果公布于世。从 1928 年 Rosa 等开始对甜瓜雌雄异花同株开展遗传规律的研究,数十年来,对于甜瓜性别分化的研究始终采取质量性状的研究方法,F_2 代分离为雌雄异花同株:雄全同株 = 3:1(Rosa,1928);雌雄异花同株:雄全同株:(雌全同株 + 全雌株 + 三性混合株):完全株 = 9:3:3:1(盛云燕,2009;刘威等,2010;刘莉等,2010;Luan 等,2010;王建康等,

1997；盖钧镒等，2003），分析方法的单一性无法区分多基因的遗传效应（Pool 等，1939）。在实际的育种工作中，葫芦科的黄瓜、西瓜或甜瓜的性别表现都不是由简单的单基因遗传来控制的，多数性别分化除了受到主效基因控制外，修饰基因及其他的因素均能影响瓜类的性别分化，如乙烯、光照、土壤肥力等（Kubicki，1962）。Zalapa 一直利用黄瓜雌花率进行强雌系的遗传研究，并利用主基因 + 多基因混合遗传模型分析了全雌性性状和强雌性性状均由 1 对主基因控制，而且存在微效多基因。全雌性和强雌性组合中主基因的遗传率分别为 83.8% 和 82.1%，微效基因的遗传率分别为 8.5% 和 8.6%（Zalapa，2007）。刘莉等（2009）利用主基因 + 多基因混合遗传模型世代联合分析法研究西瓜强雌系性状的遗传规律，结果显示西瓜强雌系性状遗传受 2 对主基因的加性 - 显性 - 上位性模型控制，主基因表现为隐性。

对甜瓜尤其是雌雄异花同株的性别分化的分析，数十年来一直沿用利用质量性状分析方法。大量结果显示，雌雄异花同株只受到 1 对显性基因的控制。但是，刘威等（2010）利用甜瓜全雌系研究甜瓜性别分化的结果显示，至少存在 2 对基因控制甜瓜性别分化，同时存在微效基因与环境互作。而前人的研究也表明，甜瓜性别分化存在微效基因的调控（Kubicki，1962；Zalapa，2007）。关于微效基因遗传率的研究还未见报道。本节研究运用 6 世代对甜瓜雌雄异花同株雌花率的遗传效应进行分析，结果显示雌雄异花同株植株雌花率受 1 对主效基因控制，存在 2 对微效基因，主效基因的遗传率为 83.33%，微效基因的遗传率为8.125%。通过模型分析，增加了对微效基因的了解，这为确定甜瓜性别分化基因型提供了参考依据。本节研究首次利用结合质量性状和数量性状的方法，将雌花率作为研究雌雄异花同株性状遗传规律的衡量标准，分析结果验证了以往的科研结果，并进行了全面的论证。

第四节　整枝方式对甜瓜开花习性的影响

甜瓜（*Cucumis melo* L.）属葫芦科、黄瓜属蔓生草本植物，是食用果实类的一种，在我国广泛栽植（马德伟和马克奇，1982；吴明珠和李树贤，1983）。以雄全同株和雌雄异花同株最为常见（吴起顺，2010；孔祥义等，2008；马克奇等，2001；张春平等，2007；顾兴芳等，2003）。吴明珠和李树贤通过对新疆厚皮甜瓜开花习性的研究，认为厚皮甜瓜（雄全同株）的坐果能力与严格整枝有直接关系，并且通过单蔓整枝可以达到提早开花的效果。乔昌萍等研究了整枝方式及留果数对甜瓜叶片发育和果实生产的影响（乔昌萍等，2009）。甜瓜的大多数品种表现为雄全同株，能坐果的结实花一般都不是很多，这就影响了植株的坐果率及产量。由于遗传基础的差异，现在甜瓜栽培中常有的整枝方式有单蔓整枝、双蔓整枝（王文召，2004；张德贵，2008）。因此，研究不同整枝方式对甜瓜开花习性的影响，对甜瓜的栽培工作有很大的意义。本节研究拟通过比较不同整枝方式对植株开花习性的影响，探索对甜瓜产量及品质具有最优效果的整枝方式，以期为田间生产及开展甜瓜开花性状遗传规律的研究提供理论依据。

一、材料与方法

1. 实验材料

本节研究选用甜瓜品种东甜 001、3 - 2 - 2、TopMark、WI998 为研究对象，主要类型、名称及来源如表 2.11 所示。

表 2.11　供试材料名称、类型及来源

编号	名称	品种/品系/ 杂交种	开花类型	类型	来源
1	东甜 001	品种	雄全同株	中间型	东北农业大学
2	3－2－2	品系	雌雄异花同株	薄皮	东北农业大学
3	TopMark	品系	雄全同株	厚皮	美国威斯康星大学
4	WI998	品系	全雌株	厚皮	美国威斯康星大学

　　东甜 001 为雄全同株,3－2－2 为雌雄异花同株,TopMark 为雄全同株,WI998 为稳定的全雌株。开花期间植株的主蔓和侧蔓全部着生单性雌花,花型不受环境条件的影响。

　　2. 实验方法

　　实验于 2011 年 3 月到 7 月在黑龙江八一农垦大学温室进行。每个甜瓜材料各 10 株,3 次重复。甜瓜进行人工授粉,通过用不同浓度的 $AgNO_3$ 喷施 WI998,诱导 WI998 产生雄花,并确定最适合的诱导浓度。

　　3. 测量的指标

　　以甜瓜定植到田间开始为第一天记录时间,第 1 朵花开放开始统计数据,每天调查一次开花情况,记录数据。调查的性状有:植株的开花类型[观察各品种(系)在整个生育期所出现的所有花型];记录各品种(系)第 1 朵雄花和结实花开放的日期(从出现花朵开始,分别记录各植株侧蔓上第 1 朵结实花开放的日期和主蔓上第 1 朵雄花开放的日期);统计第 1 朵结实花主要着生节位(统计该结实花着生的具体位置);统计每个品种(系)不同整枝方式的所有开花数量(时间从第 1 朵花开放到第 1 个瓜成熟结束,分别统计每个植株雌花和雄花的数量);观察不同整枝方式的植株的生长势;观察 $AgNO_3$ 对全雌株 WI998 的影响。

　　4. 数据分析

　　实验数据利用 Excel 及 DPS(7.05)软件进行单因素方差分析。

二、结果与分析

　　1. 不同整枝方式对结实花着生位置的影响

　　甜瓜的雄花和雌花的着生节位因品种而异,由表 2.12 可知,本节实验所研究的品种(系)除 WI998 为主蔓着生雌花外,其余品种(系)主蔓上均不着生雌花。雄花着生于主蔓各节位上和侧蔓上,多数为 2～3 朵簇生,有时多至 8 朵左右簇生,同一节位上的雄花并不同时开放,一般是 1 天开放 1 朵。

　　2. 不同整枝方式对开花期的影响

　　由图 2.2 可知,雄花一般比雌花提前开花。不同整枝方式对多数品种(系)雄花的开花期影响不大,但在部分品种(系)中也有差异,比如对东甜 001 而言,整枝有利于雄花开放,不整枝的植株的雄花明显开花晚,不同整枝方式对雄花开花期的影响较大。以第 1 朵雄花开花(2011 年 5 月 1 日)为标准,从表 2.12 和图 2.2 可以看出,不同整枝方式对 TopMark、3 - 2 - 2 及 AgNO₃ 处理过的 WI998 的雄花开花期没有较大影响,同一个品种的第 1 朵雄花开花期相差 1 ~ 2 天,但是对东甜 001 的雄花开花期影响较大;同样,不同整枝方式对甜瓜 TopMark 和 3 - 2 - 2 的雌花开花期的影响不大,对东甜 001 和 WI998 的影响较大,原因为 TopMark 和 3 - 2 - 2 为稳定的品系,经过多年、多代的自交,开花习性对外界环境条件的影响反应不大。但是东甜 001 作为杂交品种,对不同整枝方式的改变比较敏感,改变了开花的时间,从而可以影响其产量。因此,通过改变整枝方式可能会影响植株的始花期,间接影响产量。而作为全雌株,WI998 只有在单蔓整枝的前提下才开放雌花,在整个调查期内,双蔓整枝和不整枝方式下生长的植株均未见雌花开放。

表 2.12　第 1 朵结实花主要着生的节位

品种(系)	3 - 2 - 2	TopMark	WI998	东甜 001
着生节位	主蔓第 5 节位附近抽生的侧蔓第 1、2 节	主蔓第 9 节位附近抽生的侧蔓第 1 节	主蔓第 15 节位处	主蔓第 6 节位附近抽生的侧蔓第 1 节

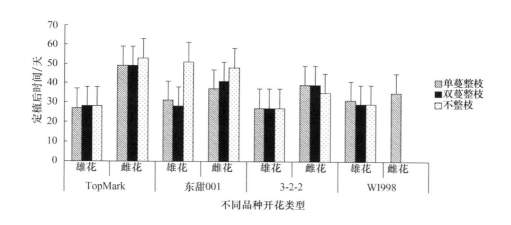

图 2.2　不同甜瓜品种第 1 朵雌花和雄花开花期比较

　　对 4 个甜瓜品种进行分析,可以看出不同的整枝方式对甜瓜雄花开花期的影响有差异,但是各品种间表现有所不同。对其进行方差分析和差异显著性分析,结果见表 2.13。由表 2.13 可知,东甜 001 由于不同整枝方式,雌花和雄花的开花期差异显著,而对遗传背景较稳定的品系而言,差异不显著。

表 2.13　各品种(系)雄花、雌花开花期方差分析

整枝方式	品种(系)							
	TopMark		东甜 001		3 - 2 - 2		WI998	
	雄花	雌花	雄花	雌花	雄花	雌花	雄花	雌花
单蔓整枝	27 ± 0.25	49 ± 0.22	31 ± 0.51	37 ± 0.57	27 ± 0.11	39 ± 0.15	31 ± 0.24	35 ± 0.54
双蔓整枝	28 ± 0.13	49 ± 0.31	28 ± 0.49	41 ± 0.42	27 ± 0.18	39 ± 0.18	29 ± 0.58	—
不整枝	28 ± 0.08	53 ± 0.34	51 ± 0.29	48 ± 0.21	27 ± 0.29	35 ± 0.38	29 ± 0.55	—
F 值	2.14	0.88	20.98 *	19.41 *	1.12	12.25	0.44	

注:$F_{0.05} = 19$;$F_{0.01} = 99$; * 表示差异显著。

3. 不同整枝方式对开花数量及花型的影响

除 WI998 外,各甜瓜品种(系)的雄花数量均比雌花多。由表 2.14 可知,不同整枝方式对开花数量和花型的影响因品种(系)差异而不同。对于东甜 001 而言,整枝的植株不管是雌花还是雄花数量明显多于不整枝的,而且整枝的植株后期还出现少量的雌花。双蔓整枝又比单蔓整枝开花数量多。对 TopMark 而言,不整枝的植株明显瘦弱矮小,开花数量和花型在双蔓整枝和单蔓整枝间没有明显差异。3 - 2 - 2 的雌花数量在不同整枝方式间差异不大,不整枝的植株开的雄花数量比整枝的多。不同整枝方式对 WI998 的开花数量和花型影响不大。由表 2.14 可得出,TopMark 开出的雄花数量在不同整枝方式间差异不明显;WI998 在单蔓整枝与不整枝间有差异;3 - 2 - 2 在双蔓整枝与不整枝间差异极显著,在不整枝与单蔓整枝间差异显著,在单蔓整枝与双蔓整枝间差异不显著。WI998、3 - 2 - 2 开出的雌花数量在不同整枝方式间差异不明显;东甜 001 在双蔓整枝与不整枝间差异达到极显著,在单蔓整枝与不整枝间差异达到显著,而在单蔓整枝与双蔓整枝间差异不明显;TopMark 在整枝与不整枝间差异极其显著,其余对比没有显著差异。对 4 个甜瓜品种(系)进行分析,可以看出不同整枝方式对甜瓜开雌花的影响有差异,但是各品种(系)间表现有所不同。

表 2.14　各品种(系)不同整枝方式对开花数量的影响

品种(系)	整枝方式	雄花/朵	雌花/朵
东甜 001	单蔓整枝	67aA	26aAB
	双蔓整枝	85aA	31aA
	不整枝	26bB	4aA
TopMark	单蔓整枝	217aA	63aA
	双蔓整枝	294aA	89aA
	不整枝	296aA	131aA
3 - 2 - 2	单蔓整枝	194bAB	85aA
	双蔓整枝	160bB	74aA
	不整枝	293aA	47aA

续表2.14

品种(系)	整枝方式	雄花/朵	雌花/朵
	单蔓整枝	17bA	123aA
WI998	双蔓整枝	20abA	—
	不整枝	25aA	—

注:从第1朵花开放到第1个瓜成熟采收,每天调查统计1次。

4. 不同整枝方式对植株生长的影响

不同整枝方式对植株生长的影响在不同品种(系)中表现不同。不整枝的3-2-2植株生长比较旺盛,与整枝的植株一样开花很早,开花量很多。由于该品种(系)雌花的数量非常多,所以应及时疏花疏果,以确保果实能够很好发育。不整枝的TopMark植株较其他植株明显瘦弱纤细,与东甜001不同,它的所有节位都抽生侧蔓,由于养分不足,雄花非常小,雌花多数已衰败;而整枝的植株生长很旺,开花数量很多。因此,TopMark必须及时进行整枝。不同整枝方式对WI998长势没有很大的影响。总体来说,单蔓整枝的植株长势普遍比双蔓整枝的植株弱,表现为前期单蔓整枝的植株长势强,但到拔节绑蔓后,双蔓整枝的植株长势比单蔓的强。

5. $AgNO_3$ 对 WI998 的影响

用 $AgNO_3$ 处理后,植株长势较慢,开花较晚,前期主要开雄花,也出现完全花,但完全花一般子房发育不良,不能完成受精作用;植株达到20节位左右时开始出现雌花,后期几乎不出现雄花。由于 $AgNO_3$ 对植株有不良影响,WI998叶片小,节间短,光合作用弱,所以果实生长受到抑制。

三、讨论

甜瓜在我国的栽培面积比较大,要取得较高的产量和良好的经济效益,采用合理的整枝方式使植株达到最佳的开花状况十分重要。不同的整枝方式对甜瓜的开花习性有不同的影响。吴明珠等在甜瓜开花习性与人工授粉技术的研究中发现,不同整枝方式对甜瓜开花习性没有很大的影响,这与本节实验结果不同,其原因可能是由于所研究的品种(系)不一样。本节实验所研究的品种(系)在不同的整枝方式下,开花习性有较大的差异,但综合来说,整枝的植株比不整枝的开花习性好。为了获得更好的栽培效益,应该针对不同的品种(系)具体研究,找到适合该品种(系)的最佳整枝方式。本节实验结果表明,甜瓜在不整枝时主要进行营养生长,开花较晚。而整枝能促进甜瓜生殖生长,提早开花。整枝还能促进某些甜瓜品种开雌花(不整枝不开雌花)。不同整枝方式对甜瓜各品种的着花习性影响不大。甜瓜双蔓整枝比单蔓整枝的雄花和雌花数量多,但差异不明显。总体来看,不同整枝方式对不同甜瓜品种的开花习性的影响有差异,因此,应针对不同品种选择不同的整枝方式和整枝时间。

第三章　甜瓜性别表达基因的研究

第一节　甜瓜性别表达相关基因研究进展

一、甜瓜性别研究进展

葫芦科植物性别分化表达存在多样性,因此葫芦科植物可以作为研究植物性别分化表达的模式植物。

以前很多研究都是为了阐明甜瓜性别分化表达的遗传机理。Rosa(1928)利用罗马甜瓜完成了最早的性别分化表达机理实验,甜瓜植株可以依据雌性花的结构分为三类:一是具有单性雌花(如雌雄异花同株、全雌株、雌全同株、三性混合株);二是没有单性雌花(如雄全同株、完全花株等);三是过渡类型。Rosa认为单雌性花对完全花呈显性,通过一个显性基因控制(F_2代分离比为3:1)。

Poole和Grimball(1939)研究了完全花株(只具有完全花)与雌雄异花同株杂交 F_2 代的性别分化表达情况。该实验材料完全花株来自中国保定,雌雄异花同株材料为罗马甜瓜。结果 F_2 代依据它们花的类型(即花性组合与花的数量)分为6种不同的类型,符合9:3:3:1的比例(雌雄异花同株:雄全同株:(雌全同株+全雌株+三性混合株):完全花株)。雄全同株与完全花株杂交得到的 F_2 代分离比为3:1,表明完全花株的性型对于雌雄异花同株而言是双隐性的。通过这些结果,Poole和Grimball提出一个双基因模型来解释甜瓜的4种主要类型,并且指定了观察到的表现型不同的标记:AG(雌雄异花同株)、aG(雄全同株)、Ag(雌全同株)、ag(完全花株)。因为性别分化表达在全雌系和三性混合株中受环境影响较大,他们认为附加修饰基因同样在这些植株类型中起作用。

在后来的实验中,Kubicki(1962)、Bains和Kang(1963)、Wall(1967)分别确定存在着一个独立的基因控制着甜瓜花药的出现与否。利用起源于亚洲的甜瓜,Kubicki确定了Rosa(1928)及Poole和Grimball(1939)认定的甜瓜4种基本的性别类型,即雌雄异花同株、雄全同株、雌全同株和完全花株。在Kubicki(1969)的模型中,一个显性基因 M(相当于Poole和Grimball的A标记)决定着雌雄异花同株植株中雌性花的结构,同时它的隐性等位基因 m 控制着雄全同株和完全花株中完全花的结构。同样的,显性基因 G 控制着雌雄异花同株及雄全同株植株中雄性花的结构,其等位基因 g 控制着完全株中雄性花的消失。Kubicki同时还指出,两个修饰基因($Tr1$ 和 $Tr2$)可能用来控制另外的性别分化表达类型。

Rowe(1969)利用全雌系种质(Group Cantalupensis)与雌雄异花同株、雄全同株、完全花株进行杂交,认为除主效基因 A 和 G 外的修饰基因在全雌株中同样起到控制性别分化表达的作用。Peterson(1983)报道指出,起源于Rowe(1969)的WI998群体包含有性别稳定的纯雌性个体。Kenigsbuch 和 Cohen(1990)后来利用来自于 WI998 种质的全雌株与雄全同株杂交来测定全雌株的遗传规律。他们的数据证实了之前关于 A 和 G 遗传的报道,同时指出了第 3 个基因位点 M 在它的隐性方式下(mm)伴随着基因型排列 A_gg 在稳定的全雌株中是必需的(即 A_ggmm)。

有关甜瓜性别分化表达机理的研究很早就已经展开,2002 年发表的《甜瓜基因目录》中表明,甜瓜性别分化主要受 3 个位点(a,g,gy)上等位基因的协同控制:a 基因控制表现雄全同株,为隐性基因,遗传作用于大多数单性雄花、少数两性完全花;在 $A\_$ 基因型植株上,雌花无雄蕊(单性雌花),对 g 上位。g 基因控制雌两性同株性状,为隐性基因,作用于大多数单性雌花、少数两性完全花。在下列情况下 g 对 a 上位:基因型 $A\_G\_$ 表现为雌雄异花同株;基因型 A_gg 表现为雌两性同株。gy 为隐性基因,控制全雌株性状,与 a 和 g 互作。基因型为 A_gggygy 时,形成稳定全雌株(Rosa,1928;Poole 和 Grimball,1939;Wall,1967;Rowe,1969;Kenigsbuch 和 Cohen,1987,1990;Roy 和 Saran,1990)。综上所述,甜瓜中存在着 3 个主效基因 A、G、M 同时控制着甜瓜的性别分化表达,但易受修饰基因及环境的影响。

2005 年,Noguera F. J. 等在利用特定序列扩增 SCAR,标记研究雄全同株连锁基因的研究中指出:甜瓜决定性别的基因数为 3 对,A/a、G/g、M/m 三者共同协作控制甜瓜开花性型表现。而此前,所有研究学者都认为控制甜瓜的性别基因只有 a。对于 a 基因的定位研究,国外研究者的结果也有所不同。Danin-pole 等在 2002 年利用 PI414723 为研究亲本之一将控制雄全同株的基因 a 定位在 GROUP2 上,找到一个与 a 基因连锁距离为 16.2 cM 的随机扩增多态 DNA(RAPD)标记;而同年,同样利用 PI414723 为研究亲本的 Perin 等将 a 基因定位在一个总长度为 25.2 cM 的染色体上;2003 年,Silberstein 找到一个与 a 基因连锁距离为 7 cM 的限制性片段长度多态性(RFLP)标记。

甜瓜优势育种已经成为甜瓜育种的重要目标之一。甜瓜雌雄异花同株性状在杂交育种中具有明显的优势,除了雌雄异花同株材料省去了人工去雄的步骤,减少了柱头的损伤,降低了投入成本,提高了杂交种的纯度外,雌雄异花同株材料的 F_1 代果实与其他雄全同株材料相比发育较快,果实质量较高。因此,对雌雄异花同株性状的利用显得尤为重要。1963 年 Bains M. S. 证实了由 1 对基因控制雌雄异花同株性状;1994 年,崔继哲等转育了薄皮甜瓜雌雄异花同株材料;2003 年,梁莉通过对雄全同株类型薄皮甜瓜品种进行了单性花转育,对单性花的遗传规律进行了初步研究。目前,对甜瓜雌雄异花同株的研究大部分还停留在对外部形态特征的研究和性状转育的基础上,利用分子生物学技术对甜瓜雌雄异花同株基因定位的研究报道还不多,对于甜瓜性别分化基因的研究也比较少,所以,关于甜瓜性别分化遗传规律和控制其分化的方面的问题亟待解决(李计红,2006;邹晓艳,2007)。

2004 年至今,栾非时分别在美国威斯康星大学农业与生命科学学院 Jack E. Staub 实验室和国内开展了基因克隆与基因聚合育种、甜瓜分子连锁图谱构建与基因定位、甜瓜遗传多样性等相关领域的研究(Feishi Luan 等,2010)。调控甜瓜性别分化的 2 对基因为 A/a、G/g,根据不同的基因型,甜瓜性别可分为雌雄异花同株 $AAGG$、雄全同株 $aaGG$、全雌株 $AAgg$ 及完全花株 $aagg$。2009 年,研究者利用 3 - 2 - 2 × TopMark 重组自交系群体开展甜瓜遗传图谱的构建,图谱由 17 个连锁群构成,包括 70 个简单重复序列(SSR)标记、100 个扩增片段长度多态性(AFLP)标记及1个形态标记,覆盖基因组总长度1 222.9 cM,标记之间平均距离为7.19 cM;10个标记与 a 基因在同一连锁群上,该连锁群覆盖基因组长度55.7 cM,找到与雌雄异花同株性状连锁的分子标记MU13328-3、E33 m43-1,与 a 基因的遗传距离分别为4.8 cM和6.0 cM(盛云燕等,2009;高美玲等,2011;张慧君等,2012)。研究者利用WI998×TopMark 组合 F_2 群体,将控制雌性系的 g 基因初步定位在第8连锁群上,MU147232 与 g 基因距离为11.6 cM。

近年来,人们对甜瓜性别表达基因的研究取得突破性进展。2008年,Adnane 通过染色体步移方法,利用甜瓜遗传图谱上距 a 基因25.2 cM 的 RFLP 标记,明确了控制甜瓜性别分化雄全同株的基因 a 即为控制 ACC 合成酶基因 $CmACS-7$,并将其克隆。Antoin 等于2009年报道显示, a、g 基因的表达量在甜瓜花芽分化第6阶段最高,确定了 $CmWIP1$ 基因为控制雌性系的基因 g,并克隆了该基因,探明了 $CmACS-7$ 与 $CmWIP1$ 基因协同控制决定甜瓜雄花、雌花和完全花发育互作模式理论,即甜瓜的性别分化主要受到2个基因的控制,分别为雄全同株基因 a 和雌性系基因 g,a 基因为编码乙烯合成酶的基因 $CmACS-7$,该基因使雄蕊退化,形成单性的雌花。雌性系材料中,雄花向雌花的转变是由于转录因子 $CmWIP1$ 的作用,$CmWIP1$ 的表达使雄蕊发育退化,导致单性雌花的产生。当基因型为 $AAGG$ 时,表现为雌雄异花同株;基因型为 $aaGG$ 时,表现为雄全同株;基因型为 $AAgg$ 时,表现为纯雌株;基因型为 $aagg$ 时,表现为雌全同株。同时,研究者提出不同环境条件会引起性别基因的特异表达,说明还有其他基因的存在,尚未见报道。

二、植物性别基因研究进展

1964年,Camerarius 在《关于植物性别的通信》中首次描述了植物花器的结构,确定了雌雄器官的差异,认为植物雌雄器官产物的相遇是胚胎产生的必要条件(Stuber,1972)。此后,林奈进一步创立了植物性器官的概念,从而使人们对植物性别的认识不断深入。植物的性别具有多种类型。从花器官组成和着生情况看,可分为雌雄同花(两性花)和雌雄异花(单性花)两大类。自然界中约72%的植物物种为完全花株,(Yampolsky 和 Yampols,1922)。约11%的被子植物为严格的雌雄单性异株和雌雄异花同株,分别占4%和7%。另外,还有部分植物为两性异型的中间型,包括全雌株、雄全异株、雌全同株、雄全同株和三性混合株(许智宏等,1999;孟金陵等,1997)。一些植物性别表现比较复杂,如黄瓜一般为雌雄同株异花,但是群体中也包含着多种性别表现类型的植物,如全雌株、全雄株、雌全同株、雄全同株,以及三性混合株等,有研究表明,这些变异的性别表现容易受遗传因素的影响,如表3.1所示(娄群峰,2004;于蓉,2006)。

1.植物性别分化的基础

植物性别分化是植物生长发育过程中比较复杂、变化多样的一个重要阶段,对于这个时期的研究,已经成为植物发育学中研究的重点。植物性别分化是花器官中雌蕊和雄蕊由花源基分化、发育形成的过程。对植物性别分化研究比较早的、分化机理比较明确的模式作物为拟南芥(*Arabidopsis thaliana* L.),虽然对拟南芥的发育生理、性别分化的研究比较深入,已经有多个性别特异基因及其 cDNA 被克隆,但是植物性别分化十分复杂,目前还不能够完全揭示植物性别分化机理(娄群峰,2004;于蓉,2006)。

表 3.1　植物性别表现

性别类型	代表植物
完全花株	油菜、白菜、萝卜、黄瓜等
雌雄异花同株	黄瓜、甜瓜、西瓜等葫芦科大多数植物
雌雄单性异株	菠菜、芦笋、黄瓜等
雌花株	黄瓜、西瓜
雄花株	黄瓜、番茄
雄全异株	黄瓜、甜瓜
雌全异株	甜瓜、黄瓜、西瓜等
三性混合株	黄瓜、甜瓜等

（1）雌雄异株植物。

在某些植物中,性别决定系统类似于动物的性别决定系统,从细胞学上可以通过鉴定染色体来确定性别。1993 年,任吉君指出,已确定有 25 科 70 余种植物含有性染色体:石竹科的部分植物如白剪秋罗（*Lychnis fulgens* Fisch）、麦瓶草（*Silene conoidea*）即属于 XY 型性决定,Y 染色体携带决定雄性的基因,X 染色体上含大部分决定雌性的基因。相似的具有性染色体的植物还有大麻（*Cannibis sativas* L.）、菠菜（*Spinacia oleracea* L.）、红瓜（*Coccinia grandis*）、番木瓜（*Caricapapaya*）、葡萄属（*Vitis* L.）等。这些植物在 Y 染色体存在时,植株表现为雄性,没有 Y 染色体时表现为雌性,而与 X 染色体数目和常染色体数目无关（Bracale 等,1991）。

（2）雌雄同株植物。

与雌雄异株植物不同,雌雄同株植物的染色体中没有专门负责性别的染色体存在。雌花和雄花着生于同一植株上,性别决定系统的遗传机理更为复杂一些,性别特征可能是由多个基因共同作用决定的。例如,玉米的性别即由 2 个基因决定,在一般情况下,玉米为雌雄同株植物,雄花为圆锥花序,生于植株顶端,雌花为穗状花序,生长在植株中下部叶腋处,雌花序由显性基因 *Ba* 控制,雄花序由显性基因 *Ts* 控制。当隐性的雌花序不结籽基因 *ba* 纯合时,尽管植株表面仍具有雌穗的外形,但不能长出胚珠,没有花丝,成为雄株;当 *ts* 纯合时,可使雄花序变成雌花序,不能产生花粉,而能受精结实,成为雌株;当基因型为 *babatsts* 时,植株在顶端长出雌穗,叶腋处雌花序仅有外形（孟金陵,1997）。葫芦科的喷瓜（*Ecballium elaterium* A. Rich.）其性别由一个基因座上的 3 个复等位基因 a^D,a^+,a^d 决定,其显隐性关系是 $a^D > a^+ > a^d$。a^D 决定雄性,a^+ 决定雌雄同株,a^d 决定雌性。3 个等位基因的不同组合决定植株性别,$a^D a^+$ 为雄株、$a^+ a^+$,$a^+ a^d$ 为雌雄同株、$a^d a^d$ 为雌株（于蓉,2006）。

2. 植物性别决定系统

（1）由染色体控制的植物性别系统。

1923 年确认植物性染色体存在后,已在 25 科 70 余种雌雄异株植物中发现了性染色体,其性别在雌雄配子融合时就已决定（李懋学,1984）。

①XX – YY 型。

这一性别类型中的雌株是同配型的（XX）,雄株是异配型的（XY）。这一类型的植物有很多,如大麻(*Cannabis sativa* L.)雌性为 XX + 18A(A 为常染色体),雄性为 XY + 18A;桑属(*Morus* L.)雌、雄性分别为 XX + 26A 和 XY + 26A;银杏雌、雄性分别为 XX + 24A 和 XY + 24A;菠菜(*Spinacia oleracea* L.)、柳树(*Salix babylonica* L.)、白杨(*Populus tomentosa* Carr.)等都属这一类型(孟金陵,1995)。

②ZW – ZZ 型。

与 XX – YY 型相反,雌性为异型性染色体(ZZ)。植物中仅发现草莓(*Fragaria ananassa* Duch.)为 ZW,雄性为同型性 ZW – ZZ 型,雌性个体为 ZW + 40A,雄性个体为 ZZ + 40A(任吉君等,1993)。

③XX – XO 型。

雌性个体的性染色体组成仍为 XX,雄性个体只有 X 染色体,没有 Y 染色体,性染色体组成为 XO。这种类型的植物也很少,如花椒(*Zanthoxylum bungeanum* L.)的雌雄性分别为 XX + 34A 和 XO + 4A(任吉君等,1993)。

④X/A 平衡。

雌性决定因子位于 X 染色体上,雄性决定因子位于常染色体上。性别由性染色体 X 和常染色体 A 平衡决定,性染色体不影响性别表现。如酸模(*Rumex acetosa* L.),当受精卵的性指数 2X/2A = 1 时,发育为正常雌株;2A = 0.5 时,发育为正常雄株;2X/3A = 0.67 时,则发育为两性(任吉君等,1993)。

⑤X/Y 平衡。

性别由 X 染色体上雌性决定因子和 Y 染色体上雄性决定因子之间的平衡决定,只要有一条 Y 染色体就可以产生雄性性状。如石竹科(*Caryophllaceae* L.)女娄菜属的植物,其性别取决于 Y 染色体,X/Y = 4.0 时,多为两性花,偶尔出现雄花;Y 缺失时,则均为雌花(孟金陵,1995)。

(2)性别决定的基因控制系统。

植物的性状是由基因控制的,性别性状也不例外。研究表明,对于那些没有明显性染色体的植物,其性别是由性基因决定的。

①单基因决定。

石刁柏等植物的性别由单基因决定,且决定雄性的基因为显性,决定雌性的基因为隐性(安彩泰,1983;任吉君等,1993)。雄性基因型为 *MM* 和 *Mm*,雌性基因型为 *mm*,*MM* 与 *mm* 的后代(F_1)全部为雄株,F_2 分离为 1/3 雌株和 2/3 雄株。葫芦科中的喷瓜(*Ecballium elaterium* L.)也是由单基因控制性别表现,*A* 决定雄性,A^+ 决定雌雄同株,*a/a* 则决定雌性表现(王隆华,1998),这与 Callan 认为其性别由 1 个基因座上的 3 个复等位基因(A^D,A^+,A^d)决定的观点不一致。

②双基因决定。

葡萄(*Vitis vinifera* L.)的两性花和雌花由 2 个基因控制。S^+ 表现为雌性,S^h 表现为两性,S^+ 对 S^h 为隐性;玉米(*Zea mays* L.)的性别是典型的双基因控制类型(孟金陵,1995),雌花序由显性基因 *Ba* 控制,雄花序由显性基因 *Ts* 控制,二者不同的组合形成玉米多种性别表现形式,*BaTs* 表现为正常的雌雄同株;*babaTs* 表现为雄株(仅有雄花序,雌花序只有外形,没有胚珠和花丝);*Batsts* 表现为雌株(顶端和叶腋处均长出雌花);*babatsts* 表现为雌株(仅顶端长出雌花序,叶腋雌花序只有外形)。但是近期的研究表明,玉米雌雄表现受多个等位基因控制,花起调控作用,而 5 个 d 位点(d_1、d_2、d_3、d_5、d_6,5 个 Ts 位点对顶端穗状花序产生雄花调控作用),影响雌花的表现(王隆华,1998)。

③多基因决定。

黄瓜的性别是由多基因控制的(Pierce,1990;任吉君等,1993)。黄瓜的性别表现共受 8 个基因影响,a 决定雄性表现,m 和 $m-2$ 决定两性表现,Tr 决定雌、雄和两性同株即三性混合株,而 F(显性雌性)和 gY(隐性雌性)为雌性表现,$In-F$ 为加强雌性表现;此外,F 基因还与 a 基因及 M 基因互作,对黄瓜的性别表现产生更为复杂的影响(如完全花株,雄全同株,雌全同株)。王隆华(1998)研究发现,一年生雌雄异株的山靛($Mercurialis\ leiocarpa$ Sieb. et Zucc.),其性别表现受 3 个位点上的等位基因控制,(A_1,B_1,B_2)、(A_1,b_1,B_2) 和 (A_1,B_1,b_2) 控制雄性表现;(A_1,b_1,b_2)、(a,B_1,B_2)、(a,B_1,b_2) 和 (a,b_2,B_2) 控制雌性表现。

④复等位基因决定。

东方草莓($Fragaria\ orientalis$ Los.)、棱角丝瓜($Luffa\ acutangula$ L.)均为复等位基因控制性别表现。东方草莓的性别由 3 个等位基因控制,S_u^M 表现为雄性,S_u^F 表现为雌性,S_u^t 表现为两性,其中 S_u^M 对 S_u^F 为显性,S_u^F 对 S_u^t 又为显性(任吉君,1993)。棱角丝瓜的性别受 2 组复等位基因 $A-a'a$ 和 $G-g'g$ 控制;$AAGG$ 为雌雄同株;$AAgg$ 为雌株;$aaGG$ 为雄株;$a'a'GG$ 为雄全同株;$AAg'g'$ 为雌全同株;$aagg$、$a'a'gg$、$aag'g'$、$a'a'g'g'$ 均表现为三性混合株(李曙轩,1992)。张维锋等(1993)对蓖麻($Ricinus\ communis$ L.)不同交配方式的后代群体进行遗传分析,认为蓖麻单雌性状属核型隐性遗传,受 1 组具有重叠作用的基因控制,定名为 $fs_1fs_1fs_1fs_2\cdots fs_nfs_n$。

⑤性连锁遗传。

性连锁遗传最初是由 Morgan(1910)在果蝇($Drosophila\ melanogaster$ L.)中发现的。植物中,在雌雄异株的枣椰树($Phoenix\ dactylifera$ L.)和女娄菜属的一些种中也发现了性连锁遗传的性状,如控制女娄菜宽叶与窄叶性状的基因位于性染色体 X 上,而 Y 染色体上没有对应的基因,宽叶由显性基因 B 控制,窄叶由隐性基因 b 控制,而且基因 b 使花粉致死,若 X^BX^B(宽叶雌株)与 X^bY(窄叶雄株)杂交,F_1 全为宽叶雄株,由于 X^b 花粉无生活力,因而 x^bx^b 基因型不存在(孟金陵,1995)。

在黄瓜上有关性连锁遗传的研究较为深入。在表型遗传上,F 基因(雌性表现)与植株有限生长习性基因(de)、无苦味基因(bi)、雌性隐性基因(gY)、黑刺基因(B)和矮生基因(df)均为连锁遗传(Pierce 等,1990);Kennard(1994)发现 F 位点与多个分子标记位点紧密连锁;Meglic(1996)研究表明,F 位点与苹果酸脱氢酶同工酶基因连锁距离为 24 cM。Serquen 等(1997)通过 RAPD 分析发现,黄瓜性别表现的数量性状座(QTL)共有 5 个。Reamon Buttne 等(1998)应用 AFLP 标记,发现标记位点连锁距离最短的为 0.2~0.3 cM,最长的为 5.8 cM,而一般认为标记间距离小于 10 cM 则表示两个位点为紧密连锁。标记间紧密连锁为实施育种计划中的标记辅助选择提供了可能。

(3)植物性别基因研究进展。

①性决定基因。

高等植物的种子萌发后,通过一段时间的营养生长,在适当的外界环境因素的刺激下(光照时数的改变、温度的变化等),顶端分生组织向花序分生组织转化并形成花组织。此后,花原基开始分化,从而形成各种花器官。控制植物开花的基因类型多样,控制机理复杂,不同的基因决定花不同的发育特征和数量。研究分析拟南芥突变体,观察同源(异型)框化现象,把控制花发育的相关基因分成两大类:一类是控制形成花序分生组织和决定花原基发育方向的基因,它们通过控制花序分生组织或花分生组织的形成而影响植物开花时间,因此,也称此类基因为成花计时基因。另一类基因则决定花器官的形成,这类基因突变会产生同源(异型)框现象,即在一个正常器官位置产生另一种器官替代的突变体(李计红,2006)。

②性别分化特异表达基因的机理。

性决定基因的研究是性别分化中最高水平的研究,也是彻底明晰性别表达机理的关键所在。由于性决定基因的作用,其中一种原基在特定的阶段发育停滞,这种停滞发生在花器官形成的任何时期,因此造成花器官形态变化各不相同,比如单性花器官受到控制性基因的调控形成败育,导致形态发生变化,进而形成单性花。这充分体现了植物性别分化过程的多样性和复杂性,表面上看性决定基因只影响一种花器官的发育形成,但是各种植物的作用机理却有很大的差异。

在某些植株群体中,虽然雌花和雄花着生在不同的植株个体上,但是雄性植株在某种程度上具有一定的雌性性状的表达,而雌性植株也具有某些雄性性状的表达。在性别分化中,不仅具有表现型的差异,同时还存在数量变化上的差异。1992年,Brown指出雌雄异株植物中存在两类性别基因,一类是位于性染色体(X或Y)上的性别决定基因,另一类位于常染色体或性染色体上与性别决定基因相互作用,从而保证相应的性器官正常发育,使相对的异性器官败育过程正常进行的基本型基因(李计红,2006)。

不同的性别基因决定不同的染色体组成,造成不同性别的个体,单性性别基因与两性性别基因相互作用,决定不同的性器官的发育或者停滞。雌雄同株植物的性别决定的遗传机理与雌雄异株植物的性别决定的遗传机理之间存在巨大差异。雌雄单性同株植物的每一个个体具有相同的遗传组成,每一个体都产生2种不同性别的单性花,说明性别决定过程在发育水平上受到性别决定基因的调控(李计红,2006;于蓉,2006)。

(4)各种标记方法在植物性别研究中的应用。

最早对植物性别分化的研究焦点主要集中在花器官的形成机理和外部形态解剖学上。Sherry等研究菠菜花发育时发现,花发育之前,花原基大小基本相同,此后雄蕊原基发育速度加快,随即产生螺旋式排列的4个萼片和4个雄蕊,于是大部分雄花较雌花先开放。王秋红等对来源于薄皮甜瓜的单性花品种进行了雄蕊原基退化的形态学观察,解剖镜下观察发现在花发育的初期(花蕾长<0.5 cm时),形成雄蕊原基5枚,随着花器的不断长大,发育极度缓慢;花蕾长为0.5~1 cm时,也只见雄蕊原基,并无进一步结构的分化。当花蕾长到1~1.5 cm时仍可以看出原基的生长很缓慢;花蕾长超过1.5 cm后,开始有了逐渐退化的趋势。退化的雄蕊也只是一个原基的痕迹,从形态上看不出有任何分化。用常规的石蜡切片法观察退化雄蕊原基只有由多层薄壁细胞包围维管束的结构,并未见到花药组织的分化,表明在雄蕊原基形成尚未分化时,便开始退化(于蓉,2006)。

研究性别分化所选用的遗传标记有同工酶、特异 tRNA 和可转录 mRNA 等,其中蛋白质差异分析是广泛应用的遗传标记。研究苦瓜性别分化时发现与性别分化相关的特异蛋白,并提出有2个大小不同的蛋白与性别分化有关。林鸣等在黄瓜器官特异蛋白的研究中,利用 SDS 单向电泳和 IEF/SDS 双向电泳对黄瓜的花器官可溶性蛋白进行了比较分析,发现雄蕊的 18.8 kD、28.5 kD、31.0 kD、37.0 kD 和 39.0 kD,以及花柱中的 45.0 kD 和子房中的 32.5 kD蛋白,分别为各自器官中的器官特异蛋白质。李曙轩等也曾报道对于瓠瓜与黄瓜,在雌性化或雌性越强的品种中,过氧化物酶同工酶的活性就越强,且黄瓜中的过氧化物酶同工酶的活性与雌雄的比值呈正相关(娄群峰,2004;邹晓艳,2007;于蓉,2006)。

Biffi 等研究获得一个与石刁柏性别位点连锁距离在 6.9 cM 的 RFLP 标记(delta47),该标记能较好地应用于石刁柏苗期的性型鉴定。Roose 等根据与石刁柏雄株性别基因连锁的 RFLP 标记序列,设计特异聚合酶链式反应(PCR)引物,获得 1 个能实际用于雄株选择的 PCR 标记,加速了石刁柏性别的选择育种。RAPD 标记在植物性状连锁分析中一般利用集群分离分析法(BSA)或近亲基因素(NILs)材料进行研究。Parasnis 等在番木瓜(*Carica papaya* L.)中获得了一个 831 bp 的雄性特异 RAPD 片段,并将其转化为 SCAR 标记,可对大批量的番木瓜幼苗进行雌雄性别选择。Mandolino 等在大麻(*Cannabis sativa* L.)中发现了雄性特异的 OPA8400 标记,并转化成了 SCAR 标记。陈其军等利用 S401 随机引物获得了 2.5 kb 的大麻雄性连锁标记,并转化成了 SCAR 标记。Gill 等在中华猕猴桃(*Actinidia chinensis* Planch)中获得 2 个性别基因连锁的 RAPD 标记,并将其中一个成功地转化为 SCAR 标记,目前已在中华猕猴桃幼苗的性别鉴定中广泛应用。Terauchi 等使用 271 个 AFLP 标记构建猕猴桃的遗传图谱,发现 10 个 AFLP 标记位于性染色体上。Spada 等利用 RFLP、RAPD、AFLP 和同工酶标记构建了石刁柏遗传图谱,发现共 33 个标记定位于性染色体上,其中包含 18 个 AFLP 标记,与性别决定因子距离最近的是 AFLP - SV 标记,为3.2 cM。Peil 等研究发现了两个定位于 Y 染色体的 AFLP 标记,该标记与性别位点的重组率为 0.25。Arasnis 等研究发现微卫星标记(GAGA)₄在番木瓜雌雄性别中表现出差异。内部简单重复序列多态性(ISSR)标记呈孟德尔式遗传,在多数物种中是显性的,具有很好的稳定性和多态性,目前已广泛用于植物品种鉴定、遗传图谱、基因定位、遗传多样性、进化及分子生态学研究中。Nishio 等在 1995 年的研究表明,采用酶切扩增多态性序列(CAPS)标记技术可以区分几乎所有甘蓝自交不亲和等位基因(娄群峰,2004;邹晓艳,2007;于蓉,2006)。

三、转录组研究进展

转录组测序是将特定组织或细胞中的 mRNA 分离后制备成片段化的 cDNA 文库,通过 Illumina Genome Analyze 对 cDNA 文库进行高通量测序,从而获得一个细胞或生物个体的全转录组信息。转录组测序主要应用的研究领域有转录本结构研究(基因边界鉴定、可变剪接研究等),转录本变异研究[如基因融合、编码区单核苷酸多态性(SNP)研究],非编码区域功能研究(Non-coding RNA 研究、microRNA 前体研究等),基因表达水平研究及全新转录本发现。利用 Illumina Genome Analyze 大规模测定 mRNA 序列获得转录本信息,该技术具有通量高、覆盖范围广、精度高等特点(魏利斌等,2012;Jiao 等,2012;Zhen 等,2012;Hao 等,2012)。其不依赖于基因组参考序列,无须预先针对已知序列设计探针,使所有生物都可以成为研究对象,便可提供更精确的数字化信号,更高的检测通量及更广泛的检测范围,是目前深入研究转录组复杂性的强大工具,同时能够在全基因组范围内检测真核细胞中广泛存在的可变剪切现象(OK 和 Grumet,2010)。

随着第二代测序技术的发展,测序成本大幅度降低,大规模转录组测序将成为转录组研究的重要方法。第二代测序技术的核心思想是通过捕捉新合成的末端的标记来确定

DNA 的序列,即边合成边测序(Sequencing by Synthesis),主要包括 Roche/454 FLX、Illumina/Solexa Genome Analyzer 和 Applied Biosystems SOLID system。其中性价比最高的为 Solexa 测序,成本只有 454 测序的十分之一,其运行成本和机器的售价均较低,同时,还可以提供一套全新的、独特的、适用于各个物种的小 RNA 深度鉴定与定量分析研究平台,研究人员通过大量的平行测序,可以发掘、鉴定并定量出任何物种全基因组水平的小 RNA 图谱。下面将简单介绍 Solexa 测序。

2009 年,华大基因研究院利用该项技术开展了家蚕基因组测序和分析,该研究成果加快了对家蚕的基因组研究和生物学研究。通过对 40 种具有不同地理区域、生理特性和经济性状的家蚕与野蚕进行大规模的重测序,阐述历史演进、数量、结构及家养过程,发现了与家养和人工选择相关的目标基因、基因组区域。这是首次对动物基因(超过 400 Mb)进行重测序,生成了单碱基对的遗传变异图谱,并开展了系统的基因组和进化分析。同时,利用该项技术对黄瓜基因组进行测序工作,可获得一套完整的黄瓜基因组序列。近年来,对多种作物如玉米、燕麦、马尾松、棉花等开展了转录组测序的研究(Wang 等,2012;张丽君等,2014;王晓峰等,2013;王春晖等,2013;Cheng 等,2011)。此外,对杏黄兜兰、大根槽舌兰、小兰屿蝴蝶兰等 10 种代表性兰科植物进行基因表达的转录组测序和分析,为兰花生态学、兰科植物表型特征差异及超常适应环境能力、多种植物进化、代谢模式的遗传基础和分子机制的研究提供理论依据。

四、植物激素对瓜类性别的影响

目前,许多学者认为性别分化与植物体内的内源激素水平具有相关性。不同植物雌、雄株(花)内源激素含量也不同,在蓖麻、菠菜、烟草、小麦和玉米等植物的实验中发现,玉米赤霉烯酮(Zearalenone,ZEN)等一些其他植物生长物质与性别分化也具有相关性,说明 ZEN 在植物性别分化中具有一定的作用,并与雄性器官的发育有关(Atal 等,1959)。陈学好等研究结果显示,生长素在黄瓜雌性器官中的积累明显高于在雄性器官中的积累,雌花从大孢子母细胞形成到发育成熟的整个阶段,生长素含量陆续增加,到达一定成熟阶段,生长素含量在雄花中开始下降。喷施外源激素后发现,喷施硝酸银后的茎尖中的生长素含量开始递减,这能够促进雄花的分化;而雌性系黄瓜经过外源喷施乙烯利之后,茎部生长点赤霉素含量下降,生长素含量上升,于是能够促进雌花分化。总结研究结果显示,生长素可能是调控瓜类(黄瓜)性别发育的重要激素之一,其含量的多少能够改变性别器官发育的方向,生长素含量低时能够诱导雄花发育,相反则诱导雌花发育。利用喷施外源激素乙烯利研究不同瓠瓜(Lagenaria siceraria var. hispida)熟期特点的结果显示,乙烯含量的多少能够决定瓠瓜的性别分化(应振土等,1990)。

植物的性别分化复杂多变,各种激素均能不同程度地决定和影响花器官的形成和改变。同一种激素的浓度和累积的位置不同,对于植株性别分化促进的方向也不同,如赤霉素能够促进玉米雌花形成,也能够促进黄瓜等瓜类作物的雄花分化。而不同的激素也可能发挥共同的诱导作用,促进某一种性别的产生(Bai 等,2012)。大量的前期研究显示,各种不同类型、不同浓度的植物激素对瓜类作物的性别分化具有明显的诱导作用,但是关于植物激素是如何调控、通过何种方式和途径调控的机理目前尚不明确。近几年,关于细胞信号转导的研究取得了较大的进展,科研人员认为某种或某些植物激素是诱导植物性别分化形成的信号,根据这样的解释来研究植物激素对瓜类性别分化的诱导形成,可以从分子水平研究植物激素水平在瓜类作物中促进性别分化的机理,进而研究为什么同一种激素能够促进不同植物产生雄花和雌花的机理。

1. 油菜素内酯对作物开花影响

在第 16 届国际植物生长调节物质(IFGSA)会议上,油菜素内酯(BR)和水杨酸(SA)被同时列入植物激素的范畴,一些植物生理学家将油菜素内酯称为"第 6 代植物生长激素"(罗庆熙和喻乐辉,1992;寿森炎和汪俏梅,2000)。它在许多被子植物、裸子植物中被发现,此外,在低等植物问荆和水网中也存在。同时,植物的不同器官中均含有油菜素甾体类化合物。油菜素内酯的发现是植物生长调节剂领域继赤霉素之后最重要的发现,使农业生产的发展上了一个新台阶(刘永正等,1996)。向长平(1998)等发现 1:4 000 和 1:6 000 的 BR 在一定程度上能抑制苦瓜种子的发芽。2005 年,赵普庆发现经表油菜素内酯(epi-BR)处理的植株,其成花率明显升高,另外,低浓度的 epi-BR 还可以提高雌花率,相反较高浓度可促进雄花率,使雌花节位提高;浓度为 0.01 mg/L 和 0.05 mg/L 的 epi-BR 均可显著提高单株产量。

2. 乙烯对作物开花的影响

乙烯(G_2H_4)对植物生长、发育过程具有广泛的调节作用,如调节生根、茎和叶的生长、花芽分化和性别分化等;能使瓜类包括黄瓜和瓠瓜提早开雌花,增加雌花数,提高产量。乙烯已在生产上得到应用(刘志勇等,2006)。乙烯的生物合成、信号转导途径及同源异型基因的研究,促进了从分子水平上深入研究黄瓜性别分化的机制。乙烯的生物合成途径甲硫氨酸(Met)→S - 腺苷 L - 甲硫氨酸(SAM)→1 - 氨基环丙烷 - 1 - 羧酸(ACC)→C_2H_4 中,主要通过催化 SAM→ACC 的 ACC 合成酶和催化 ACC→C_2H_4 的 ACC 氧化酶(ACO)进行调节,其中 ACC 合成酶(ACS)是乙烯生物合成途径中的关键酶,如图 3.1 所示。

研究者们对多种植物体的 ACC 合成酶基因进行研究,发现多种植物的 ACS 基因的 mRNA 长度主要集中在 1.8 ~ 2.1 kb,它们所编码蛋白质的相对分子质量大都集中在 5.3 ~ 5.8 kD。比较 ACS 基因编码区发现它们的同源性约为 60%,氨基酸序列同源性在 48% ~ 97%。

瓜类作物性别复杂多样,伴随着黄瓜 F 基因和 M 基因的克隆,甜瓜 A 基因和 G 基因的挖掘成功,瓜类作物性别分化基因已经取得了突破性的进展。乙烯是公认的瓜类性别分化调节激素,黄瓜的 2 个重要基因均为 ACC 合成酶同源基因,乙烯在黄瓜不同性别植株内的含量水平是不一致的,其在纯雌系中缓慢释放,含量最高。近几年,围绕乙烯合成途径中某些重要因子表达含量的变化开展了大量的研究(郭庆勋等,2006)。ACC 合成酶作为植物体内重要的内源激素——乙烯的合成前体,是由多基因家族构成的体系,在不同时期和因素影响下产生不同水平的表达。以往的研究结果显示,黄瓜雌性表达与 ACS 基因家族具有重要的关系,而 F 基因和 M 基因的克隆也证实了这一点(Kamachi 等,1995;Tanurszic 等,2004;Mibus 等,2004)。另外,乙烯也调节着一些无机离子,它们影响着植物的性别,如 Ag^+(常用 $AgNO_3$)和 Co^{2+}(常用 $CoCl_2$)能在一些植物的雌株中诱导出雄花,$AgNO_3$ 和 $CoCl_2$ 都强烈地抑制乙烯在植物体内的生物合成。

3. 赤霉素与植物性别分化

赤霉素(GA)是广泛存在的一类植物激素,能够促进植物生长、侧芽生长、雄性发育

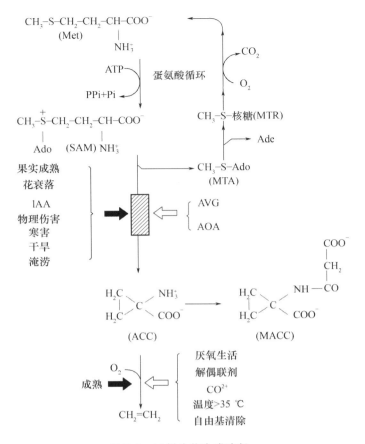

图 3.1　乙烯生物合成途径

（Arteca 等,2008）。也有相关实验发现,赤霉素不仅能促进雄花,也能抑制雌花。Yin 等使用 GA_3 处理供试的 3 个基因型的野牛草雌雄同株植株发现,GA_3 具有诱导雄性、抑制雌性的双重效应。同时 GA_3 在黄瓜、节瓜上也表现出明显的诱雄效应。赤霉素是黄瓜性别分化调控系统中的重要因子（Hemphill 等,1972）。Hemphill 等（1972）研究发现,GA_3 的含量在雄株中比在雌株、完全花株中高,雌株中 GA_3 活性增高时表明雄花将要生成。汪俏梅等（1995、1996、1997、1998）在一些黄瓜的变种中发现,GA 在瓜类作物中并不仅仅是雄性激素,也可促进雌花发育。Galun（1961b）和 Mitehell（1962）曾报道,GA 可促使雌花转变为雄花,GA_3 可以增加雌雄同株黄瓜的雄花和雌花的比例（Galun,1959）,同时也可以诱导雌性系产生雄花（Peterson 和 Anhder,1960）。林鸣等（1997）利用 GA_3 处理黄瓜茎尖,发现其内源 GA_1、GA_2、GA_3 含量增加。曹毅等（2002）研究发现 GA 能够使黄瓜增加雄花的数量,同时其主茎第 1 雌花节位升高。GA_7、GA_4、GA_2、GA_9 对于黄瓜雌性系雄花的诱导具有特别的功能（Wittwer 和 Bukovac,1962）,GA_{13} 也有此功能（Clark 和 Kenney,1969）。GA_4 和 GA_7 施用质量分数为 50 mg/kg时,比 GA_3 施用质量分数为 1 000 mg/kg 时诱导产生更多的雄花（Pike 和 Peterson,1969）。

4. 脱落酸与植物性别分化

脱落酸（ABA）被发现是在 20 世纪 60 年代。由于人们认为其参与脱落过程,因而被命名为脱落酸。但随着研究的深入,人们发现脱落酸并非脱落的主要激素,而是有其特殊的生物学功能。脱落酸影响植物性别表达的作用还没有足够的证据。GA 的雄性化效应可被 ABA 消除,所以 ABA 很可能通过抑制 GA 活性来控制植物的性别表达。陈学好等报道,黄瓜雌、雄花发育过程中 ABA 含量的变化规律基本相同,因此认为 ABA 激素对黄瓜性别分化的作用不大。而其他一些实验表示,蕨类植物和种子植物的单性异株和单性同株植物中,ABA 趋向于诱导雌性表达。

5. 其他植物激素与植物性别

(1)生长素对性别分化的影响。

生长素(IAA)具有早期促进雌花形成的作用。内源 IAA 含量在黄瓜雌雄异花同株植株的茎尖中较高,雌花的发育与高水平的内源 IAA 紧密相连。IAA 是决定植物生长发育的关键性激素(Freidlander 等,1977;Darusslam 等,1998)。Takahashi 和 Jaffe(1984)报道,外源 IAA 通过促进乙烯的生物合成能促进黄瓜形成雌蕊。Galun(1962)报道,黄瓜雄花经 IAA 处理后可转化为雌花。陈学好等(2002)研究认为,黄瓜性别发育的关键性激素可能是内源 IAA,高水平的 IAA 促进雌花发育,低水平 IAA 则相反。但汪本里和曹宗巽(1963)的研究表明 IAA 对黄瓜离体芽性别分化无显著影响。

(2)多胺对性别分化的影响。

多胺是一类具有生物活性的低相对分子质量脂肪族含氮碱,它包括腐胺(Put)、精胺(Spm)、亚精胺(Spd)和尸胺(Cad),不同种类的多胺在不同的植物种类或同一植物的不同器官中的含量是不同的(Tassoni 等,2000;汪俏梅和曾广文,1997)。多胺在蛋白质合成和植物基因表达中起着重要的作用(Galston 和 Kaur-Sawhney,1990),密切联系着植物的生长发育过程。节瓜茎尖的内源多胺总量、Spm 和 Spd 与植株的雌花分化比例有一定的正相关性,个别达到极显著的正相关水平。曾广文和陈学好(2002)对黄瓜性别分化的主要发育时期和性别逆转过程中的内源多胺的变化进行研究,结果发现,Put 含量升高促进花粉粒的形成,即促进雄花发育,而高含量 Cad 的作用则相反。袁高峰(2004)用乙烯处理黄瓜发现,外源乙烯很可能通过调节 Spd 合成酶的表达来调节雌花的发育。汪俏梅和曾广文(1997)研究发现苦瓜花蕾中 Spd 的含量可能与雌花的发生和发育有关。

(3)细胞分裂素(CTK)对性别分化的影响。

主要的性别表达激素还包括细胞分裂素(CTK)。在黄瓜性别逆转研究中,陈学好等发现,雌花的发育与高水平的玉米素(ZT)相关,雌花 ZT 含量除四分体时期外,在其他各时期均高于雄花。在山靛和山葡萄的性别分化中,CTK 有明显的促雌作用,也可使雄性花的表现型转变为雌性并能开花结实。大麻(*Cannabis sativa*)是雌雄异株的短日照植物,在田间雄/雌比例接近 1.6:1,ABA 处理可降低雄/雌株比例,外源玉米赤霉烯酮(ZEN)则可通过降低大麻体内 CTK 的含量来提高雄/雌株比例。

6. 环境条件与瓜类的性别表达

环境条件在一定程度上影响着植物的性别分化,其中主要是温度和日照长度、养分的影响。一般来说,充足的氮素营养、较高的空气含量和土壤温度、较低的气温(特别是夜间低温)、蓝光、种子播前冷处理等有利于雌性分化;高温、红光等因子则促进雄性分化。温度能够诱导成花(春化作用)、抑制开花(极端温度)、促进花发育。在温室栽培西瓜时,昼温如果达到 43.5 ℃,只产生雄花。在低温条件下生长的黄瓜只产生雌花。总之,低温特别夜间低温能促进瓜类雌花的分化,高温促进雄花的分化。杨龚等在研究苦瓜在不同温度下的性别分化时发现,不同苦瓜实验材料存在差异,于是认为这可能由内在的遗传物质起决定作用。苦瓜植株产生的性别分化效果在不同温度下的表现不是性质上的变化,应该综合评价外界生态环境因素,如结合日照时间长短的影响来对苦瓜性别分化进行讨论。日照长度的影响因植物光周期类型而异,一般短日照促进短日照植物(SDP)多开雌花,使长日照植物(LDP)多开雄花;长日照的作用则相反。光照强度和长度(日照长度)对花性别分化都有一定的作用,但一般以光照长度更为重要。研究人员以苦瓜为实验材料发现,短日照使植株的发育提早并促进雌性发育,长日照的效果恰好相反。低温可以增强短日照效应,高温则使苦瓜的生殖生长推迟并削弱短日照效应。短低温是苦瓜苗期最适宜的环境条件。相反地,有的研究表明,可通过短日照促进瓜类雌花的增加。高温长日照能促进葫芦科植物雄花的发育,第1雄花的着生节位下降,雄花数显著增加。瓜类植物的性别分化受氮素水平的影响,在发育早期,如给予充足的氮素,可以促进雌性化。相反,在低氮素水平下,雄花相对增加。Brantley 和 Warren 发现,在雌雄同株的甜瓜中,如氮肥水平高,则雌花增加(Brantley 等,1961)。

7. 金属离子与瓜类性别表达

利用 $AgNO_3$ 处理瓜类作物,可改变其开花类型(Stankovic 等,2002)。杨龚和唐燕琼(2004)在研究 $AgNO_3$、GA_3 和温度对苦瓜纯雌、雄株系的影响中发现,以 Ag^+ 为葫芦科瓜类作物的诱雄剂,黄瓜雄花发生数量上升的效果特别明显,在苦瓜诱雄上也有相当的效应。Franken(1978)发现黄瓜雌花及第1雌花节位可由 $AgNO_3$ 直接诱导。张春平等(2007)以全雌性黄瓜系 S17 为材料,采用不同质量浓度的 $AgNO_3$(100、200、300、400 mg/L)处理不同时期的黄瓜幼苗,结果表明,Ag^+ 诱雄导致黄瓜诱雌激素——乙烯释放量的增加(赵竹青等,1998)。Ag^+ 发挥作用的主要原因很可能是其能抑制乙烯生物合成最后一个催化步骤的 ACC 氧化酶的活性,使得 ACC 无法转变为乙烯(张鹏等,1997)。Co^{2+}、Ca^{2+} 也是 ACC 氧化酶的抑制剂,同样能够促进葫芦科瓜类作物雄花的发生。

第二节　甜瓜遗传连锁图谱的构建

一、甜瓜遗传图谱构建的研究进展

葫芦科包含很多经济作物,如人们熟悉的西瓜、甜瓜、黄瓜等。甜瓜的基因组总长度大约为 $4.25×10^8$ bp,有研究认为,通过对比分析不同的葫芦科作物的遗传多样性,结果显示甜瓜具有很高的遗传多样性。近年来,有很多研究人员利用不同的亲本材料和杂交群体对甜瓜开展了遗传连锁图谱构建的工作。

北卡罗莱纳州立大学植物基因组工作室通过图谱整合得到了2张甜瓜遗传连锁图谱,同时开发了细菌人工染色体(BAC)文库与表达序列标签(EST)文库,对甜瓜的枯萎病基因进行了深入的研究。1996年,有人利用 F_2 临时群体的218个单株构建了一张含有 RAPD 标记、同工酶标记、RFLP 标记和控制心皮数目的形态标记,以及抗甜瓜枯萎病生理小种1(Form-1)、抗甜瓜枯萎病生理小种2(Form-2)、抗甜瓜坏死斑Ⅰ1病毒(nsv)和抗棉蚜(vat)的连锁遗传图谱,该图谱含有14个连锁群,覆盖基因组总长度1390 cM(张海英等,

2004）。

　　到目前为止至少构建了 13 张甜瓜分子遗传图谱（表3.2）。但大多数图谱都是以 F_2 或 BC_1 临时群体为基础构建的,采用的标记多数为显性标记,难以准确地对重要的农艺性状进行 QTL 定位,同时无法与其他实验室进行交流合作。2005 年,Gonzalo 等以 RIL 为基础构建的图谱中,SSR 显形标记已经覆盖了图谱总长度的 80%,该图谱被作为甜瓜遗传图谱的框架用来与其他图谱进行整合,并成为葫芦科作物的种间比较作图的锚定位点(张海英等,2004;苏芳等,2007)。

表 3.2 已经构建的甜瓜分子遗传图谱

作图群体	群体大小	图谱密度	标记类型	参考文献
F_2	218	102 个标记,图谱长度为 1 390 cM,分 14 个连锁群	RFLP 标记、RAPD 标记、同工酶标记、形态学标记	Baudracco-Arnas 等,1996
BC_1	266	204 个标记,图谱长度为 1 942 cM,分 20 个连锁群	AFLP 标记、RAPD 标记	Wang 等,1997
F_2	77	125 个标记,图谱长度为 1 347.9 cM,分 29 个连锁群	RAPD 标记	Liou 等,1998
RIL	122	527 个标记,图谱长度为 1 583 cM,分 12 个连锁群	AFLP 标记、RAPD 标记、RFLP 标记、ISSR 标记	Dogimont 等,2000
F_2	64	107 个标记,图谱长度为 1 240 cM,分 17 个连锁群	RAPD 标记、ISSR 标记、SSR 标记、RFLP 标记	Brotman 等,2000
F_2	93	411 个标记,图谱长度为 1 197 cM,分 12 个连锁群,标记间的平均距离为 3 cM	RFLP 标记、AFLP 标记、RAPD 标记、SSR 标记、ISSR 标记、同工酶标记	Oliver 等,2001
RIL	163	668 个标记,图谱长度为 1 654 cM,分 12 个连锁群	RAPD 标记、ISSR 标记、SSR 标记、RFLP 标记、AFLP 标记、形态学标记	Perin 等,2002
F_2	159	204 个标记,图谱长度为 610 cM,分 14 个连锁群	RAPD 标记、SSR 标记、ISSR 标记、形态学标记	Danin-Poleg 等,2002
F_2	100	179 个标记,图谱长度为 1 421 cM,分 14 个连锁群	ISSR 标记、SSR 标记、RFLP 标记、AFLP 标记、形态学标记	Silberstein 等,2003
F_2	110	109 个标记,图谱长度为 504.7 cM,分 13 个连锁群	RAPD 标记	Shojaeiyan A 等,2004
F_2,DH	86	327 个标记,图谱长度为 1 021 cM,分 12 个连锁群	SSR 标记、RFLP 标记、SNP 标记	Gonzalo 等,2005
F_2	114	187 个标记,图谱长度为 2 077.1 cM,分 12 个连锁群	SRAP 标记	姚建春,2006

续表 3.2

作图群体	群体大小	图谱密度	标记类型	参考文献
RIL	81	190 个标记,图谱长度为 1 161 cM,分 15 个连锁群	RAPD 标记、SSR 标记、AFLP 标记、形态学标记	Zalapa 等,2007
F_2	354	142 个标记,图谱长度为 2 065.47 cM,平均距离14.55 cM	CAPS 标记	艾子凌,2015
F_2	300	58 个标记,图谱长度为 726.30 cM,图谱间平均图距为 12.74 cM	SSR 标记	张宁,2014
F_2	300	195 个标记,基因组长度为 1 702.55 cM,标记间平均距离 8.78 cM	CAPS 标记	栾非时等,2016

二、构建遗传图谱

利用重组子推算重组率,然后将其转化为遗传距离,从而把遗传标记顺序排列在一个连锁群上的过程即为遗传图谱的构建。几十年来,许多遗传学家为构建各种作物的遗传图谱投入了大量的工作。遗传图谱的构建一般采用多种标记共同进行分析,常规的遗传标记由于受标记数量、材料培养等问题的制约,直到 20 世纪 90 年代左右才有 100 多种作物构建了遗传图谱,但是除了少数的模式作物如小麦、玉米等获得的遗传图谱比较饱和外,其他作物遗传图谱的构建还在进行当中。

DNA 标记的出现加快了丰富遗传图谱的进度。利用 DNA 分子标记与传统的标记相结合,不仅可以检测出每个分子标记,而且还可以反映出相应染色体座位上的遗传多态性状态位点。

1. 构建遗传图谱的理论基础

利用不同标记提供的遗传信息进行分析,获得它们在染色体上的相对位置和排列情况,从而构建一张由各种标记组成的遗传连锁图谱,这样的过程即为连锁图谱的构建。染色体的交换与重组是连锁图谱构建的理论基础。利用分子标记构建遗传图谱,其理论基础也是 Sttonboveri 理论及摩尔根的连锁交换定律,主要内容为染色体存在于体细胞的细胞核内,成对的染色体为同源染色体,来源于两个不同的亲本;不同的染色体单体能够保持结构的稳定性和连续遗传的性质;在减数分裂中,同源染色体相互结合,配成一对,通过向两极分离的过程,形成单倍体细胞(葛风伟,2004)。之后摩尔根提出"连锁强度依赖于染色体上连锁基因的位置"的假说,进而导致了基因在染色体上呈线性排列的理论(葛风伟,2004;黄福平,2005;张仁兵,2003)。

1913 年,A. H. Stmtevat 提出以基因重组交换值(也称重组值或重组频率)作为染色体上基因间距离的标准,从而奠定了遗传重组值定位工作的基础。重组率为重组型配子与总配子之间的比例,通常用 r 表示。交换频率的高低制约了重组率,而 2 对基因之间的线性距离决定了基因之间的交换频率。通常情况下,重组率的变化在 $0 \sim 50\%$,基因之间的遗传距离可以用重组率来表示,通过这样的方法即可绘制出遗传连锁图谱。CentiMorgan 的缩写为cM,用该单位来表示图距,1 cM 长度大小相当于 1% 的重组率(葛凤伟,2004)。

2. 构建遗传图谱的基本方法

遗传图谱的构建是通过重组子推算交换值并换算为遗传距离的过程,因此遗传图谱的构建,首先要选择适合的标记。分子标记没有出现之前,遗传图谱的构建选用经典的遗传标记。近年来,植物分子遗传图谱的构建常用的标记有限制性片段长度多态性、随机引物多态性、简单重复序列、表达标签序列等。而标记的选择要根据实验条件、实验室工作人员的操作水平及所研究植物的生长发育特点和研究现状等多种条件决定。此外,要依据研究材料之间的多态性性状来决定所选用的亲本组合,使得构建的遗传图谱能够最大程度地、充分地、饱和地、准确地反映染色体之间的位置,利用这样的组合构建的后代群体才能够包含大量的遗传信息,并且均衡准确(葛凤伟,2004;易克,2002)。

3. 构建遗传图谱的群体选择

(1)亲本选择。

构建遗传连锁图谱的重要步骤之一就是亲本材料的选择,优良的亲本材料配置的杂交组合能够充分地表达分离群体的差异。选择亲本材料要考虑以下几个方面:第一,亲本之间要具有很大的差异程度,差异程度越大,在遗传图谱中表现出的连锁性状就越多,而这样的遗传图谱才具有更大价值的研究意义和利用价值。第二,亲本材料要求高度纯合,最好是多代自交的品系,或者经过多代的自交纯合过程。此外,杂交后代的可育性也是重要的因素之一,远源杂交的后代由于亲本差异过大,导致染色体配对产生错误,进而使重组率下降,造成分子标记在连锁分析的过程中无法产生连锁效应,这样构建的遗传图谱的利用率就大大地降低了。存在染色体缺失等问题的杂交后代就不适合用于遗传图谱的构建,因此遗传图谱构建过程中亲本的选择显得尤为重要(易克,2002;陈丽静,2006;黄福平,2005;李朝霞,2006;鲁玉祥,2006)。

(2)分离群体类型选择。

到 20 世纪 80 年代末,只有少数的几个作物构建了遗传图谱;到目前为止,大多数植物都构建了遗传连锁图谱,其中不乏高饱和度的、永久的图谱。对于采用不同的遗传标记构建的遗传连锁图谱,可将其大致分为临时群体图谱和永久图谱两种类型。常用于构建遗传图谱的分离群体主要有以下几种。

F_2 代临时群体:大多数连锁图谱所选用的群体为 F_2 代临时群体,这类群体需时短,比较容易得到。但是利用 F_2 代临时群体构建的连锁图谱没有连续性,而且对于进行图谱整合的要求是无法达到的。为了弥补 F_2 代临时群体的缺点可以利用 F_2 代单株衍生的后代家系(易克,2002;陈丽静,2006;葛凤伟,2004;黄福平,2005;李朝霞,2006)。

重组自交系(Recombinant Inbred Lines,RIL):从 F_2 代开始,以单粒自传的方式,进行连续自交,产生的接近于纯合的一系列品系为重组自交系群体。通过连续的自交使得基因型达到一定的纯合程度,可以用于构建遗传图谱或进行基因定位及连锁性状的分析,而该群体中每个植株的每个性状通过自交纯合的过程,能够稳定表达、遗传。建立这样的一个群体要经过很多个世代的纯合,吴为人指出,对于一个有 10 条染色体的植物来说,想达到纯合可能要经过至少 15 代的自交。但是在研究分析过程中,很难利用这么长的时间获得植株材料,大约经过 6 代左右的自交,基因中杂合的概率只剩下 3% 左右,这样的群体被称为准重组自交系,而这种准重组自交系基本上可以达到用于研究分析的水平(易克,2002;陈丽静, 2006;葛风伟,2004;黄福平,2005;李朝霞,2006)。

DH群体:含有配子染色体数的个体多数存在于高等植物中,单倍体通过染色体加倍成为二倍体即为双单倍体(DH群体)。获得DH群体的过程比较漫长,技术含量要求很高,通常从花药中获得,诱导花药形成单倍体植株,然后对染色体加倍,从而产生DH群体。该群体的特点就是比较纯合,因此DH群体可以稳定遗传,长期使用,成为一种永久的分离群体。由于DH群体直接反映的是F₁中基因的分离与重组的关系,使得利用该群体作图的效率会比较高。但是DH群体的获得相当困难,对于花药的培养技术要求非常高(葛风伟,2004;陈丽静,2006)。

(3)作图群体的大小。

作图群体的大小取决于所用群体的类型。总的来说,为了达到彼此相当的作图精度,所需群体的大小的顺序为 $F_2 > RIL > BC_1$ 和DH。构建遗传连锁图谱的精确程度,主要由所选择的群体的大小决定。合适的群体大小可以提高图谱的精确程度,但是,群体数目的增大与图谱精确度并不是呈正比的。因此确定合适的群体大小是十分必要的(徐云碧等, 1994;方宣钧,2001;王美,2003)。随机分离结果可辨别的最大图距与两个标记间可以检测到重组的最小距离是决定群体大小的重要依据。因此作图群体大小可根据研究的目标来确定。如果建图的目的是用于基因组的序列分析或基因分离等工作,则需要较大的群体,以保证所建图谱的精确性。实际工作中,构建遗传连锁图谱过程中,选择一个较大的群体,再筛选这个大群体中的一部分纯合的小群体,不仅可以针对某性状进行精确研究,而且可以准确地选择特定的染色体区域(张仁兵,2003;葛风伟,2004;陈丽静,2006)。

第三节　甜瓜SSR标记在遗传分析中的作用

甜瓜是中国重要的水果型蔬菜之一,在世界园艺业中也占有重要的地位。园艺作物因SSR标记引物的开发工作滞后于大豆、小麦等粮食作物,使其研究进展相对缓慢,而甜瓜利用SSR标记开展遗传研究的报道更少。目前,利用SSR标记开展了甜瓜种质亲缘关系的鉴定和分析、瓜类遗传图谱的构建及基因的标记,图位克隆和甜瓜转基因的工作则刚刚起步。因此,大量开发SSR标记,应用于甜瓜的遗传分析,对推动甜瓜SSR标记的应用,开展甜瓜基因组学的比较分析,都具有重要的理论价值。

一、甜瓜遗传多样性的分析

利用SSR分子标记研究作物的DNA序列,通过差异分析,可以更加直接、客观地分析作物群体的遗传和多样性,为客观地评价作物的种质资源、引进育种等提供良好的研究基础。1996年,Katzir等利用SSR标记研究引进品种间的多态性,结果显示SSR标记具有很高的多态性位点(71%)。1997年,Staub等利用SSR、RAPD分子标记分析了甜瓜遗传多样性,认为大多数甜瓜属于 *Cantalupensis* 和 *Inodorous* 这两类。Danin Pcleg等(2002)应用SSR技术对甜瓜和黄瓜的物种起源进行研究,结果表明这两个属间有明显的区别,且甜瓜属中,栽培甜瓜种类的比例最大。MLiki利用3种分子标记(其中包括SSR标记)分析了非洲甜瓜和美国甜瓜间的遗传多样性,并且成功地划定了非洲甜瓜的起源。Luan等(2008)运用

RAPD 和 SSR 分子标记技术对美国、西班牙、非洲、中国、希腊、日本、印度等国家的甜瓜种质资源鉴定、亲缘关系分析和遗传多样性分析等进行了大量的研究,对甜瓜、黄瓜、西瓜等遗传图谱构建过程中作图亲本的选择及农业生产中常规育种和分子标记辅助选择做出巨大贡献。作者在 2005 ~ 2006 年收集了来自全国各地的 46 份甜瓜材料,包括品系、亲本、品种、杂交种及农家品种,利用 SSR 标记开展了甜瓜遗传多样性的分析,结果显示利用 50 对 SSR 特异引物对甜瓜栽培品种(系)进行分析,46 对引物具有多样性。SSR 多态性条带占 69.52%,平均每个引物可扩增出 3.729 条带,分析结果说明运用分子标记的方法可以提高甜瓜栽培品种多样性分析的准确性(盛云燕等,2006;Sheng 等,2008)。

二、甜瓜遗传图谱的构建

SSR 既可以作为探针进行 Southern 分析,又可以据其序列设计引物进行 PCR 检测,是构建遗传连锁图谱非常有效的分子标记,同时,SSR 可以填补连锁图上较大间隙,进行图谱整合工作。

Wang 等(1997)构建的第 1 张甜瓜回交子代分子遗传骨架图谱,含有 197 个 AFLP 位点,6 个 RAPD 位点与 1 个 SSR 位点,覆盖基因组 1 942 cM 遗传距离,这张图谱成为甜瓜基因定位与克隆的基础。Oliver 等利用 PI161375 × Piel de Sapo 获得了由 93 个单株组成的 F_2 群体,并构建了总长 1 197 cM,由 12 个连锁群组成,包含 411 个标记的遗传图谱(Oliver 等,2001)。Zalapa 等(2007)用 USDA 846 - 1 和 TopMark 杂交获得的由 81 个植株组成的重组自交系群体构建的甜瓜遗传图谱由 190 个标记组成,包括 114 个 RAPD 标记、43 个 SSR 标记、32 个 AFLP 标记和 1 个表型位点,分成 15 个连锁群,覆盖基因组长度为 1 116 cM,标记平均距离为 5.9 cM,并对 37 个 QTL 进行了定位和分析。Danin 等(2002)利用甜瓜 PI414732 和 Dulce 杂交获得的 F_2 和 F_3 群体构建了包含 74 个标记的连锁图谱,包含 46 个 RAPD 标记、4 个形态标记、22 个 SSR 标记、2 个 ISSR 标记,分为 14 个连锁群。2009 年,作者利用来自中国的母本 3 - 2 - 2 与来自美国父本 Topmark,配置重组自交系群体并获得 152 个单株,利用 SSR 标记与 AFLP 标记构建了甜瓜遗传图谱,该图谱包括 70 个 SSR 标记、100 个 AFLP 标记及 1 个形态标记,图谱由 17 个连锁群构成,覆盖基因组总长度为 1 222.9 cM (盛云燕,2009)。同年,作者同一研究室的刘威、路绪强分别利用 3 - 2 - 2 × WI998 与 WI998 × Topmark 各 F_2 代临时群体构建了甜瓜遗传图谱(路绪强,2009;刘威等,2010)。

三、甜瓜性别基因的定位分析

近年来,甜瓜的性别研究一直是研究热点。2002 年,最新发表的甜瓜基因目录中表明,甜瓜性别分化主要受 3 个位点(a,g,gy)上等位基因的协同控制。利用 SSR 标记对甜瓜的性别基因进行定位的研究少见报道。2005 年,张晓波利用 3 - 2 - 2 × Topmark F_2 代临时群体对甜瓜雌雄异花同株基因(a 基因)定位,运用 SSR 技术,在 F_2 代群体中采用混合分组分析法对单性花基因进行了分子标记筛选,找到 2 个与该基因连锁的 SSR 标记,与雌雄异花同株基因的遗传距离分别为 7.0 cM 和 29.5 cM(张晓波等,2007)。2009 年,作者利用 3 - 2 - 2 × Topmark 重组自交系群体 F_6 代植株,对甜瓜雌雄异花同株基因开展定位研究,利用 SSR 标记与 AFLP 标记进行遗传分析,结果显示甜瓜雌雄异花同株性状受到 1 对显性基因的控制,找到 2 个与雌雄异花同株性状连锁的分子标记:SSR 标记 MU13328 - 3、AFLP 标记 e33m43 – 1,与 a 基因的遗传距离分别为 4.8 cM 和 6.0 cM(盛云燕,2009)。2009 年,刘威利用甜瓜全雌株 WI998 与雄全同株品系 TopMark 配置杂交组合,通过对 P_1、P_2、F_1、F_2、BC_1P_1、BC_1P_2 6 个世代群体进行遗传分析,对决定甜瓜性别表达基因进行研究;同时以 F_2 代分离群体为试材,对甜瓜(全雌株)基因进行定位,找到与全雌株基因连锁的 SSR 标记,遗传距离为 11.6 cM(路绪强,2009;刘威等,2010)。

四、利用 SSR 标记进行甜瓜遗传分析研究存在的问题与对策

作为一种分子标记,SSR 标记具有自身的特点,除了我们熟知的优点之外,也存在一些缺点,采用 SSR 标记必须针对每个微卫星两端的保守序列设计特异引物。例如,不能直接从 DNA 数据库查找,必须先对生物测序,这对于大部分没有完成基因组测序的作物来讲,阻碍了 SSR 分子标记的广泛应用。随着甜瓜基因组测序工作的开展,西班牙的研究者在网上公布了甜瓜表达序列标签 SSR(EST – SSR)序列,供全世界的科研人员免费下载。但是,这种 EST – SSR 序列,通过引物设计、PCR 扩增之后,绝大多数标记均产生一个位点,这与其他分子标记能够产生几个甚至几十个多态性位点相比,降低了标记的有效性。作者在利用 SSR 标记开展甜瓜遗传多样性的研究中发现,其多态性达到 70% 左右,这与国外的研究结果相近;但是在遗传图谱的构建研究中却发现,SSR 多态性只达到了 20% ～ 30%,分析原因是在构建甜瓜遗传图谱的过程中选用了大量 EST – SSR 标记,从而减少了多态性位点。从以上分析结果可以看出,当分析甜瓜遗传多样性时,基因组 SSR(gSSR)标记覆盖整个基因组,能够客观地分析甜瓜材料潜在的遗传差异;在构建甜瓜遗传图谱并开展基因定位的研究中,选用 EST – SSR 标记更加具有针对性,从而能够迅速找到与目标性状连锁的 SSR 标记。因此,根据不同的研究目的选用不同的 SSR 标记类型是获得实验成功的保障。目前,甜瓜的基因组测序工作已经完成,通过分析基因组序列可知,甜瓜与黄瓜的基因组序列相似度高达 96%,甜瓜的多条染色体是由黄瓜的某一条或某几条染色体断裂而形成的。这一研究结果对甜瓜 SSR 分子标记的开发及利用起到了巨大的推动作用。作为葫芦科作物中具有代表性的植物,甜瓜一直被认为是研究遗传背景、基因定位方面的模式植物。众所周知,园艺作物 SSR 引物的开发与利用滞后于大田作物,而在黄瓜分子遗传学方面的研究要多于其他的园艺作物,因此,甜瓜基因组测序的完成,不仅为科研人员提供了大量的基因组参考信息,也可利用黄瓜的 SSR 标记来研究甜瓜的遗传性状。与其他的葫芦科作物相比,甜瓜的遗传背景比黄瓜简单、比西瓜复杂,它可以作为一个纽带来研究物种的进化。因此,对西瓜、黄瓜开发大量 SSR 分子标记,都有利于对甜瓜 SSR 标记的分析。

此外,SSR 引物开发难、所需技术复杂、周期长、费用高,这些限制了它的广泛使用。大量的引物开发、合成无疑增加了研究成本,建议不要单独利用 SSR 分子标记研究某一性状或开展单一领域的研究。很多科研院校期望利用 SSR 分子标记进行学术研究,但是苦于经费问题,因此多数搁浅。若能与国内外的科研单位、大专院校及实验团队开展合作,共同开发、合成引物,形成资源共享,对于 SSR 标记在甜瓜上的普及会产生巨大影响。作者所在研究室多年来一直与美国威斯康星大学园艺系开展合作研究,除了共同分享 SSR 引物序列,还多次采用相同序列 SSR 引物,筛选黄瓜与甜瓜的引物多态性,进行甜瓜遗传图谱的构建及基因组的比较分析,最大程度上利用了 SSR 分子标记的特点。

第四节　甜瓜雌雄异花同株遗传规律与基因定位

甜瓜花多为雄全同株,其完全花具钟形合瓣花冠、萼片 5 枚、雄蕊 3 枚、柱头 3 裂、3 心皮、3 心室、中央侧膜胎座。甜瓜甘甜如蜜、气味芬芳、营养丰富,在中国古代被称为"甘瓜"或"香瓜",是中国重要的水果型蔬菜之一,在世界园艺业中也占有重要的地位。甜瓜在中国的栽培历史悠久,最早的文字记载见成书于 3 000 多年前的《诗经》中的"中田有庐,疆场有瓜,是剥是菹,献之皇祖。"研究表明,中国是薄皮甜瓜的起源地区,且至少是厚皮甜瓜(主要指哈密瓜类型)次生起源地之一。直到今天,中国甜瓜的面积和产量均居世界第一。中国是世界上甜瓜的生产大国、资源大国和传统的出口大国。在中国西部地区,甜瓜更是重要的经济作物。

近年来,有关性别分化和表达机理的研究一直是生命科学领域的研究热点之一,瓜类作物由于性型多样,成为研究性别分化的典型材料,而有关甜瓜性别分化的研究却鲜见报道。研究甜瓜性别分化的作用机理,对瓜类及其他作物的育种和栽培具有重大的理论意义和应用价值。控制甜瓜自花授粉是获得高纯度杂交一代种子(F_1),利用甜瓜杂种优势的关键。目前,杂交制种常用的方法主要有物理去雄、化学杀雄和利用遗传的雄性不育系。化学的杀配子剂缺乏选择性,对雌配子及营养器官有不同程度的伤害,而且容易造成环境污染。物理去雄是甜瓜杂交制种生产中普遍采用的方法。多数栽培甜瓜品种属于雄全同株类型,即植株上有单性的雄花和完全花,其中能结果的是完全花。完全花本身既有雄蕊也有雌蕊,要获得高纯度的杂交一代种子,必须人工将完全花中的雄蕊去除,以其他优良品种的花粉为其人工授粉。然而,在常规的杂交一代种子的生产中,人工去雄耗时、费力,种子纯度也很难保证,而且人工去雄易损伤雌蕊,造成授粉不良,坐果率下降,使制种成本增高,给杂种一代制种带来了极大的不便。

甜瓜性型复杂,花朵分雄花、雌花和完全花,共有 7 种不同的性型组合。其中雌雄异花同株亲本(母本)的选育具有一定的实际应用价值。多年来,国内外专家学者对控制甜瓜性别分化的基因的研究结果存在争议,目前还没有确切的定论。对于甜瓜这个具有 12 个连锁群的作物而言,其基因总长度在 1 500 ~ 2 000 cM,目前的研究并没有达到最大程度。因此,本节构建饱和度较高的遗传连锁图谱,对控制雌雄异花同株的基因进行定位。这有助于利用分子标记辅助选择,确定花性别分化类型,其结果对今后甜瓜雌雄异花同株基因分离与图位克隆具有重要的理论价值。同时,将该遗传图谱与国外已发表的图谱进行整合,有助于增加我国甜瓜分子标记遗传图谱的饱和度,加速我国利用分子标记辅助选择育种的进程。

一、材料与方法

1. 田间实验

(1)实验材料。

本节实验亲本的选择本着最大差异的原则,选取遗传差异大的材料作为亲本配置组合,构建重组自交系群体。母本(P_1):3－2－2,薄皮甜瓜,来源于中国东北农业大学园艺学院西甜瓜分子育种实验室,雌雄异花同株,经过至少 6 代自交纯合,为早熟材料,瓜皮颜色为白色,有条纹,果形呈长圆形,果肉白色,雄蕊 3 枚、3 心皮;父本(P_2):TopMark,为自交 10 代以上的纯合品系,厚皮甜瓜,来源于美国威斯康星大学农业与生命科学学院园艺系 Jack E. Staub 实验室,是世界甜瓜遗传图谱构建中的常用材料,雄全同株,多分枝,瓜皮颜色为金黄色,有网纹,果形呈圆形,果肉橘黄色。配置杂交组合 3 - 2 - 2 × TopMark 获得 F_1,再进行自交和回交,获得 F_2、F_3 及 BC(分别与母本、父本回交)共 7 个世代材料。通过刘威、路绪强实验验证该实验结果配置其他 2 个杂交组合,全雌株 WI998 × 雄全同株 TopMark、全雌株 WI998 × 雌雄异花同株 3 - 2 - 2,通过杂交获得 F_1,进行自交和回交,获得各组合的 F_2、F_3 及分别与母本、父本回交的群体。

(2)实验设计。

①遗传规律研究。

2006 年 4 月~2008 年 5 月,选择 3 - 2 - 2 × TopMark,配置杂交组合,得到 F_1、F_2 及回交群体,从 F_1 中取出 350 粒种子构建重组自交系群体。

2007 年 9 月,在东北农业大学香坊实验农场 5 号日光节能温室种植 3 - 2 - 2 × TopMark 组合 $P_1$30 株、$P_2$30 株、$F_1$30 株、F_2 群体 214 株、F_3 群体 200 株、BC_1P_1 及 BC_1P_2 群体各 90 株。每小区种植 P_1、P_2、F_1 各 10 株,F_2 群体 70 株、F_3 群体 70 株,每垄种植 12 株,随机区组,3 次重复,每个小区共 261 株,小区面积为 216 m^2。进行植株开花类型及相关性状的调查,具体分布如表 3.3 所示。

表 3.3 2007 年 9 月日光节能温室田间分布图

重复 1						
P_1(10 株)	P_2(10 株)	F_1(10 株)	F_2(71 株)	F_3(65 株)	BC_1P_1(30 株)	BC_1P_2(30 株)
重复 2						
P_1(10 株)	P_2(10 株)	F_1(10 株)	F_2(72 株)	F_3(65 株)	BC_1P_1(30 株)	BC_1P_2(30 株)
重复 3						
P_1(10 株)	P_2(10 株)	F_1(10 株)	F_2(71 株)	F_3(70 株)	BC_1P_1(30 株)	BC_1P_2(30 株)

2008 年 3 月,在东北农业大学香坊实验农场 5 号塑料大棚种植 3 - 2 - 2 × TopMark 组合 $P_1$30 株、$P_2$30 株、$F_1$30 株、F_2 群体 214 株、F_3 群体 200 株、BC_1P_1 和 BC_1P_2 各 90 株。每小区种植 P_1、P_2、F_1 各 10 株,F_2 群体 70 株、F_3 群体 70 株,每垄种植 8 株,随机区组,3 次重复,每个小区共 261 株,小区面积为 216 m^2,进行植株开花类型及相关性状的调查,具体分布如表 3.4所示。

表 3.4 2008 年 3 月大棚田间分布图

重复 1						
P_1(10 株)	P_2(10 株)	F_1(10 株)	F_2(72 株)	F_3(64 株)	BC_1P_1(30 株)	BC_1P_2(30 株)
重复 2						
P_1(10 株)	P_2(10 株)	F_1(10 株)	F_2(71 株)	F_3(70 株)	BC_1P_1(30 株)	BC_1P_2(30 株)
重复 3						
P_1(10 株)	P_2(10 株)	F_1(10 株)	F_2(71 株)	F_3(66 株)	BC_1P_1(30 株)	BC_1P_2(30 株)

2008 年 5 月,在东北农业大学香坊实验农场露地种植 3-2-2×TopMark 组合 $P_1$30 株、
$P_2$30 株、$F_1$30 株、$F_{2:3}$ 家系 452 株、BC_1P_1、BC_1P_2 群体各 220 株,调查开花类型及分离比率;刘
威、路绪强实验分别种植 WI998×TopMark、WI998×3-2-2 两个组合的母本 30 株、父本 30
株、$F_1$30 株、$F_{2:3}$ 家系 260 株、$BC_1P_1$90 株、$BC_1P_2$90 株,株距 30 cm,行距 60 cm,每垄种植 7
株,随机区组,调查开花类型及分离比率,具体分布如表 3.5 所示。

表 3.5　2008 年 5 月露地田间分布图

3-2-2×TopMark					
P_1(30 株)	P_2(30 株)	F_1(30 株)	$F_{2:3}$(452 株)	BC_1P_1(220 株)	BC_1P_2(220 株)
WI998×TopMark					
P_1(30 株)	P_2(30 株)	F_1(30 株)	$F_{2:3}$(260 株)	BC_1P_1(90 株)	BC_1P_2(90 株)
WI998×3-2-2					
P_1(30 株)	P_2(30 株)	F_1(30 株)	$F_{2:3}$(260 株)	BC_1P_1(90 株)	BC_1P_2(90 株)

②遗传图谱及连锁标记性状调查。

2008 年 7 月,在东北农业大学设施工程中心 1 号温室种植 10 株 P_1、10 株 P_2、10 株 F_1、
$F_{6:7}$ 重组自交系群体 152 株,随机区组,3 次重复,种植在 10 cm×10 cm 的营养钵中,每行摆
放 15 株,株距 20 cm,行距 80 cm,小区面积 104 m^2,调查开花类型及分离比率。具体分布如
表 3.6 所示。

表 3.6　2008 年 9 月温室田间分布图

重复1			
P_1(10 株)	P_2(10 株)	F_1(10 株)	$F_{6:7}$(152 株)
重复2			
P_1(10 株)	P_2(10 株)	F_1(10 株)	$F_{6:7}$(152 株)
重复3			
P_1(10 株)	P_2(10 株)	F_1(10 株)	$F_{6:7}$(152 株)

(3)实验内容与方法。

①植株开花类型的调查。

a.3-2-2×TopMark 组合植株类型调查:2007 年 5 月,在香坊实验农场露地种植 F_2 代
植株 452 株,进行开花类型的调查;植株定植 60 天时,统计各单株主茎雌花节位率。将植株
花性型分化同时具有雌花和雄花的记为雌雄异花同株,将同时具有雄花、完全花的记为雄
全同株,对上述群体性型分离数据做卡方检验(χ^2检验)及显著性检测,开展甜瓜雌雄异花
同株性别分化遗传规律的研究。

b.WI998×TopMark 组合与 WI998×3-2-2 组合植株类型的调查(引用刘威、路绪强

实验数据):根据开花类型对各世代进行统计分析,将植株上只有雌花的记为全雌株;将同一植株上同时具有雌花、雄花的记为雌雄异花同株;将同时具有雄花和完全花的植株记为雄全同株;将同时具有雌花和完全花的植株记为雌全同株;将整个植株只具有完全花的记为完全花株;将植株同时具有雌花、雄花和完全花的记为三性混合株。

c. 重组自交系单株植株类型调查:对通过单粒传获得的 152 个重组自交系单株进行植株类型的调查,将植株上只有雌花的记为全雌株;将同时具有雌花、雄花的为雌雄异花同株;将植株同时具有雄花和完全花的记为雄全同株;将植株同时具有雌花和完全花的记为雌全同株;将整个植株只具有完全花的记为完全花株;将植株同时具有雌花、雄花和完全花的记为三性混合株。

②3 - 2 - 2 × TopMark 组合雌花率的调查。

定植后 30 天至 60 天内,统计每株雌花数与开花总数,计算雌花率(雌花数占总开花数的百分率)。

③3 - 2 - 2 × TopMark 组合开花相关性状的调查。

2007 年 8 月,将 3 - 2 - 2 × TopMark 组合 P_1(30 株)、P_2(30 株)、F_1(30 株)、F_2(214株)、F_3(200 株)种植于香坊实验农场日光节能温室,每个株系取 5 株,3 次重复,随机排列,在秋季自然光照与温度下,调查植株类型及分离比率、第 1 雌花开放时间、第 1 雌花节位。

2008 年 3 月,将 P_1(30 株)、P_2(30 株)、F_1(30 株)、BC_1P_1(220 株)、BC_1P_2(220 株)、F_2(214 株)、F_3(200 株)种植于东北农业大学香坊实验农场塑料大棚,随机排列,每个株系取 5株,3 次重复,调查植株类型及分离比率、第 1 雌花开放时间、第 1 雌花节位。

2008 年 7 月,将获得的重组自交系群体 F_6 代 152 株,种植于东北农业大学园艺设施工程中心 1 号温室,调查开花类型及分离比率。

雌花始花期:从定植到第 1 朵雌花开放所用时间。

第 1 雌花节位:植株第 1 雌花开花节位(子蔓)。

(4)数据分析方法。

①开花类型统计分析方法。

对 6 世代群体性型分离数据做卡方检验及显著性检测,根据孟德尔遗传规律开展甜瓜性别分化遗传规律的研究。

②雌花率分析方法。

绘制 F_2 代雌花率的次数分布图:用 Excel 绘制出 3 - 2 - 2 × TopMark 杂交组合 F_2 代雌花率次数分布图,依据分布情况,采用相应的遗传分析方法。绘制次数分布图时,将雌花率分为 10 个组,10% ~ 20% 为第 1 组,20% ~ 30% 为第 2 组,依此类推。计算每组的平均数,以平均数做次数分布图的横坐标,以每组的植株数做纵坐标,绘制分布图。

遗传模型分析:参考王建康和盖钧镒(1997)对杂种世代数量性状主基因 + 多基因混合遗传模型的鉴定方法,对 F_2 世代采用盖钧镒等(2003)单个分离世代的数量性状分离分析软件和方法进行。其方法是用 IECM 算法估计各种遗传模型的极大对数似然函数值和 AIC值,从这些模型中选择 AIC 值较低的模型进行适合性检验,适合性检验参数达到显著差异个数最少的模型即为最优模型。

多基因存在的鉴定:利用盖钧镒等(2003)的单个分离世代数量性状分离分析软件分析方法,得到 F_2 分离群体雌花率的成分分布方差及环境方差,计算两者的比值,进行差异显著性测验。

$$F = \delta^2/\delta_e^2$$

$F - F(n_{4-1}, n_1 + n_2 + n_{3-1})$，$\delta^2$、$\delta_e^2$ 分别表示成分方差和环境方差。n_1, n_2, n_3, n_4 分别表示 P_1, P_2, F_1, F_2 的群体数，$\delta_e^2 = V_E = 0.25V_{P_1} + 0.25V_{P_2} + 0.5V_{F_1}$，$V_{P_1}$、$V_{P_2}$、$V_{F_1}$ 分别是两个亲本和杂种 F_1 的方差；P_1、P_2、F_1 是否符合正态分布 $\prod f_1(X; \mu_1, \sigma^2)$，$\prod f_2(X; \mu_2, \sigma^2)$，$\prod f_3(X; \mu_3, \sigma^2)$，$F_2$ 群体符合正态混合分布 $P(X; \psi) = \sum \prod jfi(X; m_1, \sigma^2)$，样本似然函数 $L(\psi) = \prod f_1(X; \mu_1, \sigma^2)$，$L(\psi) = \prod f_2(X; \mu_2, \sigma^2)$，$L(\psi) = \prod f_3(X; \mu_3, \sigma^2)$，$\prod P(X; \psi)$，构建零假设 $H_0: \sigma^2 = \sigma_e^2$（不存在多基因）和备择假设，$H_a: \sigma^2 > \sigma_e^2$（存在多基因且 $\sigma_{pg}^2 = \sigma^2 = \sigma_e^2$），通过计算两种假设下似然函数的最大值 L_0 和 L_a 构造似然比统计量：$X = 2(\log L_a - \log L_0) - X^2$ 进行上述假设显著性测验。

③基因与多基因遗传率的计算（邹晓艳，2007）。

主基因遗传率：

$$H_{mg}^2 = \delta_{mg}^2/(\delta_{mg}^2 + \delta^2)$$

$\delta_{mg}^2 = 0.75d^2$，d 为主基因的加性效应。

在一对完全显性主基因的模型中，$d = 1/2(\mu_1 - \mu_2)$ 分别是群体 2 个正态分布的平均数，由软件自动生成。

多基因遗传率：

$$h_{pg}^2 = \delta_{pg}^2/(\delta_{pg}^2 + \delta^2)$$
$$\delta_{pg}^2 = \delta^2 - \delta_e^2$$
$$H_{pg}^2 = \delta_{pg}^2/(\delta_{pg}^2 + \delta^2)$$

④开花相关性状数据分析方法。

基因数（K）的计算按 Panse 估算法：

$$K = (V_{2F_2} - V_{E_1})^2/V_{VF_2} - E_2$$

式中，V_{2F_2} 为 F_2 家系内方差的平均值；V_{VF_2} 为 F_2 家系内方差的方差；E_1 为个体环境方差；E_2 为家系平均数的环境方差。

修饰基因数目的估算公式：

$$n = (X_{P_1} - X_{P_2})2/(S_{F_2}^2 - S_{F_1}^2)$$

开花相关性状的遗传变异力：

广义遗传力：

$$H_b^2 = (V_{F_2} - V_{F_1})/V_{F_2} \times 100\%$$

狭义遗传力：

$$H_n^2 = (4V_{F_3} - 3V_{F_2} - V_E/3)$$

2. 分子标记。

（1）实验材料。

实验材料选用 3 - 2 - 2 × TopMark 杂交组合，通过连续自交的方法获得重组自交系 F_1 S_6 群体 152 株。

（2）实验设计。

将重组自交系群体每个单株取 30 粒种子，分别播于营养钵中，待到 3 叶 1 心时，每株取新鲜真叶 0.2 g,混合 30 个单株,用于 DNA 提取。

2008 年 3~5 月,利用亲本进行 SSR、AFLP 分子标记体系的构建,筛选多态性引物。

2008 年 5~6 月,利用 F_1S_6 群体进行 DNA 提取。

2008 年 6~11 月,利用 F_1S_6 群体进行 SSR、AFLP 分子标记。

(3)分子标记。

①SSR 标记。

PCR 扩增反应体系见表 3.7(盛云燕,2006),PCR 扩增反应在 PTC - 100™扩增仪上进行,反应采用 20 μL 总体积。

表 3.7 SSR 标记 PCR 扩增反应体系组成

成分	体积/μL
无菌去离子水	11.90
10 × buffer(含 Mg^{2+} 15 mmol/L)	2.00
dNTPs(10 mmol/L)	0.30
模板 DNA(30 ng/μL)	3.00
Taq 酶(2 U/μL)	0.30
引物(2 pmol/L)	2.50

SSR 标记 PCR 扩增程序见表 3.8。

表 3.8 SSR 标记 PCR 扩增程序

步骤	温度/℃	时间
1.预变性	94	5 min
2.变性	94	1 min
3.复性	55	30 s
4.延伸	72	90 s
5.返回步骤 2	—	40 个循环
6.延伸	72	10 min
7.终止	4	—

②AFLP 标记。

AFLP 实验方法参照 Vos 等(1995)的反应体系,并根据中国农业科学院蔬菜花卉研究所生物技术室所采用的方法进行优化。主要步骤包括:酶切及接头连接、预扩增、选择性扩增、聚丙烯酰胺凝胶电泳和银染检测。

第一,基因组 DNA 酶切与接头连接。表 3.9 为基因组 DNA 限制性酶切体系。

表 3.9　基因组 DNA 限制性酶切体系

成分	体积/μL
*Eco*RI(20 U/μL)	0.12
*Mse*I(10 U/μL)	0.24
*Eco*RI 接头(5 pmol/μL)	0.40
*Mse*I 接头(50 pmol/μL)	0.40
ATP(10 mmol/L)	0.40
NEB buffer(10 ×)	2.00
T4 – DNA 连接酶(350 U/μL)	0.20
BSA(100 ×)	0.20
基因组 DNA(50 ng/μL)	2.00
ddH$_2$O	14.04
总体积	20.00

充分混匀后,37 ℃反应 12 h,酶切和接头的连接产物作为下一步 AFLP 预扩增的模板。

第二,预扩增反应体系及程序。

预扩增采用 E00/M00 引物组合方式,反应体系及程序如表 3.10 和表 3.11 所示。

表 3.10　预扩增反应体系

成分	体积/μL
模版 DNA	4.0 0
E00(50 ng/μL)	0.60
M00(50 ng/μL)	0.60
PCR buffer(10 ×)	2.00
Mg^{2+}(25 mmol/L)	1.20
dNTP(2 mmol/L)	2.00
Taq 酶(5 U/μL)	0.10
ddH$_2$O	9.50
总体积	20.00

表 3.11　预扩增反应程序

步骤	温度/℃	时间
1. 预变性	94	5 min
2. 变性	94	30 s
3. 复性	55	30 s
4. 延伸	72	60 s
5. 返回步骤 2	—	29 循环
6. 延伸	72	10 min
7. 终止	4	—

第三,预扩增结束后,将反应产物稀释 40 倍,作为选择性扩增反应的模板。

选择性扩增:选用(E00 + 2)/(M00 + 3)引物组合方式,共筛选组合引物 256 对,反应体系及反应程序见表 3.12 和表 3.13。

表 3.12　选择性扩增反应体系

成分	体积/μL
模板 DNA 稀释后的预扩增产物	3.00
E00 + 3(50 ng/μL)	1.00
M00 + 2(50 ng/μL)	1.00
PCR buffer(10 ×)	2.00
Mg^{2+}(25 mmol/L)	1.00
dNTP(2 mmol/L)	2.00
Taq 酶(5 U/μL)	0.20
ddH_2O	9.80

表 3.13　选择性扩增反应程序

序号	温度/℃	时间
1	94	5 min
2	94	30 s
3	65	30 s, −0.7 ℃/循环
4	72	1 min
5	返回第 2 步	2 min
6	94	30 s
7	56	30 s
8	72	1 min,1 ℃/循环

续表 3.13

序号	温度/℃	时间
9	返回第 6 步	25 min 后返回第 6 步
10	72	5 min
11	结束	结束

（4）数据分析方法。

①分子标记偏分离统计分析。

利用 SSR 标记、AFLP 标记划分 RILs 群体基因型，将观察值逐一按孟德尔分离理论比（1∶1）进行 χ^2 检验，判断该标记是否存在偏分离，对照亲本基因型，确定偏分离方向。

②SSR 标记数据分析。

按照 Mapmaker/EXP3.0 计算机软件分析要求，根据成像结果，将 SSR 电泳分析结果转换成数字形式。共显性带型读取方法为：和母本 3 - 2 - 2 带型相同的单株记作 A，和父本 TopMark 带型相同的单株记作 B，杂合的（同时具有 3 - 2 - 2 和 TopMark 带型）的单株记作 H。显性带型读取方法为：母本 3 - 2 - 2 为显性（有带）以及分离群体中和 3 - 2 - 2 带型相同的单株记作 D，纯合 TopMark 型单株记作 B；父本 TopMark 为显性（有带）以及分离群体中和父本 TopMark 带型相同的单株记作 C，纯合 3 - 2 - 2 型单株记作 A。缺失数据记作"—"。

③AFLP 标记数据分析。

对扩增产物的电泳结果采用"0、1"系统记录谱带位置，观察扩增条带的有无，共显性带型读取方法为：和母本 3 - 2 - 2 带型相同的单株记作 A，和父本 TopMark 带型相同的单株记作 B，杂合的（同时具有 3 - 2 - 2 和 TopMark 带型）的单株记作 H。显性带型读取方法为：母本 3 - 2 - 2 为显性（有带）以及分离群体中和 3 - 2 - 2 带型相同的单株记作 D，纯合 TopMark 型单株记作 B；父本 TopMark 为显性（有带）以及分离群体中和父本 TopMark 带型相同的单株记作 C，纯合 3 - 2 - 2 型单株记作 A。缺失数据记作"—"。

所得数据利用 χ^2 检验，$P = 0.05$ 水平上，符合 1∶1 分离比率的 AFLP 标记用于图谱构建。利用本节研究的引物序号加扩增片段大小表示 AFLP 标记，引物号和片段大小之间用"-"分开，扩增片段大小通过分析与 100 bp DNA Maker 标准谱带的相对位置，估计多态性 AFLP 标记带的相对分子质量大小。

3. 遗传图谱的构建及雌雄异花同株基因定位软件分析方法

利用 Mapmaker/EXP3.0 分析软件，构建分子标记连锁图谱，应用"Group"命令进行连锁分析和分组"LOD>2.0，重组率<0.50"，连锁标记少于 8 个的用"Compare"命令进行优化排序，多余 8 个用"Ripple"命令排序，错误检测水平设为 1%，利用 Kosambi 函数将重组率转化为遗传图距（cM）。根据 Temnykh 等定位的 SSR 标记作为锚定标记以确定相应的连锁群，利用 Mapdraw2.1 绘制连锁图谱。

二、结果与分析

1. 甜瓜花发育调查

同期育苗定植的甜瓜品种中，雌雄异花同株材料与雄全同株材料杂交后代比其他常规品种前期营养生长速度快,花芽分化比其他品种材料早,尤其是雌花分化。在定植38天之后,雄全同株品种有个别雄花开放,而杂交后代中雌花大量发育,雄花发育相对落后,有时 F_1 代植株雄花大量发生,多为 3~4 簇生,植株群体存在早衰现象。

2.植株开花类型的调查

3-2-2(雌雄异花同株)与 TopMark(雄全同株)杂交的 F_1 代均表现为雌雄异花同株,出现显性特征。对 3-2-2×TopMark 杂交组合的 F_2 代共调查 452 个单株,性型统计表明,其中 331 株为雌雄异花同株、121 株为雄全同株;基部第 4 节位以下出现大量的雄花,子蔓出现少量的雄花,孙蔓基本上为结实花(雌花与完全花)。经 χ^2 检验, F_2 代雌雄异花同株与雄全同株的分离比率符合 3:1 ($\chi^2 = 0.37$, $\chi^2_{0.05,1} = 3.84$, $\chi^2 < \chi^2_{0.05,1}$)。 BC_1P_1 代群体共有 220 株,全为雌雄异花同株, BC_1P_2 代群体共有 215 株,其中 132 株为雌雄异花同株,103 株为雄全同株,经过 χ^2 检验,符合 1:1 的分离比($\chi^2 = 0.25$, $\chi^2_{0.05,1} = 3.84$, $\chi^2 < \chi^2_{0.05,1}$)。可见,甜瓜雌雄异花同株性状由 1 对显性基因控制。表 3.14 为 6 世代杂交组合分离表现。

表 3.14   6 世代杂交组合分离表现

组合	世代	雄全同株/株	雌雄异花同株/株	总株数/株	期望比值	Pr
3-2-2×TopMark	P_1	—	30	30	—	—
	P_2	30	—	30	—	—
	F_1	—	30	30	—	—
	F_2	121	331	452	3:1	0.37
	BC_1P_1	—	220	220	—	—
	BC_1P_2	103	132	215	1:1	0.25

注: $\chi^2_{0.05,1} = 3.84$ 。

3.温光环境条件对性型分化的影响

本节实验中分别以 F_1 、 F_2 、 F_3 3 世代材料进行春、秋两季栽培,两季的调查结果表明:亲本 3-2-2 和 TopMark 不同播种季节种植的植株性型分化表现稳定,即温度和光照对其性别没有影响。2007 年 9 月一共种植 214 株 F_2 代群体,其中 188 株表现为雌雄异花同株,26 株表现为雄全同株;2008 年 3 月种植的 F_2 代 214 株群体中,其中 176 株表现为雌雄异花同株,38 株表现为雄全同株。由于两个季节种植的是同一个群体,在不同环境条件下性别表现有 12 株出现差异,结果如表 3.15 所示。

表 3.15   不同季节 F_2 代群体性别表现

季节	雌雄异花同株/株	雄全同株/株	期望比值	χ^2
秋季(2007 年 9 月)	188	26	3:1	3.54
春季(2008 年 3 月)	176	38	3:1	1.22
性别差异	12	12	—	—

注: $\chi^2_{0.05,1} = 3.84$ 。

4.甜瓜开花相关性状遗传分析。

（1）开花相关性状遗传规律的研究。

对甜瓜各世代定植到第1朵雌花开放的时间、雌花节位进行了遗传规律的研究,表3.16为甜瓜6世代雌花相关性状统计分析数值。

表3.16　甜瓜6世代雌花相关性状分析

世代	数量/个	第1雌花开放时间/天		第1雌花节位/节		雌花率	
		2007年9月	2008年3月	2007年9月	2008年3月	2007年9月	2008年3月
P_1	30	27.625	26.813	4.8	4.71	0.36	0.932 1
P_2	30	31.062 5	30.02	6.125	6.002	0.271 8	0.301
F_1	30	27.625	28.61	6.56	3.819	0.281	0.292 1
BC_1P_1	90	31.476 2	32.521	10.53	12.03	0.251 5	0.278 1
BC_1P_2	90	33.904 8	34.032	8.73	9.41	0.291 7	0.300 2
F_2	188	30.71	31.93	6.988	6.583	0.312	0.347 1

图3.2~3.4分别比较了在2007年9月与2008年3月甜瓜第1雌花开放时间、第1雌花节位及雌花率的表现情况。从图中看出,2007年,BC_1P_2第1雌花开花时间最长,F_1最短;2008年,BC_1P_2第1雌花开花时间最长,P_1最短。2007年,亲本3-2-2第1雌花节位最低,而2008年杂交一代F_1的第1雌花节位明显低于其他的世代,验证了F_1代杂交优势理论。2007年6世代雌花率基本保持同一水平,但在2008年,亲本3-2-2雌花率明显高于其他世代,这与材料本身特点相符合,此外,由于3-2-2为雌雄异花同株材料,该实验表明,雌花开放可能受到环境条件的影响。

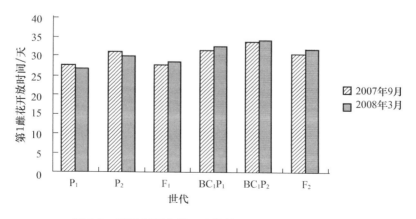

图3.2　甜瓜不同年份6世代第1雌花开放时间对比

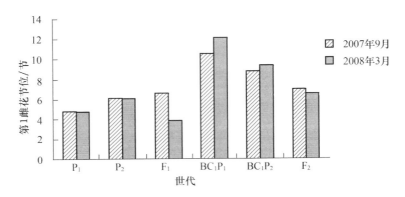

图 3.3　甜瓜不同年份 6 世代第 1 雌花节位对比

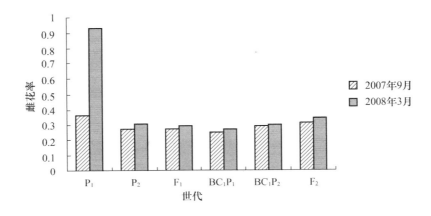

图 3.4　甜瓜不同年份 6 世代雌花率对比

（2）控制雌花相关性状基因数的研究。

表 3.17 为控制甜瓜雌花性状基因数。利用 P_1、P_2、F_1、F_2、F_3 等各世代研究甜瓜开花相关性状,计算控制性状基因总数的结果表明,甜瓜第 1 雌花开放时间、第 1 雌花节位均表现为典型的数量性状。具体数据表明,甜瓜第 1 雌花开放时间一共受到 10 对主效基因的控制,该性状极其复杂,由多基因协同调控,同时计算结果显示具有 3 对修饰基因,主效基因和修饰基因的共同作用调控甜瓜第 1 雌花开放时间,第 1 雌花开放时间可能容易受到环境条件的影响。第 1 雌花节位由 2 对等位基因控制,同时计算结果显示具有 1 对修饰基因协同调控该性状。以上性状的表达均受到修饰基因的影响,而修饰基因的表达容易因环境条件改变而变化,从而影响性状表达。

表 3.17　控制甜瓜雌花性状基因数

基因数	第 1 雌花节位/节	第 1 雌花开放时间/天
控制雌花性状总基因数	10.05	3.53
修饰基因数	2.7	2.05

（3）甜瓜开花性状遗传力的分析。

植物性状表现型是基因型和环境条件共同作用的结果。遗传力是遗传方差在总方差中所占的比值，反映了遗传因素和环境因素对表现型作用的相对大小。遗传力的高低与选择效果直接有关。新品种选育的最终目标是选出优良的基因型，而常规选择只能通过表现型来推测基因型，遗传力的大小直接关系到利用表现型推测基因型的可靠程度，遗传力越高，表明基因因素在表现型中所占的比重越大，从表 3.18 可以看出，第 1 雌花开放时间的广义遗传力较高，属于高遗传性状。

表 3.18　雌花开放相关性状的遗传力

遗传力	第 1 雌花节位	雌花开放率	第 1 雌花开放时间
广义遗传力 H_b^2	11.17%	53.57%	29.44%
狭义遗传力 H_n^2	43.02%	3.14%	18.81%

（4）重组自交系性状调查。

将 RIL 群体种植于东北农业大学设施工程中心温室内，对各单株进行开花类型的调查结果显示：82 株为雌雄异花同株，70 株为雄全同株，通过 χ^2 检验符合 1∶1 的分离比率（$\chi_{0.05,1}^2 = 3.84 > 1.025$）。

（5）确定甜瓜开花性状基因型。

上述实验结果显示，控制甜瓜雌雄异花同株的基因应该为 AA，控制雄全同株基因为 aa。为验证该实验结果，利用刘威、路绪强的实验材料配置另两个杂交组合，全雌株 WI998 × 雄全同株 TopMark、全雌株 WI998 × 雌雄异花同株 3 - 2 - 2，观察 F_1、F_2、BC_1 代开花比率，结果表明：全雌株 WI998 × 雌雄异花同株 3 - 2 - 2 组合的 F_1 代均表现为雌雄异花同株，F_2 代表现为雌雄异花同株∶（三性混合株 + 雄全同株）∶雌性系分离比率通过 χ^2 检验符合 12∶3∶1。回交群体 BC_1P_1 表现为雌雄异花同株∶（三性混合株 + 雄全同株）∶全雌株分离比率通过 χ^2 检验符合 2∶1∶1。BC_1P_2 表现全部为雌雄异花同株。通过对 F_2、BC_1 群体的分离比率分析，确定该组合杂交后代由 2 对基因控制，由于 F_1 均表现为雌雄异花同株，基因型应该为 $A\_$，控制雌雄异花同株3 - 2 - 2品系的第 1 对基因为 AA，因此控制全雌株 WI998 第 1 对基因应为 $A\_$，而该杂交后代有 2 对基因表达，显然第 1 对基因 A 不表达，因此确定控制全雌株 WI998 的基因型为 $AAggmm$，雌雄异花同株 3 - 2 - 2 的基因型为 $AAGGMM$，其中 M 为修饰基因。同理，调查发现全雌株 WI998 × 雄全同株 TopMark 杂交组合 F_1 代均为雌雄异花同株，F_2 代雌雄异花同株∶雄全同株∶（全雌株 + 三性混合株）∶完全花株∶全雌株分离比率通过 χ^2 检验符合 36∶12∶9∶4∶3，回交群体 BC_1P_1 雌雄异花同株∶（三性综合株 + 雄全同株）∶全雌株 = 2∶1∶1；BC_1P_2 表现为雌雄异花同株∶雄全同株通过 χ^2 检验符合 1∶1 分离比率，因此确定该杂交组合后代有 2 对主效基因、1 对微效基因表达，控制甜瓜性别分化的基因为 A、G，微效基因 M 在该组合的杂交后代中稳定表达；确定全雌系 WI998 基因型为 $AAggmm$，雄全同株 TopMark 品系基因型为 $aaGGMM$，因此确定，控制甜瓜性别分化的主效基因为 A、G，微效基因 M，当基因型表现为 $AAggmm$ 时，植株类型即为全雌株。表 3.19 为杂交组合 WI998 × 3 - 2 - 2后代数量，表3.20为杂交组合 WI998 × TopMark 后代数量。

表 3.19　杂交组合 WI998 × 3 − 2 − 2 后代数量

组合	世代	总株数/株	观察值/株			
			雌雄异花同株	雌全同株	三性混合株	全雌株
WI998 × 3 − 2 − 2	P_1	30	—	—	—	30
	P_2	30	30	—	—	—
	F_1	30	30	—	—	—
	F_2	260	153	15	25	57
	BC_1P_1	90	42	10	12	24
	BC_1P_2	88	86	—	2	—

表 3.20　杂交组合 WI998 × TopMark 后代数量

组合	世代	总株数/株	观察值/株					
			雌雄异花同株	雄全同株	三性混合株	雌全同株	完全花株	全雌株
WI998 × TopMark	P_1	30	—	—	—	—	—	30
	P_2	30	30	—	—	—	—	—
	F_1	30	30	—	—	—	—	—
	F_2	260	173	51	5	51	6	12
	BC_1P_1	90	51	—	3	21	—	14
	BC_1P_2	88	38	45	—	—	—	—

通过上述杂交组合确定的基因型分析结果表明,选取的亲本材料 3 − 2 − 2 基因型为 *AAGGMM*,TopMark 基因型为 *aaGGMM*,虽然有 2 对基因控制性别分化,但是在该组合后代中只有 1 对基因表达,因此该组合后代的遗传规律表现为由单一显性基因控制。综合上述杂交组合,分析各组合后代开花类型的分离比率,确定控制甜瓜性别分化主要由 2 对基因 *A*、*G* 控制,当基因型为 *A_G_* 时,表现为雌雄异花同株;基因型为 *aaG_* 时表现为雄全同株;当基因型为 *aagg* 时表现为完全花株。*M* 基因为修饰基因,只有当基因型为 *AAggmm* 时,才表现为全雌株;*AAGGM_* 时表现为三性混合株或雌全同株,由于三性混合株与雌全同株的表现型不同,因此,提出除了含有微效 *M* 基因外,还存在另一微效基因 *F*,与 *M* 基因互作,共同控制雌全同株或三性混合株的表达。

(6)SSR 分子标记。

①甜瓜 DNA 的提取。

本节实验对 CTAB 法进行了改良,采用微量法提取 DNA。如图 3.5 所示,电泳检测显示,总 DNA 带型整齐,纯度高,无降解现象。利用 λDNA 标准样(50 ng/μL)比对方法对所提取 DNA 的质量浓度进行检测,结果表明微量提取法所提 DNA 的质量浓度一般为 100 ~ 200 ng/μL。

②反应体系的优化。

诸多因素影响 PCR 反应结果,如模板 DNA 的质量浓度、dNTP 浓度、Mg^{2+} 浓度、DNA 聚

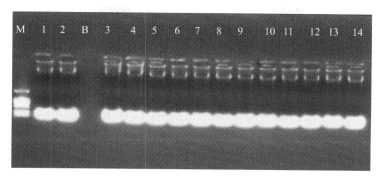

图 3.5　利用 CTAB 法所提取的甜瓜基因组 DNA 电泳图

M 为 marker；B 为空白对照；1～14 为样本编号

合酶的活性、反应程序等,其中任何一个条件的改变都可能造成谱带发生变化。根据盛云燕(2006)实验结果,选择合适的 SSR 优化体系。从以下方面对反应体系进行优化。

第一,模板质量浓度。

根据资料报道,SSR 标记实验质量浓度在 50～100 ng/μL,本节实验的引物质量浓度为 50～75 ng/μL,*Taq*DNA 聚合酶的浓度为 0.3 μmol/L。检测不同材料的 DNA 质量浓度发现,由于 SSR 标记扩增多态性明显,对 DNA 质量浓度的要求较低,DNA 质量浓度为 50～75 ng/μL 的电泳带之间的明亮度没有明显差异,本节实验采用 λDNA 作为标准质量浓度,使模板 DNA 明亮度与 λDNA (50 ng/μL)相近即可。

第二,dNTP 浓度。

张博等(2002)在 SSR 标记实验中使用的 dNTP 的浓度为 200 μmol/L,而其他研究者使用的 dNTP 的浓度为 200～300 μmol/L。适宜的 dNTP 浓度可根据扩增片段的长度和碱基组成,由具体实验确定。

本节实验采用了 50 μmol/L、100 μmol/L、200 μmol/L、300 μmol/L、400 μmol/L 5 种浓度来测定对扩增引物的影响。实验结果表明:在 100 μmol/L、200 μmol/L 浓度下,扩增出的 DNA 带型和强度较平行;300 μmol/L 浓度下的扩增条带清晰,强度适中;而 50 μmol/L 浓度的 dNTP 的强度比较弱;400 μmol/L 浓度 dNTP 的强度好,但产物聚集。综上所述,本节实验认为 300 μmol/L 的 dNTP 浓度较为适宜。

第三,*Taq*DNA 聚合酶用量。

*Taq*DNA 聚合酶的活性、酶耐热性等因素制约着酶在 PCR 反应中的用量。在 20 μL 反应体系中,分别使用 1U、2U 和 5U 的酶,实验结果表明,2U 的 *Taq*DNA 聚合酶用量产生的谱带清晰,反应充分,最为适合。

第四,反应程序。

延伸时间:不同的延伸时间对于扩增结果有着重要的影响,不合适的延伸时间会导致产物非特异扩增。本节实验采用 60 s、90 s 和 120 s 的延伸时间。延伸时间为 60 s 时,扩增谱带较浅,不容易识别;延伸时间为 120 s 时,扩增结果产生多余的弥散谱带;延伸时间为 90 s 时,扩增谱带清晰,容易识别,无其他杂带。因此本节实验采用 90 s 的延伸时间。

循环次数:本节实验设置了不同的循环次数,分别循环 35 次、40 次、45 次进行扩增结果检验,结果表明:在循环 35 次时产生的谱带强弱有别,循环 45 次时出现新的特异谱带,循环

40次时产物强度适中,无杂带。因此选用40次循环次数比较适宜。

综上所述,甜瓜SSR标记的优化体系为96 ℃预变性5 min;94 ℃变性1 min,55 ℃复性30 s,72 ℃延伸90 s,40个循环;72 ℃稳定10 min。经过多次实验证明,扩增产物稳定,重复性好。

③SSR标记多态性引物的筛选。

如图3.6所示一共筛选了428条SSR引物,获得具有多态性的共显性标记90个,多态性比例为21.29%。其中,具有多态性的SSR引物94个,PCR扩增产物经6%聚丙酰酰胺凝胶电泳后产生94个标记位点,每个标记只产生1个多态性位点,其片段大小在150～300 bp。

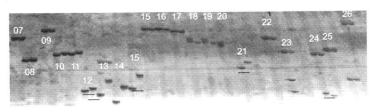

图3.6　甜瓜亲本间SSR引物筛选结果

编号为引物编号;黑色下划线为多态性引物扩增条带

④SSR分子标记在RILs群体中的分离情况。

对90个标记位点的分离情况进行检验,经过χ^2检验有76个位点符合1:1分离比率,14个标记位点出现偏分离,占总数的15.55%。在14个位点中,9个位点偏向于母本3－2－2,占64.28%;5个位点偏向于父本TopMark,占35.7%。部分多态性引物扩增结果如图3.7～3.9所示。

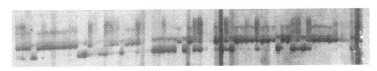

图3.7　引物MU6638－3扩增结果

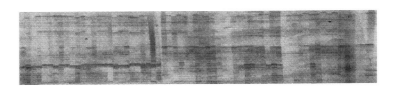

图3.8　引物MU6743－1扩增结果

图3.9　引物208扩增结果

（7）AFLP 分子标记。

①DNA 的提取。

模板 DNA 的质量：AFLP 标记对模板 DNA 质量要求较高，模板纯度的高低是实验成败的首要因素。DNA 能否被充分酶切也是 AFLP 结果正确与否的关键因素。模板质量越高，酶切就越充分，也就能最大程度地反映出多态性。采用微量 CTAB 法提取 DNA，经过测验，DNA 达到 300 ng/μL。如图 3.10 所示，本节实验经质量浓度为 0.01 g/mL 的琼脂糖凝胶电泳后，DNA 主带清晰，无降解，无 RNA 和蛋白质污染，纯度较高。此方法经过反复验证，多次提取甜瓜基因组 DNA，所提取的基因组 DNA 质量均较好，符合 AFLP 分子标记反应体系的要求。

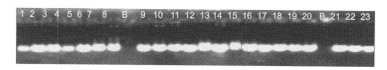

图 3.10 用于 AFLP 标记的甜瓜基因组 DNA 模板带型

B 为空白对照；1~23 为样本编号

酶切与连接时间：酶切时间的长短是影响模板 DNA 能否酶切完全的一个重要因素，基因组 DNA 的完全酶切是多态性得以检出的根本保证。目前多数报道采用酶切与连接同步进行的方法，操作简单，可以节省时间。对甜瓜基因组 DNA 不同酶切时间的研究结果表明，酶切、连接 12 h 效果最佳。用 *Eco*RI/*Mse*I 双酶切的实验结果表明：如图 3.11 所示，基因组 DNA 主条带消失，酶切片段呈梯度弥散，形成均匀的弥散现象。如图 3.12 所示，酶切产物完全能满足对模板质量要求较高的 AFLP 标记要求。

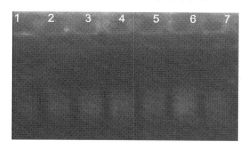

图 3.11 RILs 群体 AFLP 酶切示意图

1~7 为样本编号

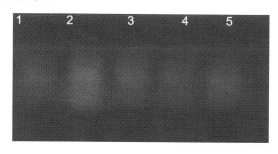

图 3.12 AFLP 标记预扩增产物

1~5 为样本编号

预扩增产物稀释倍数：同预扩增体系相似，预扩增产物也要经过适当的稀释才能进行选择性扩增（简称选扩），因此确定适当的预扩增产物稀释倍数是选择性扩增体系的关键。对不同稀释倍数的预扩增产物，选扩后经质量浓度为 0.02 g/mL 琼脂糖凝胶电泳及聚丙烯酰胺凝胶电泳检测发现，预扩增产物稀释 10 倍、15 倍时选扩的电泳谱带背景较深，不利于谱带的读取；预扩增产物稀释 20 倍时条带清晰；预扩增产物稀释 40 倍时谱带较弱。因此，确定稀释倍数为 20 倍，可提高效率，降低成本。

②AFLP 引物组合筛选及多态性分析。

以银染法为检测体系，利用 16 个 *Eco*RI 和 16 个 *Mse*I 引物配对组成的 256 个 AFLP 引物组合,对双亲进行 AFLP 引物筛选分析(*Eco*RI 引物含有 3 个选择性碱基,*Mse*I 引物含有 3 个或 2 个碱基)。如图 3.13 所示引物筛选结果表明:选择 256 对 *Eco*RI/*Mse*I 引物组合,22 对 AFLP 引物具有多态性,扩增出 110 个 AFLP 多态性位点,分布范围在 100 ~ 600 bp,就单个标记所扩增出来的多态性位点分析,AFLP 的多态性远远高于 SSR 标记,这与前人的研究结果较一致。

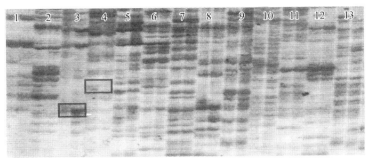

图 3.13 AFLP 引物多态性筛选

1 ~ 13 为引物编号,方框区域为多态性位点

③AFLP 标记在 RILs 群体中的分离。

在 AFLP 标记实验中,22 对多态性引物共产生 146 个标记,平均每对引物产生 6.63 个标记,对 146 个多态性位点进行 χ^2 检验,有 22 个位点出现偏分离,占总数的 15.07%,在上述 22 个位点中,13 个位点偏向于母本 3 - 2 - 2,占 59.09%;9 个位点偏向于父本 TopMark,占 40.91%。如图 3.14、图 3.15 所示,实验结果表明:来源于两个亲本的标记位点在群体中的分离占总数的 40% ~ 60%,未发现群体有偏向某一亲本的现象。

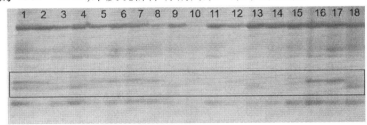

图 3.14 引物 E39 m40 在 RILs 群体中的扩增结果

1 ~ 18 为样本编号,方框区域为多态性位点

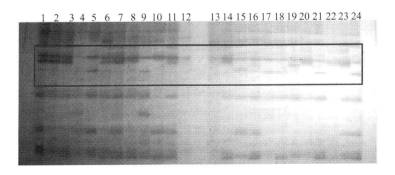

图 3.15 引物 E42 m44 在 RIL 群体中的扩增结果

1 ~ 24 为样本编号,方框区域为多态性位点

5. 甜瓜遗传图谱的构建

（1）遗传图谱的构建。

如图 3.16 和图 3.17 所示，用 146 个 AFLP 标记和 94 个 SSR 标记构建遗传图谱，该图谱由 17 个连锁群组成，其中包括 100 个 AFLP 标记、76 个 SSR 标记和 1 个形态标记，该图谱覆盖甜瓜基因组长度 1 222.9 cM，标记间平均距离为 7.19 cM。如表 3.21 和表 3.22 所示，每个连锁群上的标记数在 2 ~ 41 个之间，连锁群长度在 11.0 ~ 197.4 cM 范围内。在 240 个多态性位点中，有 26.67% 的标记未进入连锁群，其中包括 46 个 AFLP 标记，18 个 SSR 标记。

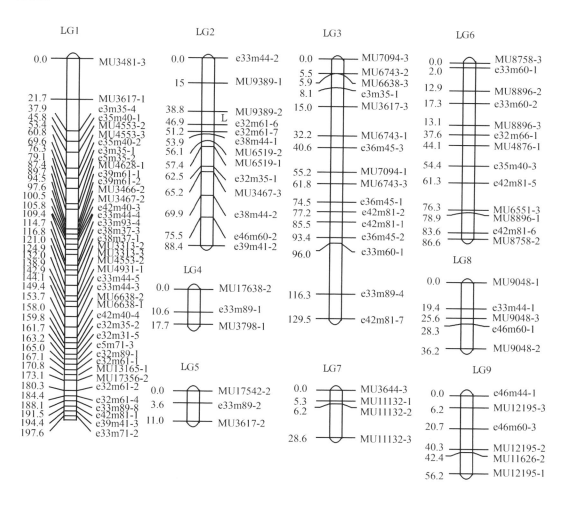

图 3.16　甜瓜遗传图谱连锁群 1 ~ 9

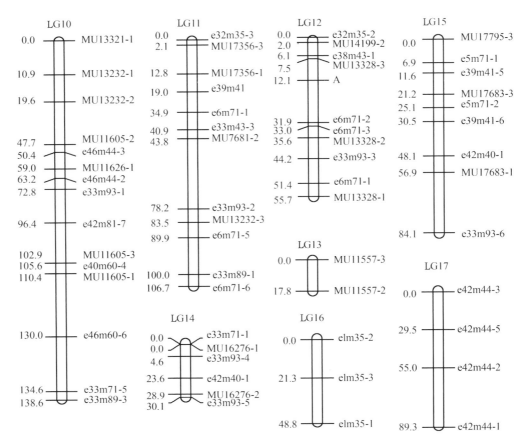

图 3.17　甜瓜遗传图谱连锁群 10~17

表 3.21　构建遗传图谱的分子标记

分子标记	多态性标记数/个	连锁标记数/个	未连锁标记数/个	未连锁标记率/%
SSR	94	76	18	19.15
AFLP	146	100	46	31.51
总数	240	176	64	26.67

表 3.22　遗传图谱的基本参数

连锁群	标记数/个	长度/cM	标记平均距离/cM	连锁群	标记数/个	长度/cM	标记平均距离/cM
LG1	41	197.4	4.81	LG9	6	56.2	9.36
LG2	13	88.4	6.8	LG10	15	138.6	9.24
LG3	18	129.5	7.19	LG11	15	106.7	7.13

续表 3.22

连锁群	标记数/个	长度/cM	标记平均距离/cM	连锁群	标记数/个	长度/cM	标记平均距离/cM
LG4	3	17.8	5.93	LG12	11	55.7	5.06
LG5	3	11.0	3.67	LG13	2	17.8	8.9
LG6	13	86.6	6.66	LG14	6	30.1	5.02
LG7	4	28.6	7.15	LG15	9	84.1	9.34
LG8	5	36.2	7.24	LG16	3	48.8	16.27
—	—	—	—	LG17	4	89.4	22.35

分析该图谱上 176 个分子标记遗传位点的基因型比例表明,23 个位点表现偏分离,占标记总数的 13.07%。除了连锁群 LG3、LG12、LG14、LG16 和 LG17 上未发现偏分离标记外,其他连锁群上均出现偏分离标记。多数偏分离位点主要分布在少数几个连锁群上,而且相对比较集中,如在连锁群 LG1 上的 8 个偏分离位点集中在两个区域。

分子标记在本实验中构建的遗传连锁群上呈不均匀分布,在 LG1、LG2、LG6、LG7、LG9、LG10、LG11、LG16 和 LG17 连锁群上均出现大于 20 cM 间距的分子标记,其中 LG17 连锁群上的最大间距为 34.3 cM。分析各连锁群中所包含的分子标记个数,结果显示:分子标记在各连锁群上分布不均匀,在三个连锁群 LG1、LG12、LG14 上发现了许多不同程度的标记密集区,且密集区主要是 AFLP 标记。连锁群表现不饱和,如连锁群 LG10、LG11。平均间距最大的连锁群为 LG17,间距达 22.35 cM;平均间距最小的为连锁群 LG5,间距仅有 3.67 cM。标记数最多的为连锁群 LG1,包括 41 个标记;标记数最少的 LG4、LG5 和 LG16 连锁群只有 3 个标记。

(2)甜瓜遗传图谱的比较。

Wang 等(1997)构建的第一张甜瓜回交子代分子遗传骨架图谱,含有 197 个 AFLP 位点、6 个 RAPD 位点与 1 个微卫星位点,基因组总长度为 1 942 cM,该实验结果奠定了基因定位与克隆的研究基础。此后,各国研究者利用不同作图群体和各种分子标记建立了多幅甜瓜分子连锁图谱,为不同的图谱之间进行相互比较提供了可能。本节实验分别与 Wang(1997)利用 AFLP 引物构建的连锁图谱、C-Perin 等(2002)利用 SSR 和 AFLP 标记整合的遗传图谱、H. E. Cuevas(2008)利用多种标记选用 3-2-2 和 TopMark 做亲本材料构建的遗传图谱及 I. Fernandze(2008)利用 EST-SSR 标记构建的遗传图谱相比较,由于上述四张图谱所选用的引物不同,本实验未能找到共用的标记引物,无法进行图谱整合。本节实验中构建的连锁图谱与 C-Perin 等(2002)利用 SSR 和 AFLP 标记整合的遗传图谱相比较,发现本节实验将雌雄异花同株主效基因 A 定位在第 12 连锁群上,而 C-Perin 等(2002)将 A 基因定位在第 2 连锁群上,比较这两个连锁群,结果表明:这两个连锁群含有两个相同的 AFLP 标记,但是由于 AFLP 标记是显性标记,无法说明本节实验的第 12 连锁群与 C-Perin 等(2002)的第 2 连锁群是否为同一连锁群,结果如图 3.18 所示。

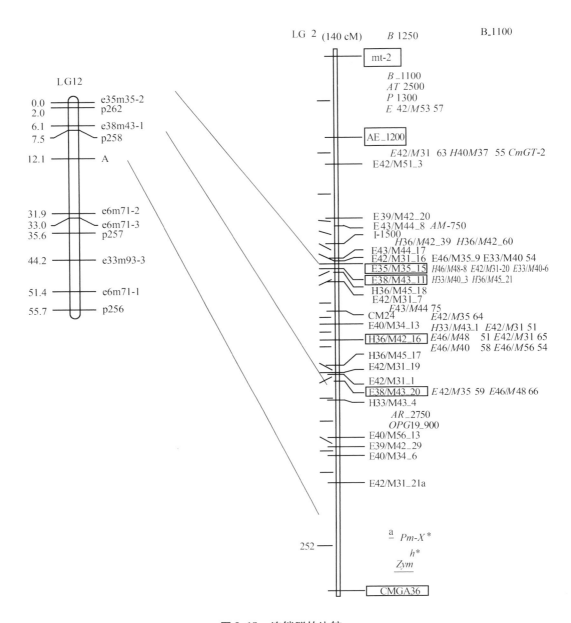

图 3.18　连锁群的比较

三、讨论

1. 甜瓜雌雄异花同株遗传规律的研究

一直以来,研究者对甜瓜雌雄异花同株遗传规律的研究采取统计植株类型的统计方法,即利用同一植株上不同花型的着生情况,调查其分离比率,再结合传统的遗传规律分离比率进行分析,主要原理是利用孟德尔遗传规律。对于一个植株上着生80%以上的雌花,小于20%的雄花,将其记录为雌雄异花同株,而在其他葫芦科作物上,这样的分离比率记录为全雌株。因此,采用不同的性状记录方法和分析手段,对从多方面研究雌雄异花同株的遗传规律显得非常必要。本节研究通过对雌花率的分析,确定可以利用雌花率来研究雌雄异花同株的遗传规律,而结果显示:若利用雌花率对雌雄异花同株的遗传规律进行研究,符合该性状主要受到 1 对显性主基因的控制,但是同时存在微效基因,且微效基因的遗传率为 8% 以上。这说明若利用雌花率进行雌雄异花同株遗传规律的研究,可以确定其微效基因的存在,再结合 QTL 分析,可将主效基因和微效基因定位。因此,采用不同的性状调查方法和数据的统计方法研究某一复杂性状是非常必要的,而利用雌花率研究雌雄异花同株遗传规律,更能够说明甜瓜开花性状遗传的复杂程度。

2. 甜瓜性别分化基因型的确定

本节实验通过配置不同的杂交组合,调查各组合分离后代($F_{2:3}$、BC_1P_1、BC_1P_2 群体)开花类型及分离比率,确定了 $3-2-2 \times TopMark$ 组合后代的雌雄异花同株性状表达仅取决于 a 位点的基因型,该组合的 F_2 代雌雄异花同株与雄全同株分离比率符合孟德尔遗传规律中由 1 对显性基因控制杂交后代性状分离比率(3:1),这与以往报道的结果一致。实验结果说明当双亲的 g 位点为 $G\_$ 时,A 基因的遗传简单而稳定。通过调查 3 个杂交组合 $F_{2:3}$、BC_1P_1、BC_1P_2 群体开花类型及分离比率,确定了各亲本的基因型,实验结果表明:母本 $3-2-2$ 的基因型为 $AAGGMM$,父本 TopMark 的基因型为 $aaGGMM$,显然在该组合 F_2 代群体中,虽然有 2 对基因控制性别分化,但是只有 1 对基因表达,其后代开花类型符合由单一显性基因控制的遗传规律。因此,确定控制甜瓜性别分化主要有 2 对基因 A、G,当基因型为 $A\_G\_$ 时,开花类型为雌雄异花同株;当基因型为 $aaG\_$ 时,开花类型为雄全同株;当基因型为 $aagg$ 时,开花类型为完全花株。本节实验提出 M 基因为修饰基因,只有当基因型为 $AAggmm$ 时,开花类型才表现为全雌株;而当基因型为 $AAGGM\_$ 时,开花类型为三性混合株或雌全同株。由于三性混合株与雌全同株的开花类型不同,无法解释由同一种基因型控制两种开花类型的现象,因此,提出除了含有微效基因 M 外,还存在另一微效基因 F 与 M 基因互作,控制雌全同株或三性混合株的分化。

甜瓜性别分化基因型的确定,不仅可以减少配置杂交组合的盲目性,为目标育种提供重要的参考价值,而且对于品种选育也具有重要的指导意义。本节实验首次利用结合质量性状和数量性状的方法,研究雌雄异花同株性状的遗传规律,分析结果肯定了以往的研究结果,并进行了全面的论证。对甜瓜雌雄异花同株性状遗传规律的研究,不仅为将来甜瓜单性花性状的广泛应用提供理论基础,而且将单性花性状转育到优良的雄全同株甜瓜材料中,通过常规杂交的方法也可迅速获得综合性状优良、单性花性状稳定遗传的甜瓜杂种一代。

3. 环境条件对甜瓜开花类型的影响

本实验利用 $3-2-2 \times TopMark$ 组合 P_1、P_2、F_1、F_2、BC_1P_1、BC_1P_2 6 世代群体材料,进行不同季节的栽培管理,通过对 6 世代开花类型调查,结果表明:亲本 $3-2-2$ 和 TopMark 在不同栽培季节植株开花类型均稳定表达,即温度和光照对其开花类型没有较大影响。F_2 代群体在不同季节的植株开花类型有 12 株发生变化,经过 χ^2 检验,两季节雌雄异花同株与雄全同株的分离比率均符合 3:1。调查结果表明,当控制雌雄异花同株、雄全同株性状的基因型纯合时,其性别表现不易受到环境条件影响,植株性别表现稳定;当控制雌雄异花同株、雄全同株性状的基因型处于杂合状态时,植株性别表达不稳定,容易受到遗传背景及环境条件的影响,尤其是受到日照长短的影响,其原因可能是受到某些修饰基因的调节,导致在不同温光条件下出现性别表达差异的现象。而在不同环境条件影响下是由雌雄异花同株向雄全同株转化,还是反方向转变,需要进一步研究探讨。可见,甜瓜的性型遗传复杂,不能简单地用由 1 对基因控制来完全解释其规律。

4.分子标记

(1)提取 DNA。

在 PCR 扩增反应之前,需获得一定量的模板 DNA,为了使模板 DNA 浓度和质量不会对分析结果造成影响,提取 DNA 的方法显得尤为重要。由于植物体内的特殊内含物(如单宁、酚类及色素类物质)直接影响 Taq 聚合酶的活性,可能会导致扩增失败,因此选择 CTAB 提取法提取 DNA,这样可以使植物体内的特殊内含物沉淀,在离心过滤过程中与 DNA 分离,最大程度地减少了 DNA 质量浓度对 PCR 反应的影响。此外,SSR 与 AFLP 分子标记对 DNA 浓度的要求也不同,SSR 标记对 DNA 的质量浓度要求不高,基本上达到 50 ng/μL,即可满足扩增要求;AFLP 标记分析步骤多、流程长,操作起来相对烦琐,DNA 质量浓度达到 300 ng/μL 左右才能满足各步骤实验要求。此外,AFLP 标记是一种显性标记,无法区分纯合体、杂合体,这些都使得 AFLP 标记对 DNA 的质量有较高的要求,模板 DNA 母液应长期保存于 -20 ℃ 冰柜中,并避免反复冻融。

(2)筛选 SSR 反应体系。

很多因素影响 PCR 扩增结果,如模板 DNA 浓度的高低、dNTP 浓度的大小、Mg^{2+} 浓度的大小、DNA 聚合酶活性强弱、反应主要程序等,其中任何一个条件发生细微的改变都会使扩增结果发生变化。为了保证本节实验结果的可靠性,采用同一厂家同一批生产的试剂,保持反应体系和反应程序的统一,最大程度消除误差。在 PCR 反应过程中,温度是比较敏感的条件之一,多种因素决定所需要的温度,如引物的碱基组成、长度和浓度等,合适的复性温度应该比引物在 PCR 反应条件下真实的退火温度低 5 ℃(盛云燕,2006)。本节实验 SSR 引物碱基在 20 个左右,因此选用了 40~60 ℃ 作为退火温度,设计每 5 ℃ 为一个梯度进行扩增,结果表明 45 ℃ 为最适复性温度,对个别的引物进行了适当调整。延伸时间分别为 60 s、90 s、120 s,经反复分析,结果表明延伸时间为 90 s 是最适延伸时间。本节实验根据以前实验结果,确定最适循环次数为 40 次。综上所述,甜瓜 SSR 分子标记优化反应程序为:96 ℃ 5 min;94 ℃ 1 min,55 ℃ 30 s,72 ℃ 90 s,40 个循环;72 ℃ 10 min。经过多次实验证明扩增产物稳定,谱带清晰,重复性好。

(3)筛选 AFLP 反应体系。

①选择酶切。

本节实验 AFLP 标记采用双酶切方法,双酶切产生的 DNA 片段长度一般小于 500 bp,在 AFLP 反应中可被优先扩增,扩增产物可很好地分离,因此一般采用低频限制性内切酶与高频限制性内切酶搭配,可使酶切充分,能够满足后续实验。本节实验选择的内切酶 EcoRI 价格便宜,分析效果可靠,是 6 种碱基切点酶中最常用的。内切酶 MseI 的识别位点为 TTAA,因此在分析富含碱基 A、T 的植物 DNA 时常被采用。目前的研究证明,这两种内切酶搭配,可使 DNA 酶切充分,完全能够满足葫芦科植物 AFLP 分子标记的实验要求。

②选择的人工合成接头及引物。

接头应与所选择的限制性内切酶相适应,并且含有合适数量的 G、C 碱基。选择引物时,主要是根据研究基因组大小来确定引物3′末端上需要多少选择性核苷酸。接头实验共合成多采用95 ℃ 5 min即可完成,也有部分研究采用较复杂的程序,通过对比实验发现,95 ℃ 5 min即可满足实验要求。

③优化反应条件。

AFLP标记对PCR扩增条件要求较高,Mg^{2+}、dNTP的浓度将对反应结果产生十分明显的影响,因此需要反复摸索以确定最适合的反应条件进行扩增,此项工作亦较为烦琐。除此之外,本节实验选择将酶切和连接两步骤合为一步进行,以简化反应步骤,缩短反应时间,并且对酶切连接的结果没有显著影响。

(4)构建遗传图谱。

①关于分子连锁图谱与染色体关系。

分子连锁群是植物染色体在分子水平上的反映,分子连锁群的数目应该同相应物种染色体的数目一致。但由于分子标记在染色体上分布的随机性及染色体不同区段交换值异质性的存在,分析标记在染色体上不是均匀地分布,这样连锁群上常常会产生较大的间隙,严重者则出现小片段的连锁群,于是将一条完整的染色体分成了若干小的连锁片段。这种情况在RAPD和AFLP等基于PCR的DNA标记情况下发生的机会很多。本节研究中甜瓜染色体数为 $n=12$,而建立的分子遗传图谱有17个连锁群,说明至少有5条染色体中存在频繁交换或标记空缺区段。

②重组自交系群体对遗传图谱的影响。

重组自交系是通过F_2个体连续自交直到完全纯合的一系列品系。自交所产生的不同重组自交品系,构成了性状稳定分离的永久性群体,即对于亲本等位基因连锁区段的不同组合方式,每个重组自交系单株都是固定的。这种永久群体是构建遗传图谱的好材料。理论上,建立一个无限大的RIL群体,必须自交无穷多代才能达到纯合;建立一个有限大小的RIL群体则只需自交有限代。然而,即使是建立一个通常使用的包含100~200个株系的RIL群体,要达到完全纯合,所需的自交代数也相当多。据吴为人等(1997)从理论上推算,对于一个拥有10条染色体的植物种,要建立完全纯合的RIL作图群体,至少需要自交15代。可见,建立RIL群体是非常费时的。在实际研究中,人们往往无法花费那么多时间来建立一个真正的RIL群体,所以常常使用自交6~7代的"准"RIL群体。理论上推算,自交6代后,单个基因座位的杂合率只有3%,已基本接近纯合。然而,由于构建连锁图谱时涉及大量的DNA标记座位,因而虽然多数标记座位已达到或接近完全纯合,但仍有一些标记座位存在较高的杂合率,有的高达20%以上(李维明等,2000)。在本节研究中,通过对SSR共显性标记的分离分析发现,各位点的杂合率由0到24%不等。尽管如此,实践证明,利用这样的"准"RIL群体来构建分子标记连锁图谱仍然是可行的。

本节实验利用重组自交系构建甜瓜分子遗传图谱,在国内尚属首次。两个亲本性状之间具有很大差异,多态性位点较多,比较适合用于构建图谱。本节实验在构建重组自交系群体过程中,采用单粒传方式共获得了152株重组自交系单株,在温室中种植植株群体,设立纱网,严格控制外来花粉的传入,并严格按照操作标准进行授粉,保证了群体材料的高度纯合度,重组自交系的田间性状调查结果也证实了这一点,若在此基础上继续自交,获得F_8代重组自交系群体,用于构建永久饱和的分子遗传图谱,可以无限地用新标记进行作图,也便于不同实验室和不同研究者进行合作研究,以确保分子遗传图谱的准确性和稳定性,从而开展甜瓜重要农艺性状的 QTL 定位与遗传效应分析。

③选择标记对遗传图谱的影响。

本节实验主要采用 SSR、AFLP 两种分子标记构建分子遗传图谱。SSR 标记为共显性,多态性丰富,重复性好,是构建遗传图谱的优秀标记之一;AFLP 标记虽然为显性标记,但是其多态性特别丰富,使其成为构建图谱不可缺少的分子标记。本节实验将两种优秀的构建图谱标记合并在一起,使得构建的图谱比较实用、饱和,便于今后开展图谱整合、QTL 定位等相关研究。

④分子标记在图谱中分布。

构建遗传图谱都期望标记之间距离尽可能小,并且在基因组上分布均匀。分子标记的聚集现象在番茄(Haanatra,1999)、大麦(Qi,1998)、玉米(Vuylsteke,1997)等作物上均有报道。本节实验所构建的遗传连锁图谱中包含的分子标记分布并不均匀,特别是 AFLP 标记。除了在 LG3、LG12、LG14、LG16 和 LG17 连锁群中未发现偏分离标记外,其他连锁群上均存在偏分离标记,而大多数偏分离标记主要分布在少数几个连锁群上,而且比较集中,如连锁群 LG1,含有 8 个偏分离位点且主要集中在两个区域。着丝粒两侧有的区域甲基化重复序列比较高,AFLP 分子标记对该区域具有很高的灵敏度,能够检测到该区域的聚集现象,而异染色质区重组率低与聚集现象有关。利用不同分子标记特性的互补,将有助于减小遗传图谱中的空隙。例如,PstI – MseI AFLP 标记要比 EcoRI – MseI AFLP 标记分布均匀,PstI 可以在非甲基化的常染色质区识别酶切位点,适于表达区域的研究。另外,分子标记分布的不均匀的可能原因是亲本之间差异在某些染色体区段缺乏多态性,而由于亲本中某些染色体的结构或组成发生变异,致使分子标记无法检测到该区域染色体上的差异,无法建立连锁关系。因此,利用来源于不同杂交组合的作图群体,以及发展包括微卫星标记在内的新型分子标记是填补图谱中的空缺、构建饱和图谱的有效手段。

⑤关于异常分离情况。

分子标记的偏分离现象常出现在遗传图谱的构建过程中,而在重组自交系或加倍单倍体群体中这种异常分离的现象出现概率较多。异常分离严重地影响连锁分析的结果,某些不存在连锁关系的标记由于异常分离情况导致得出连锁的结论,而相反的情况也常常发生。原则上,严重的偏分离标记是不适合应用在遗传图谱的构建中。本节实验将分离比例检验与连锁标记检验相结合,只有符合 1:1 分离比例的标记才用于遗传图谱的构建,然后在连锁群图距增加不大于 5 cM 的条件下,将偏分离标记逐个进行插入,减少偏分离标记对图谱构建的影响。有人认为遗传"搭车效应"("搭车效应"指的是在有利突变产生后被正选择固定的过程中,与之连锁的中性位点的变异也被固定)的产生,致使与异常分离的遗传因子紧密连锁的分子标记产生偏分离现象。目前还有两种假说解释偏分离现象,一种观点认为是配子体选择的结果,另外一种观点认为是花粉选择的结果。在本节实验中,虽然存在偏分离情况,但没有发现明显偏于某一亲本的趋势,大部分异常分离标记没有在连锁群上聚集出现,其他少量分散于连锁群上的异常分离标记可能是配子体选择或单粒传过程中环境造成的选择现象。

⑥甜瓜遗传图谱的比较。

甜瓜是一种基因组较小的作物,约为 4.5×10^8 kb,染色体数为 $2n = 24$。高密度的甜瓜连锁图谱应有 12 个连锁组,并覆盖基因组长度为 1 500 ~ 2 000 cM(Staub 和 Meglic,1993)。

迄今为止,尚未报道完全选用 SSR 标记构建甜瓜连锁图谱,一方面由于 SSR 标记在基因组内的分布具有不均匀的特点,而且在基因组测序未完成前(2012 年),开发新标记的成本比较高;另一方面,选用单一标记构建遗传图谱,可能会造成图谱标记间距比较大。本节实验构建的甜瓜图谱覆盖基因组长度 1 222.9 cM,标记间的平均距离为 7.19 cM,遗传图谱尚未达到高度饱和。如何将尽可能多的新标记加入到图谱中是我们目前关注的问题。如果采用常规的作图方法,不仅实验工作量大,而且费用也高。本节实验所构建的分子遗传图谱共有 17 个连锁群,说明至少有 5 条染色体中存在频繁交换或标记空缺区段。与其他已发表的甜瓜遗传图谱相比较结果显示,由于本节实验选取的共显性标记多为 EST – SSR 标记,而目前发表的图谱多为 SSR 标记,本节实验的图谱与其他图谱并不具有公用性标记,因此,无法进行比较。本节实验构建的图谱在某些染色体上跨度比较大,这是因为标记类型、标记数量、群体类型和群体大小都会影响所构建图谱的长度和密度。在本节实验中,获得的 AFLP 标记数较少、不够密集,理论上在一个染色体中的连锁群有可能由于某一部分的标记未能连锁而被打断,所以有必要进行下一步的研究。

⑦ A 基因的连锁标记。

本节实验利用 SSR、AFLP 标记技术在亲本间、重组自交系群体中进行多态性引物的筛选,取得了良好的效果。找到了与 A 基因紧密连锁的 MU13328 – 3 和 e33m43 – 1 两个标记。通过对 F_6 代各单株验证,MU13328 – 3 和 e33m43 – 1 两个标记表现的雌雄异花同株与雄全同株的比率符合 1∶1 分离规律,与田间分离规律一致,通过 Mapmaker3.0 软件计算遗传距离,也证明了特异标记与雌雄异花同株性状连锁关系。

但是,也有一部分标记结果与田间调查结果不符合,有的雌雄异花同株材料,标记显示杂合带;也有田间性状为雌雄异花同株,标记却显示雄全同株。导致标记结果与田间调查结果差异的原因可能是发生交换重组现象;花性型基因存在阶段性表达,营养生长向生殖生长过渡过程中,早期花性型基因转录表达不稳定,雄蕊退化不完全;减数分裂不正常,出现三倍体植株如 Aaa,呈中间型;雌雄异花同株性状也许与某些植物学性状存在连锁关系,有研究指出,雌雄异花同株性状与种皮颜色性状紧密连锁;单性花性状除了受核基因控制外,环境条件的改变、遗传物质产生变异同样影响连锁分析的结果。

此外,利用重组自交系群体和多种分子标记进行连锁分析,却没有能够找到小于 1 cM 的连锁标记,可能由于群体中杂和基因型植株所占比例较大,而引用新的标记,是解决该问题的有效途径之一。

⑧ 本节实验的创新点。

确定了甜瓜雌雄异花同株受到 1 对显性基因的控制;尝试利用雌花率研究雌雄异花同株遗传规律,取得突破性的进展。确定了控制甜瓜性别分化的基因型;在国内首次利用重组自交系群体进行甜瓜遗传图谱的构建,找到与甜瓜雌雄异花同株连锁的分子标记,遗传距离较前人的研究结果更近,缩短了连锁距离。

四、结论

1. 甜瓜雌雄异花同株遗传规律

甜瓜雌雄异花同株受到 1 对显性主基因的调控,F_2 代符合 3∶1 分离比率,F_6 代符合 1∶1 分离比率。

2. 确定甜瓜不同材料分化性别基因型

本实验选取的亲本雌雄异花同株材料 3-2-2,基因型为 *AA*,雄全同株材料 TopMark,基因型为 *aa*。

3. 构建遗传图谱

利用重组自交系群体构建甜瓜遗传图谱,该图谱包括 76 个 SSR 标记位点,100 个 AFLP 标记位点及 1 个形态标记,图谱由 17 个连锁群构成,覆盖基因组总长度 1 222.9 cM,标记间的平均距离为 7.19 cM,标记间最大连锁距离为 34.4 cM,标记间最小连锁距离为 0。每个连锁群上的标记数在 2 ~ 41 之间,连锁群长度在 11.0 ~ 197.4 cM。遗传图谱中含有 240 个多态性位点中,有 26.67% 的标记未进入连锁群,其中包括 46 个 AFLP 标记,18 个 SSR 标记。覆盖基因组长度最长的连锁群为 LG1,覆盖基因组长度 197.4 cM;最短的连锁群为 LG5,覆盖基因组长度 11.0 cM。标记数最多的连锁群为 LG1,含有 41 个标记;标记数最少的连锁群为 LG5,仅含有 3 个标记。

4. 雌雄异花同株基因连锁标记

共有 10 个标记与 *A* 基因在同一连锁群上,该连锁群覆盖基因组长度 55.7 cM,找到与雌雄异花同株性状连锁的分子标记 MU13328 − 3 和 e33m43 − 1,与 *A* 基因的连锁距离分别为 4.8 cM 和 6.0 cM。

第五节　甜瓜纯雌系遗传规律与基因定位

有关甜瓜性别表达的研究一直是生命科学领域的重点问题。由于性型多样,瓜类作物成为研究高等植物性别表达的典型材料。甜瓜性别表达的研究对瓜类及其他作物的育种和栽培具有重大的理论意义和应用价值。对于甜瓜性别分化基因的研究,多年来,一直集中在雄全同株的遗传规律及对控制该性状基因定位上,对于甜瓜其他性型表现遗传规律的研究,国内外的报道较少,而对于控制纯雌系的基因的定位,这与亲本材料的选择有很大关系。刘威等通过选择植株类型差异显著的全雌株和雄全同株材料为亲本,研究决定甜瓜性别表达的其他基因。通过对甜瓜性型分离遗传规律研究,进一步阐明甜瓜性别表达基因型与机理,同时对甜瓜以及其他瓜类作物纯雌系基因克隆与基因聚合育种提供理论支持。

一、材料与方法

1. 实验材料

以东北农业大学园艺学院西甜瓜分子遗传育种研究室提供的纯雌系 WI998 为母本,以雄全同株甜瓜品系 TopMark 为父本(两材料均引自美国威斯康星大学 Jack E. Staub 实验室)。两者的开花类型相比较,WI998 为稳定的全雌株,开花期间植株的主蔓和侧蔓全部着生单性雌花,花型不受环境条件的影响;TopMark 为典型的雄全同株,主蔓和侧蔓大部分节位着生雄花,仅在侧枝的第 1 和第 2 节位着生完全花。

2. 田间实验和性状调查

2007 年 3 月至 6 月,配置得到 F_1 代种子;2007 年 7 月至 10 月播种 F_1 代 30 株,一部分自交得到 F_2 代,另一部分与父母本分别回交得到 BC_1P_1、BC_1P_2;2008 年 2 月 15 日,播种 P_1、

P_2、F_1、F_2、BC_1P_1、BC_1P_2 6个世代的种子,4月10日将上述材料定植在东北农业大学香坊实验农场5号日光节能温室内,亲本 P_1、P_2 及 F_1 代分别种植30株,BC_1P_1、BC_1P_2 群体分别种植90株,F_2 群体种植300株。定植后的15天至75天为调查期,每天记录单株甜瓜开花类型和开花数量,再依据单株甜瓜中不同类型花所占的比例,判断甜瓜的植株类型。判断标准见表3.23。

表3.23 甜瓜的植株类型及判断标准

植株类型	甜瓜单株中3种花型所占的百分比		
	雄花	雌花	完全花
雌雄异花同株	70%~80%	20%~30%	
雄全同株	75%~85%	15%~25%	
雌全同株	—	70%~80%	20%~30%
三性混合株	5%~10%	70%~80%	10%~25%
完全花株	—	—	100%
全雌株		100%	—

3. 甜瓜基因组 DNA 的提取

采用 CTAB 法提取甜瓜基因组 DNA,用质量浓度为 0.01 g/mL 琼脂糖凝胶电泳检测 DNA 的质量浓度,将纯化后的 DNA 稀释至 3×10^7 ng/L 备用。

4. SSR 分子标记

SSR 引物序列来自公开发表的文献和互联网中葫芦科作物 EST 信息库(http://www.ncbi.nlm.nih.gov/dbEST;http://www.cucurbitgenomics.org/),共计428对。其中来自于甜瓜基因组的 SSR 引物 gSSR 68对,来自于 EST 数据库的 SSR 引物 EST-SSR 360对。

以作图亲本 DNA 为扩增模板,利用 SSR 引物进行多态性筛选。再用得到的多态性引物对 F_2 代群体进行扩增,选择带型清晰、多态性丰富的引物进行统计分析并构建遗传图谱。

PCR 反应体系、PCR 扩增条件及聚丙烯酰胺凝胶电泳等参照盛云燕等(2009)的方法。根据 SSR 标记的分析结果,比较各株系和亲本相应位点带型,与父本 TopMark 带型有相同位点的基因型记为 A,与母本 WI998 带型有相同位点的基因型记为 B,双亲杂合带型为 H,由于各种原因造成的带型不清楚或数据缺失位点的基因型记为"—"。

5. 甜瓜遗传图谱构建

利用 Mapmaker/EXP3.0 分析软件,构建分子标记连锁图谱,应用"Group"命令进行连锁分析和分组(LOD>3.0,重组率<0.50),用"Compare"命令进行优化排序,用 Kosambi 函数将重组率转换成遗传距离(cM),用 WinQTLCart2.5 作图软件绘制分子标记连锁图。

6. 基因定位

通过对 F_2 代群体不同类型植株数量的卡方检验,估算控制该群体性别表达基因数目,以及不同植株类型基因型。找到基因型匹配且分离比符合3:1的小群体,分别定位不同的性别表达基因。将性别表达基因位点作为一个标记位点处理,利用 Mapmaker/EXP3.0 分析软件,将其定位在遗传图谱中。

二、结果与分析

1. 遗传分析

在分析后代分离数据后发现,雌全同株和三性混合株类型植株均有大量雌花(每一株雌花率均大于70%),由于三性混合株中有少量雄花出现(每一株雄花率均小于10%),而将其归类为三性混合株;三性混合株数量为5株,仅占F_2代群体总数的1.7%,这些植株中出现少量的雄花可能是因为其他基因的修饰作用或环境条件影响。而在全雌株中不存在这种影响,雌花率为100%。由于以上3种类型的植株中均为雌花占大多数(单株雌花率大于70%),可以将它们归为一类,命名为雌性株。杨文龙等(2007)在对甜瓜纯雌系的研究中也出现了这种含大量雌花和少量雄花的植株,并将其命名为强雌株。

依据2008年4月至6月的田间调查数据,对P_1、P_2、F_1、F_2、BC_1P_1、BC_1P_2 6个世代群体植株类型统计分析的结果表明,该群体性别表达由2对隐形基因控制,分别为控制雄全同株的基因a和控制雌全同株(以雌全同株为主,还包括少量三性混合株和全雌株)的基因g,对应得出不同类型植株的基因型为:$aaG\_$为雄全同株,A_gg为雌全同株、三性混合株和全雌株,$A\_G\_$为雌雄异花同株,$aagg$为完全花株(表3.24)。通过对雌性株内全雌株和非全雌株的卡方检验表明,全雌株的表达受1对隐性基因的控制,这里将其命名为gy,纯雌株的基因型为A_gggygy。该基因对a和g基因有修饰作用,使A_gg型植株中的少数雄花和完全花败育或转变为雌花(表3.25)。

表3.24 6世代群体分离比率及卡方检验

世代	观测值				期望值				χ^2
	雌雄异花同株	雄全同株	雌性株	完全花株	雌雄异花同株	雄全同株	雌性株	完全花株	
P_1	0	0	30	0	0	0	1	0	—
P_2	0	30	0	0	0	1	0	0	—
F_1	30	0	0	0	1	0	0	0	—
F_2	173	51	68	6	9	3	3	1	7.47
BC_1P_1	51	0	38	0	1	0	1	0	0.95
BC_1P_2	38	45	0	0	1	1	0	0	0.29

注:$P_{0.05,1}=3.84$,$\chi^2<P_{0.05,1}$,$P>0.05$;$P_{0.05,3}=7.81$,$\chi^2<P_{0.05,2}$,$P>0.05$。

表3.25 纯雌系基因分离及卡方检验

世代	观测值			期望值			χ^2
	雌全同株	三性混合株	全雌株	雌全同株	三性混合株	全雌株	
F_2	51	5	12	3		1	1.1958
BC_1P_1	21	3	14	1		1	0.7071

注:$P_{0.05,1}=3.84$,$\chi^2<P_{0.05,1}$,$P>0.05$。

2. 基因互作分析

在 F$_2$ 代群体中雌雄异花同株、雌全同株和纯雌株分离比率为 173∶55∶12，经卡方检验 $\chi^2 = 1.472\ 1 < \chi^2_{0.05,2}(5.99)$，符合基因互作中显性上位作用 12∶3∶1 的分离比；三者的基因型分别为 $A\_G\_$，$A\_ggGY\_$ 和 A_gggygy，说明 G 对 GY 基因有显性上位作用。

3. SSR 引物多态性筛选

以作图亲本 DNA 为扩增模板，利用 428 对 SSR 引物进行多态性筛选，共发现 55 对在双亲间表现多态性的 SSR 引物，多态率为 12.9%，其中 gSSR 引物多态率 19.1%，EST - SSR 引物多态率 11.7%。本节研究选用了 39 个带型清晰、多态性丰富的引物进行统计分析和遗传图谱构建。

4. 遗传图谱构建

利用在双亲间有多态性的 55 对 SSR 引物对 F$_2$ 代 288 个单株 DNA 进行 PCR 扩增；初步构建了一个甜瓜遗传连锁图谱。如图 3.19 所示，图谱含有 11 个连锁群，包含 31 个 SSR 标记和 2 个形态学标记（雄全同株和全雌株），遗传图谱覆盖 666.7 cM。最长的连锁群为 132.7 cM（LG3），最短的连锁群 34.9 cM（LG8）。每个连锁群有 2 ~ 5 个标记，标记间最大间距 39.5 cM，最小间距 14.4 cM，标记间平均距离为 17.09 cM。标记在整个连锁群中分布比较均匀，没有标记聚集在一起的现象。

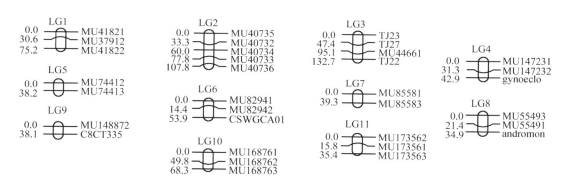

图 3.19 甜瓜 SSR 遗传连锁图谱

5. 性别决定基因的初步定位

如表 3.26 所示，对 F$_2$ 代分离群体不同类型植株的基因型和分离比率分析表明，由雌雄异花同株和雄全同株共 224 个单株组成的小群体可以用来定位 a 基因。

表 3.26 定位 a 基因的小群体卡方检验

植株类型	基因型	观测值	期望值	χ^2
雌雄异花同株	$A\_G\_$	173	3	0.307 0
雄全同株	$aaG\_$	51	1	

注：$P_{0.05,1} = 3.84$，$\chi^2 < P_{0.05,1}$，$P > 0.05$。

同理,雌性株群体(以雌全同株为主,还包括少量三性混合株和全雌株)69 个单株可以用来定位 gy 基因。

实验将控制甜瓜雄全同株基因 a 定位在第 4 连锁群上,与其最近的分子标记为 MU55491,与基因 a 的距离为 13.5 cM。将控制全雌株基因 gy 定位在第 8 连锁群上,与其最近的分子标记为 MU147232,与 gy 基因的距离为 11.6 cM,如图 3.20 所示。经适合性检验,MU55491 和 MU147232 两标记在 F$_2$ 群体中均符合 3∶1 分离比率。

图 3.20　基因 a、gy 在图谱上定位

三、讨论

在本节实验中,以 WI998 和 TopMark 为亲本杂交得到的 F$_1$、F$_2$、BC$_1$P$_1$、BC$_1$P$_2$ 世代群体的性别表达受 3 对隐性基因 a、g、gy 控制,此结果与 2002 年甜瓜基因目录(刘文革,2002)中的结论一致,但在不同基因对应的表现型上存在差别。目录中 A_gg 基因型对应的表现型为全雌株,而本节实验中对应表现型为以雌全同株为主,还包括少量三性混合株和全雌株的一个雌性株群体(其中雌全同株占 75%)。产生这样差别的原因:一是选择的材料不同,材料中存在特殊基因(gy)产生了修饰作用;二是瓜类作物的性别表达容易受到环境影响,个别植株受到不同环境条件影响,出现了植株类型的变异;三是还可能存在其他基因的作用,对表现型产生了影响。本节研究构建的甜瓜遗传图谱共计 11 个连锁群,覆盖基因组总长度 666.7 cM,前人所构建的甜瓜遗传图谱长度都在 1 000～2 000 cM,采用的引物数量少且标记种类单一是导致本节实验覆盖基因组范围较小的主要原因,可以通过增加标记的数量及种类来增加遗传图谱的长度和饱和度。另外,由于遗传图谱的饱和度不够,直接导致了基因 a 和基因 gy 与相邻分子标记的遗传距离较远。甜瓜性别分化表达机理比较复杂,除了受到主效基因的作用,还受到修饰基因和环境条件的共同影响。除了本节研究所采用的植株类型组合外,还可以利用一些特殊株型(如完全花株、雌全同株等)与目前研究通常采用的雌雄异花同株或雄全同株杂交,观察其后代分离比率,研究控制甜瓜性别表达的基因,并采用分子标记方法定位与性别表达相关的基因,进一步揭示甜瓜性别表达机理,指导甜瓜的遗传育种和生产实践。

四、结论

甜瓜性别表达主要受 a、g、gy 3 对基因控制。基因 a 控制表现雄全同株,为隐性基因,遗传作用于大多数单性雄花,少数两性完全花;在 A_ 基因型植株上,雌花无雄蕊(单性雌花),对 g 上位。基因 g 控制雌两性同株性状,为隐性基因,作用于大多数单性雌花,少数两性完全花。在下列情况下 g 对 a 上位:基因型 A_G_ 表现为雌雄异花同株;基因型 A_gg 表现为雌全同株。gy 为隐性基因,控制全雌株性状,与 a 和 g 互作,基因型为 A_gggygy 时,形成稳定全雌株。此外修饰基因和环境互作对甜瓜性别表达也有一定影响。用 Mapmaker/Exp3.0b 软件进行连锁分析,得到了一个由 31 个 SSR 标记和 2 个形态学标记构成的甜瓜遗传图谱,覆盖基因组长度为 666.7 cM。同时,找到了 2 个与性别表达基因相关的 SSR 分子标记,其中 MU55491 与基因 *a* 距离为 13.5 cM,MU147232 与基因 *gy* 距离为11.6 cM。

第六节　分子标记辅助选择甜瓜不同性别

　　甜瓜是葫芦科重要的经济作物之一,近年来与黄瓜一样逐渐成为瓜类性别研究的模式植物。甜瓜性别主要受 2 个基因控制(Rosa,1928;Pool 和 Grimball,1967;Wall 等,1967)。利用高密度遗传图谱的构建结合染色体步移的方法研究发现,*CmAC － 7*,编码 ACS 的一个基因,在甜瓜完全花早期发育过程中引起雄蕊的退化,产生雌雄异花同株和全雌株(Martin 等,2009)。甜瓜 *G* 基因位点,抑制心皮发育导致雄花发育,全雌株产生是由一个 hAT 转录因子家族的插入而形成的(Boualem 等,2008)。甜瓜的性别表达一直是研究的热点,也为甜瓜单性材料育种提供重要的理论依据,而甜瓜全雌株则为甜瓜育种工作者培育新品种重要的目标之一。但是,通过传统的表型选择方法筛选单性甜瓜材料,不仅要求丰富的经验而且耗费大量的人力物力,此外甜瓜性别表现容易受到许多条件的限制。而一个优良单性甜瓜品种的培育往往需花费 7 ~ 8 年甚至十几年时间。因此,如何提高选择的效率和减少育种过程中的盲目性,如何提高选择效率,是育种工作的关键。分子标记辅助选择(MAS)是随着现代分子生物学技术的迅速发展而产生的新技术,它可以从分子水平上快速、准确地分析个体的遗传组成,从而实现对基因型的直接选择,进行分子育种(朱玉军等,2012)。作物遗传图谱的构建和主效 QTL 定位可以作为分子标记辅助选择育种的重要手段(Lebeda,2007)。目前,在不同作物中都开展了 QTL 主效基因的定位和克隆,但是很少应用到分子标记辅助选择育种过程中(Bernardo,2008)。控制甜瓜性别表达的基因的克隆为甜瓜分子标记辅助选择育种提供了重要的基础,本节研究利用已经克隆的甜瓜 2 个性别基因,设计分子标记,利用基因 *A* 和 *G* 可在苗期鉴定甜瓜的性别类型,可以大大缩短选择育种的年限,加速分子聚合育种的进程,同时为甜瓜其他性状的分子标记辅助育种提供方法。

一、材料与方法

　　母本:3 － 2 － 2,薄皮甜瓜,雌雄异花同株,来源于东北农业大学西甜瓜遗传育种研究室;父本:TopMark,厚皮网纹甜瓜,雄全同株,来源于美国威斯康星大学瓜类遗传育种研究室。配置杂交组合,以单粒传的方式获得 $F_{6:7}$ 代重组自交系群体,选择 50 个家系用于分子标记辅助选择分析。选择 3 个验证材料验证基因型,分别为 WI998、全雌株、厚皮网纹甜瓜。

　　1. 分子标记

　　对亲本、F_1 及 50 个重组自交系群体单株取样,取 2 片真叶展开时新鲜叶片组织,利用 CTAB 法提取组织 DNA,DNA 质量浓度 15 ~ 50 ng/L。

　　以 NCBI GeneBank(http://www.ncbi.nlm.nih.gov/)中查找甜瓜 *A* 基因(*CmACS － 7*)和 *G* 基因(*WIP1 + Gyno － hAT*)的基因序列,设计引物,*CmACS － 7* 转化 CAPS 标记,命名为 Cmacs7,引物序列:正向为 CAGTGGCACCAGCAGTTA;反向为 GGAAAGCCTATGATGAAG;PCR 扩增产物利用 AluI 酶进行酶切,序列为 AGCT。*G* 基因位点设计的 2 个引物:区分是否含有 *Gyno － hAT* 插入位点的引物 Cmhat,正向为 ATGGCAGACAGATTGTTATTAGTG,反向为

GAGTAGAAGGTACTCCAAATGAATGGC（Boualem 等,2009）;区分 $G(g)$ 位点杂合与纯合性引物 Cms,正向为 CGGTTCGGTCCAGTAACATT,反向为 AGGGGGAAGAAAAAGGGATT。

PCR 反应体系均采用为 10 μL:10 × 扩增缓冲液 1 μL（MgCl^{2+}）、dNTPs（1 mmol/L）0.2 μL、引物（5 pmol/L）2 μL、模板 DNA（15 ~ 20 ng/μL）1 μL、Taq DNA 聚合酶（1 U/μL）0.1 μL,加入 ddH$_2$O 补齐到 10 μL。

在 PCR 仪上按下面的循环程序进行 PCR 扩增:预变性 94 ℃ 30 s;94 ℃ 30 s,50 ~ 68 ℃ 30 s,72 ℃ 40 s,25 个循环;最后延伸 72 ℃ 5 min。CmACS － 7 扩增产物在 37 ℃下酶切 3 个小时。扩增产物在 8% 聚丙烯酰胺凝胶中 200 V 电泳 1 h,拍照。

2. 田间性状调查

于 2009 年、2010 年及 2013 年分别种植候选材料及重组自交系群体,调查单株开花类型,记录植株性别:雌雄异花同株（雄花和雌花）、完全花植株（只着生完全花）、全雌株（只着生雌花）、雄全同株（雄花和完全花）。于 2009 年及 2010 年调查甜瓜重组自交系群体单株主蔓节前所有雌花、雄花及完全花的开花率,验证性别表现;于 2013 年调查植株开花类型,对 DNA 分子标记检测结果进行验证。

二、结果与分析

1. CmACS － 7 基因位点检测结果分析

利用 CmACS － 7 引物对亲本材料、重组自交系群体及验证材料进行分析,所有供试材料在 383 bp 产生一个位点,经过 AluI 酶切 3 个小时之后,酶切产物分为 3 种类型,分别为 AA、Aa 和 aa（图 3.21）。

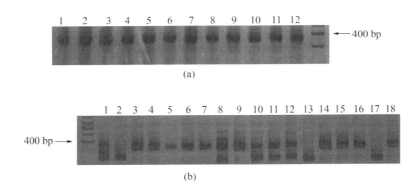

图 3.21　甜瓜 CmACS － 7 扩增产物

（a）甜瓜 CmACS － 7 扩增产物;（b）AluI 对 CmACS － 7PCR 产物酶的结果

1—3 － 2 － 2 × TopMark（F$_1$）（AaGg）;2—TopMark（aaGG）;3—WI998（AAgg）;4—3 － 2 － 2（AAGG）;
5—WI846（AAGG）;6—WT9（AAGG）;7—WI998 × 3 － 2 － 2（F$_1$）（AAGG）;8—WT78（AaGG）;
9—WT63（AAGG）;10—WI998 × TopMark（F$_1$）（AaGg）;11—WT113（vAaGg）;12—WT122（AaGg）;
13—WT31（aaGG）;14—WT109（AAGG）;15—WT100（AAGG）;16—WT47（AAgg）;
17—WT57（aagg）;18—WT7 － 2（AAGg）

2. 重组自交系群体 *G* 基因位点的检测

利用 NCBI 公布的 *Gyno-hAT* 基因序列与 *WIP1* 序列,设计两对引物,以期区分纯合位点与杂合位点,基因结构示意图与引物设计原则如图 3.22 所示。

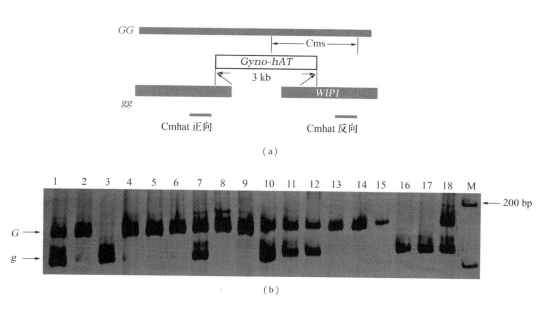

(a)

(b)

图 3.22 Cmhat 与 Cms 标记检测 *G* 位点结果

(a)甜瓜 *G* 基因结构示意图;(b)Cmhat 与 Cms 引物扩增产物

M—marker;1—3 - 2 - 2 × TopMark(F₁)(*AaGg*);2—TopMark(*aaGG*);3—WI998(*AAgg*);4—3 - 2 - 2(*AAGG*);

5—WI846(*AAGG*);6—WT9;7—WI998×3 - 2 - 2(F₁)(*AAGg*);8—WT78(*AaGG*);9—WT65(*AAGG*);

10—WI998 × TopMark(F₁)(*AaGg*);11—WT113(*AaGg*);12—WT122(*AaGg*);13—WT31(*aaGG*);

14—WT109(*AAGG*);15—WT100(*AAGG*);16—WT47(*AAgg*);17—WT57(*aagg*);18—WT7 - 2(*AAGg*)

由于插入 3 kb *GYno - hAT* 序列,Cmhat 引物扩增条带过大,无法检测到,因此当 Cmhat 引物产生扩增条带(197 bp)时说明该材料基因型为 *G*,而该位点无产物则基因型为 *g*;在 *Gyno - hAT* 共有序列 *WIP1* 连接处设计引物 Cms,扩增产物在 184 bp 有条带时说明该位点为 *g*,如果无扩增产物则为 *G*。利用两对基因共同扩增待测 DNA,即可检测 *G* 基因位点基因型。

3. 分子标记检测的准确性

对甜瓜重组自交系群体的 48 个单株、3 个 F₁ 及 4 个稳定的纯合品系进行分子标记的检测,检测结果如表 3.27。3 - 2 - 2 和 WI846 为雌雄异花同株,与 3 年的田间鉴定结果相吻合,而且基因型纯合。WI998 分子检测结果为全雌系,TopMark 分子检测为雄全同株,与 3 年的田间检测结果吻合,基因型纯合。3 个杂家组合 F₁ 代,分子检测结果和田间观察结果相同,并且通过分子标记能够检测到基因型为杂合型。

表 3.27　甜瓜重组自交系群体植株性别表达田间鉴定结果

编号	材料名称	基因型	田间调查结果								
			2009				2010				2013
			性别类型 X	开花率			性别类型	开花率			性别类型 Y
				♂	♀	♀♂		♂	♀	♀♂	
1	3-2-2	*AAGG*	M	0.61	0.39	—	M	0.63	0.37	—	M
2	TopMark	*aaGG*	A	0.72	—	0.28	A	0.71	—	0.29	A
3	WI998	*AAgg*	G	0.00	1.00	—	G	—	0.97	0.03	G
4	WI846	*AAGG*	M	0.71	0.29	—	M	0.69	0.31	—	M
5	3-2-2×TopMark(F$_1$)	*AaGg*	M	0.65	0.35	—	M	0.68	0.32	—	M
6	WI998×TopMark(F$_1$)	*AaGg*	M	0.59	0.41	—	M	0.55	0.45	—	M
7	WI998×3-2-2(F$_1$)	*AAGg*	M	0.68	0.32	—	M	0.60	0.4	—	M
8	WT4	*aaGG*	A	0.79	0.21	—	M	0.78	0.22	—	M
9	WT7-1	*AAGG*	G	0.00	1.00	—	G	—	1.00	—	G
10	WT7-2	*AAGG*	G	0.00	1.00	—	M	0.45	0.55	—	M
11	WT8	*aaGG*	A	0.84	—	0.16	A	0.80	—	0.20	A
12	WT9	*AAGG*	M	0.72	0.28	—	M	0.75	0.25	—	M
13	WT10	*aaGG*	A	0.66	—	0.34	A	0.7	—	0.30	A
14	WT13	*aaGG*	A	0.77	—	0.23	A	0.8	—	0.20	A
15	WT19	*AAGG*	M	0.83	0.17	—	M	0.83	0.17	—	A
16	WT28	*AaGG*	A	0.67	—	0.33	A	0.72	—	0.28	A
17	WT31	*aaGG*	A	0.72	—	0.28	A	0.69	—	0.31	A
18	WT39	*aaGG*	A	0.43	—	0.57	A	0.58	—	0.42	A
19	WT46	*aaGG*	A	0.76	—	0.24	A	0.71	—	0.29	A
20	WT47-1	*AAgg*	G	—	1.00	—	G	—	1	—	G
21	WT47-2	*AAgg*	G	—	1.00	—	G	—	1	—	G
22	WT57	*aagg*	H	—	—	1.00	H	—	—	1.00	H
23	WT65	*AAGG*	M	0.69	0.31	—	M	0.63	0.37	—	M
24	WT78	*aaGG*	A	0.74	—	0.26	A	0.75	—	0.25	A
25	WT81	*aaGG*	A	0.65	—	0.35	A	0.86	—	0.14	A
26	WT94	*aaGG*	A	0.70	—	0.30	A	0.89	—	0.11	A

续表 3.27

编号	材料名称	基因型	田间调查结果								
			2009				2010				2013
			性别类型 X	开花率			性别类型	开花率			性别类型 Y
				♂	♀	♀♂		♂	♀	♀♂	
27	WT99	AAGG	M	0.62	0.38	—	M	0.84	0.16	—	M
28	WT100	AAGG	M	0.71	0.29	—	M	0.67	0.33	—	M
29	WT109	AAGG	M	0.82	0.18	—	M	0.63	0.37	—	M
30	WT113	aaGG	A	0.72	—	0.28	M	0.54	0.46	—	M
31	WT117	aaGG	A	0.70	—	0.30	A	0.75	—	0.25	A
32	WT119	aaGG	A	0.55	—	0.45	A	0.56	—	0.44	A
33	WT122	AAGG	M	0.69	0.31	—	M	0.71	0.29	—	M
34	WT123	AAGG	M	0.81	0.19	—	M	0.73	0.27	—	M
35	WT125	AAGG	M	0.72	0.28	—	M	0.61	0.39	—	M
36	WT133	AAGG	M	0.67	0.33	—	M	0.90	0.1	—	M
37	WT134	AAGG	M	0.73	0.27	—	M	0.81	0.19	—	M
38	WT139	AAGG	M	0.62	0.38	—	M	0.84	0.16	—	M
39	WT153	AAGG	M	0.71	0.29	—	M	0.65	0.35	—	M
40	WT158	aaGG	A	0.61	—	0.39	A	0.58	—	0.42	A
41	WT170	aaGG	A	0.74	—	0.26	A	0.54	—	0.46	A
42	WT171	aaGG	A	0.66	—	0.34	A	0.56	—	0.44	A
43	WT173	aaGG	A	0.70	—	0.3	A	0.71	—	0.29	A
44	WT175	AAGG	M	0.75	0.25	—	M	0.75	0.25	—	M
45	WT178	aaGG	A	0.78	—	0.22	A	0.82	—	0.18	A
46	WT181	AAGG	M	0.63	0.37	—	M	0.78	0.22	—	M
47	WT188	AAGG	M	0.71	0.29	—	M	0.65	0.35	—	M
48	WT203	aaGG	A	0.67	—	0.33	A	0.69	—	0.31	A
49	WT206	aaGG	A	0.70	—	0.3	A	0.72	—	0.28	A

续表3.27

编号	材料名称	基因型	田间调查结果								
			2009				2010				2013
			性别类型 X	开花率			性别类型	开花率			性别类型 Y
				♂	♀	♀♂		♂	♀	♀♂	
50	WT213	aaGG	A	0.72	—	0.28	A	0.69	—	0.31	A
51	WT219	aaGG	A	0.66	—	0.34	A	0.67	—	0.33	A
52	WT231	AAGG	M	0.76	0.24	—	M	0.80	0.20	—	M
53	WT234	aaGG	A	0.71	—	0.29	A	0.75	—	0.25	A
54	WT249	aaGG	A	0.60	—	0.4	A	0.62	—	0.38	A
55	WT258	AAGG	M	0.69	0.31	—	M	0.67	—	0.33	M

注：①X,Y表示性别类型的统计,根据雌花、雄花及完全花的开花率计算。
②G表示全雌株(雌花≥95%);M表示雌雄异花同株(10%≤雌花≤90%;10%≤雄花≤90%);A表示雄全同株(10%≤完全花≤90%;10%≤雄花≤90%)。

对研究材料开展田间表型鉴定,以单株开花雌花、雄花及完全花的开花率确定性别类型,结果见表3.27。55份材料中,53份材料基因型和表现型结果相互吻合。WT7-2分子标记检测为全雌株,2009年田间检测为全雌株,2010和2013年田间检测为雌雄异花同株;WT113基因型鉴定为雄全同株,2009年表型鉴定为雄全同株,2010年及2013年鉴定为雌雄异花同株。田间检测48个甜瓜重组自交系单株中有19株为雌雄异花同株,4株为全雌株,24株为雄全同株,1株为完全花株。分子标记选择效率为96.3%。研究结果表明,通过这两个分子标记能够分别鉴定基因纯合型和杂合型,并且较为准确地鉴定甜瓜性别类型。

三、讨论

DNA分子标记辅助选择是通过利用与目标性状紧密连锁的DNA分子标记对目标进行间接的选择,基因克隆技术和分子生物技术的飞速发展,使得目的性状的选择越来越准确。通过分子标记的早期选择可以克服隐性基因识别难的问题,并且能够区别基因纯合型及杂合型,从而提高育种的速率,加速育种进程(刘英等,2009;朱玉军等,2012;周劲松等,2013)。通常情况下,分子标记的辅助选择是根据QTL的定位,找到与其紧密连锁的分子标记,通过标记进行筛选。瓜类作物重要性状主效QTL的研究报道(邹明学等,2007;许勇等,2007;卢金鸽等,2012;张永兵等,2011;赵光伟等,2010)指出,这些瓜类性状紧密连锁的标记可直接用于分子标记辅助选择。但是分子生物信息学的研究分析发现,即使与性状连锁距离小于1 cM,在连锁区域包含很多候选基因,而基因间的互作可能影响对目标性状鉴定的准确性。因此,通过获得目的基因序列,设计引物,能够更加直接有效地鉴定目的性状。对甜瓜性别基因的研究可以追溯到1928年(Rosa,1928),几十年的研究结果围绕着甜瓜性别表达、甜瓜性别基因定位展开,直到2008年甜瓜性别基因A基因和G基因的克隆才为甜瓜性别类型的选择提供了重要的理论依据（Martin 等，2009；Boualem 等，2008）。本节研究根据已经克隆的 A 和 G 基因设计引物，不仅能鉴定甜瓜性别，而且还能区分基因纯合型及杂合型，可以直接用于甜瓜育种工作。研究结果显示，本节研究的分子标记能够成功地鉴定甜瓜性别类型，而且对杂合基因型也能够准确的鉴定。在本节研究中，WT7－2 和 WT113 基因型鉴定分别为全雌株和雄全同株，2009 年的田间检测结果与分子检测和 2010 年、2013 年的结果不同，由于甜瓜的性别表现受到环境因素等多方面的影响，而且部分雌雄异花同株植株的花芽类型的开放顺序也不尽相同（有的早期大量开放雌花，后期开放雄花；有的早期大量开放雄花，后期开放雌花），这可能是造成田间性状统计结果不同的原因之一。WT113 分子基因型鉴定为雄全同株，2009 年田间鉴定结果与分子鉴定结果相同，但是 2010 和 2013 年均表现为雌雄异花同株，除了受到环境条件的影响之外，花器官发育相关基因的表达差异也是影响甜瓜性别表达的因素之一（张建农和李计红，2007；孙加强，2009；盛云燕 等，2012）。在一些前期对甜瓜不同性别转录组测序、挖掘甜瓜性别相关差异基因的研究中发现，花粉不育基因在雄全同株和雌雄异花同株中差异表达（盛云燕 等，2014），WT113 田间性状的变化及与分子鉴定结果的不同，也可能是由于通过环境变化诱导差异基因表达，形成不同植株类型。

四、结论

利用甜瓜性别基因 A 和 G 设计引物，对甜瓜重组自交系群体开展分子标记辅助选择不同甜瓜性别类型的研究，并结合 3 年田间性状调查验证分子标记选择的准确性，成功地筛选了 4 个全雌株和 1 个完全花株，并且通过分子标记可以鉴定基因杂合型和纯合型位点。实践证明，利用甜瓜性别基因序列设计分子标记，能够准确地选择不同性别的甜瓜植株，而且能够区分、鉴定基因杂合型位点，为甜瓜单性花植株的培育探索出一种简单、快捷、高效的选择方法。

第七节　甜瓜花器官发育相关基因的电子克隆

甜瓜的性别分化和性别表达的分子机理是近年来研究的热点之一。甜瓜性别分化过程的形态学研究表明，大多数甜瓜单性花的性别决定是由性器官原基的选择性诱导或败育引起的，两种性器官原基在发育初期都出现，经过一个"两性花"时期后，分化成不同性别类型的植株（王强 等，2009）。控制甜瓜性别主要有 2 个基因，雄全同株基因 a 和雌性系基因 g（Rosa，1928；Poole 和 Grimball，1939；Wall 等，1967）。CmACS－7 基因（a 基因）在雌雄异花同株植株雌蕊中高度表达致使雄蕊停止发育，从而形成雌花；雄全同株是由该基因一个位点的突变引起的性别改变，通过信号传递使雄花形成完全花，从而形成雄全同株植株（Boualem 等，2008）。Martin 等（2009）研究发现，雄花转化为雌花，形成纯雌系，是由于插入转座子，抑制 CmWIP1 表达形成的。甜瓜 2 个性别基因的克隆能够合理解释雌雄异花同株（A_G_）和雄全同株（aaG_）、全雌株（AAgg）和完全花株（aagg）的分子机理。但是利用 2 对基因模型无法解释三性混合株（雌花、雄花和完全花）和雌全同株（雌花、完全花），仍然存在大量与甜瓜花器官发育相关的基因。对甜瓜花器官原基特征决定过程的研究已经取得突破性进展，但是对于如何导致雌花发育停滞，在甜瓜研究中尚未见报道。新一代高通量测序技术 Illumina/Solexa Genome Analyzer 同传统的 Sanger 测序方法相比,无论在通量上还是成本上都具有明显优势。在利用大量的转录组数据获得大量的 EST 数据的同时,可以完成传统基因组学研究(测序和注释)以及功能基因组学(基因表达及调控,基因功能,蛋白/核酸相互作用)研究。甜瓜基因组数据为研究甜瓜功能基因提供了重要的研究依据,目前已测序 3 万多条 EST,已公布于国际葫芦科基因组计划网站(http://www.cucurbitgenomics.org),同时也已提交给 GenBank 数据库。

玉米和黄瓜作为植物性别研究的模式植物,其花序发育的形态学研究结果表明:雄花序和雌花序在发育的早期均是雌雄同花(完全花),花序的性别决定是通过雌蕊原基或雌穗中的雄蕊原基选择性退化的结果(Cheng 等,1983;Dellaporta 和 Calderonurea,1994;Irish,1996)。1997 年,Lebel-Hardenack 和 Grant(1997)从瓶麦草中克隆到的 TS2 同源基因 STA1 和 ATA1 在花药绒毡层细胞中特异表达,初步说明 TS2 同源基因在花粉发育过程中的重要作用。目前,ABC 模型理论能够比较合理地解释花器官的发育过程(Coen 和 Myerowiz,1991),Kater 等(2001)的研究显示:黄瓜雌、雄性器官的停滞发育,只在特定花轮中发生,而与性别决定过程无直接关系。玉米的 Tasselseed 基因(TS2)及黄瓜中 TS2 同源基因 CDS1 均被证明与心皮原基的滞育直接相关(孙加强,2001)。甜瓜单性花中性器官的发育是否由 TS2 同源基因引起的,目前未见相关报道。在理论上,甜瓜性别表达、雄性不育、雌性不育等都可以认为是花器官发育出现了停滞,对于花器官形成问题的研究可能为认识这些重要的生命现象提供重要的研究基础。在实践中,性别表达、雄性不育的利用在作物生产中具有重要的作用,由花原基到器官的发育结果也直接影响作物的质量和产量。因此,研究甜瓜性别分化过程中的基因调控具有重要的理论价值和经济意义。本节研究以 TS2 同源基因入手,对其基因结构、蛋白质结构进行分析,根据 TS2 在不同甜瓜性别植株花芽与叶片中的差异表达情况,预测 TS2 基因功能,以期为甜瓜性别决定的分子机理提供依据。

一、材料与方法

1.试材及取样

利用厚皮网纹甜瓜 WI998(来源于美国威斯康星大学瓜类分子育种研究室,全雌株,主蔓结瓜)(Luan 等,2008)与厚皮甜瓜 TopMark(来源于美国威斯康星大学瓜类遗传育种研究室,雄全同株)配置杂交组合,通过单粒传方式获得 $F_{6:7}$ 重组自交系群体。2009 年秋季和2010 年春季,将 F_4、F_5 及 F_6 代植株种植在东北农业大学香坊实验农场,2011 年春季和 2012年春季种植在黑龙江八一农垦大学实验站,每个家系选择 5 株,调查各单株开花类型,将 F_4、F_5 与 F_6 在多年多点均表达同一开花类型的家系作为候选材料。

2.RNA 提取及转录组测序

供试材料为 4 种性别甜瓜植株,分别为:雌雄异花同株、雄全同株、完全花株及全雌株,每个类型植株选择 5 个家系,每个家系选择 5 个单株,于 2 叶 1 心期、花芽 <2 cm 时期和蕾期进行单株取样,同一性别类型混合,利用 Trizol 试剂盒[天根生化科技(北京)有限公司]提取总 RNA。应用新一代高通量测序 Solexa 测序手段,对 4 个性别表达类型植株样品进行测序(由深圳华大基因测序公司完成)。

3. 测序数据的分析

由 Illumina HiSeq™2000 测序得到 raw reads,经过滤得到 clean reads,利用 SOAP denovo (version 1.03,http://soap. genomics. org.)软件连接比对,得到两端不能再延伸的 unigene。将 unigene 逐个与比对数据库(http//:www. ncbi. blas;ftp://ftp. ncbi. nih. gov/blast/executables/release/2.2.18)、生物合成途径数据库 KEGG(Kyoto Encyclopedia of Genes and Genomes database)和基因功能分析数据库 GOC(Gene Ontology Consortium, http://www. geneontology. org)(evalue < 0.000 01)进行比对;在此基础上,分析不同样本间表达量不同的基因。unigene 表达量的计算使用 RPKM 法(Reads Per kb per Million reads),利用 WEGO 软件对差异表达基因开展基因功能分类统计及生物合成途径分析。比较雌雄异化同株、全雌株、完全花株及雄全同株植株差异表达基因,以 log 值 > 5 或者 log 值 < - 5 为标准,挖掘差异表达基因。

4. CmTs2 基因生物信息学分析

以差异片段为模板,利用 http://cuke. vcru. wisc. edu/wenglab/数据库,检索甜瓜基因组数据,获得差异表达片段的 Scaffold 及其在甜瓜基因组中的位置,并预测其基因全长,利用 FGENESH(http://linux1. softberry. com)及 NCBI BLAST 程序(http://blast. ncbi. nlm. nih. gov/Blast. cgi/)分析基因功能注释。蛋白结构分析使用 http://prosite. expasy. org/,http://www. mirbase. org/index. , http://www. ch. embnet. org/software/TMPRED_form. htm,http://www. ebi. ac. uk/InterProScan,http://www. expasy. ch/swissmod/SWISS – MODEL 及 http://www. genome. jp/kegg 数据库进行分析。

5. CmTs2 基因 qRT – PCR 验证

2013 年 3 月,将性别稳定表达为雌雄异化同株、全雌株、完全花株及雄全同株植株的 20 个家系(每个性别类型 5 个家系,共 4 个性别类型),每个家系选择 3 株,种植于在美国威斯康星大学 Walnet 温室,提取 2 叶 1 心时期嫩叶及各单株花蕾期组织,利用 QiaGen RNA 提取试剂盒,提取各时期样本 RNA。RNA 质量浓度大于 100 ng/μL,OD$_{260/280}$ 比值大于 1.8,使用 Promega 公司反转录试剂盒获得 cDNA。反应体系为 50 μL:0.1 μg 模板 DNA,2 μL (10 μmol/L)引物,5.0 μL 10 × PCR buffer(无 Mg^{2+}),4.0 μL Mg^{2+}(25 mmol/L),1.0 μL dNTPs(10 mmol/L)及 3 U Taq 酶(Takara)。反应体系:95 ℃ 3 min;95 ℃ 50 s,52 ℃ 40 s,72 ℃ 2 min,35 个循环;延伸 72 ℃ 5 min。以差异表达 unigene 片段为模板,利用 Primer 5 软件设计引物,引物序列:正向为 GACGGGAAGCTATCCAAGAA,反向为 CTGGTAAATAT-CAGCCAAGTGC;由 Biotechnology center,UW biotech center 合成。qRT – PCR 在美国农业部威斯康星大学园艺实验室完成。

二、结果与分析

1. 转录组测序数据

(1)序列拼接及功能注释。

利用 Solexa 测序技术对甜瓜雌雄异花同株、全雌株、雄全同株及完全花株转录组测序,1/8 的测序反应。对雌雄异花同株测序获得 118 284 conting,77 376 条 unigenes,平均长度为 435 bp;对全雌株转录组测序获得 125 313 conting,80 825 unigenes,平均长度为 509 bp;对雄全同株转录组测序获得 127 704 bp,91 361 unigenes,平均长度为 439 bp;对完全花植株转录组测序获得125 303 bp,85 745 unigenes,平均长度为 453 bp。经过 Nr,Swiss - port,KEGG 和 GOC 4 个蛋白质数据库的比对,获得了 29 583 条 unigenes 的基因注释,按照功能分类可将其分为 25 大类,共有 21 337 条 unigenes 具有 GO 功能,这些 unigenes 被注释到 16 752 个功能条目,分为生物过程、细胞成分及分子功能 3 大类。

(2)差异表达基因转录组测序数据分析。

每两个性别类型进行差异基因的比较,以 log 值 > 5 或 log 值 < - 5 为标准,3 193 个差异基因在 4 个性别类型转录组序列中差异表达,分析与甜瓜性别相关的基因在不同转录组中的差异表达情况,挖掘 2 个目的片段,unigene 16008 长度为 1 151 bp,unigene 56357 长度为 1 117 bp,2 个 unigene 基因注释均为黄瓜 TASSELEEDS 2 相关蛋白表达基因。

2. 甜瓜 *Tasselseeds 2* 基因分析

(1)unigene Blast 比对分析。

利用甜瓜基因组数据库(https://wenglab. horticulture. wisc. edu)分析比对 unigene 16008 及 unigene 56357,结果显示,这 2 个片段均位于甜瓜基因组第 12 条染色体上,CM3.5 scaffold 00080 区段 1 204 430 ~ 1 205 649 bp 区域,分别成功比对 1 842 bp 和 1 689 bp,说明这 2 个 unigene 属于同一个基因。利用 Softberry 分析软件预测该区域,结果显示该区域片段包含 2 个基因,长度分别为 957 bp 和 3 165 bp。如图 3.23 所示,预测基因 2 包含转录起始因子、起始外显子、终止外显子及 Poly A。将预测基因 2 序列在 NCBI 上用 Blast 进行序列比对,查找同源基因,发现与黄瓜的 *CTS2* 类基因及 *CTA* 基因有很高的相似性的基因,将其命名为 *CmTs2* 基因。

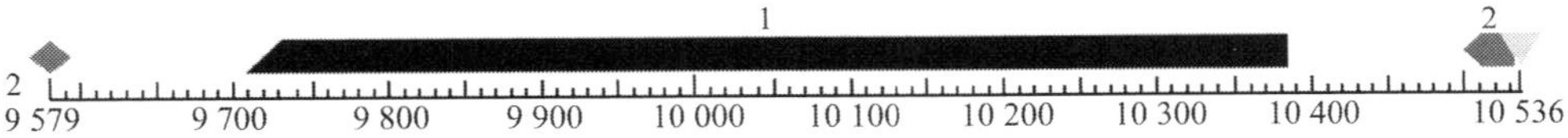

2 -		PolA	9 579		1.06				
2 -	1	CDS1	9 706	-	10 384	76.22	9 706	-	10 383	678
2 -	2	CDSf	10 498	-	10 532	-4.10	10 500	-	10 532	33
2 -		TSS	10 536			-6.94			

图 3.23   FGENESH2.6 预测潜在基因

CDSl:起始外显子;CDSl:终止外显子;TSS:转录起始因子(TATA 所在位置);

1:起始外显子; 1:终止外显子; 2:起始外显子和转录起始位置

(2)保守结构域分析。

对甜瓜 *CmTs2* 基因进行 ORF 开放式阅读框分析(http://www. ncbi. nlm. nih. gov/offinder),发现在 119 ~ 832 bp 之间存在一个包含 237 个氨基酸的最大开放式阅读框。由于该阅读框序列包含的序列最长,与之最匹配,故对它进行编码蛋白质分析。将该基因的 CDS 蛋白序列通过 http://www. ncbi. nlm. nih. gov/Structure/cdd/wrpsb. cgi 进行保守结构域分析,在数据库 CDD 中进行搜索,发现保守结构域位于第 12 ~ 202 氨基酸之间,保守域序列与编码短链脱氢/还原酶(SDR)相关,其功能分析表明该序列与植物性别表达相关,特别是与花器官形成过程中的心皮发育相关,黄瓜、玉米中该序列同源基因为 *CSTasselseeds2* 和 *TS2*。

（3）蛋白质结构分析。

①蛋白质结构预测。

在 http://web.expasy.org/protparam/中利用 ProtParam 工具预测蛋白质的基本理化性质，发现该蛋白质分子式为 $C_{1\,125}H_{1\,835}N_{315}O_{327}S_{11}$，含有 20 个基本氨基酸，其中比重最高的是 Gly(11.4%)，含量最低的是 Trp(0.4%)；含有带负电荷的残基(Asp,Glu)23 个，正电荷残基(Arg,Lys)30 个，其水溶性在 280 nm 处的消光系数约为 11 710。该蛋白不稳定系数为 21.6，稳定脂肪系数是 99.11，平均亲水系数为 0.078。利用跨膜蛋白质数据库 Tmbase 分析蛋白质的跨膜区和跨膜方向，发现该蛋白质是一个跨膜蛋白质，对蛋白质进行二级结构预测(http://www.predictprotein.org/)，结果显示：二级结构中螺旋占 47.26%，β 折叠占 15.61%，转角占 37.13%；并且包含以下位点或基序：3 处 PKC 磷酸化位点(31TAK、167SSK、221SLK)，1 处酪蛋白激酶 II 磷酸化位点(79TAVD)，8 处豆蔻酰化位点(22GGARGI、52GQKLCK、60GQSSSA、127GAFLGM、145GSIITT、158GGIGTH、174GLTRNA、187GIRVNC)，1 处酰胺化位点(202MGRK)和 1 个保守的短链脱氢酶/还原酶家族特征序列(152SICSVI GGIGTHAYTSSKHGVLGLTRNAA)。利用在线工具 InterPro Scan(http://www.ebi.ac.uk/InterProScan)进行结构域分析，发现该蛋白质含有短链脱氢酶/还原酶家族(SDR)序列保守区域，且在 N 端含有 Rossmann 卷曲结构域。在 https://www.swissmodel.expasy.org/利用基于同源建模的分析工具 SWISS－MODEL 进行 3D 结构预测，序列的匹配对为 54.68%。对目标蛋白的 10～210 氨基酸进行 3D 结构预测，该蛋白质有 4 个较大的螺旋和折叠，与二级结构预测结果一致。

②同源性分析。

为了进一步明确 CmTs2 的功能，将得到的 CmTs2 氨基酸序列与其他作物的氨基酸序列进行比对(图 3.24)，结果显示：CmTs2 分别与黄瓜(AAK83036.1)、大豆(XP_003540812.1)、葡萄(XP_002272549.1)、茶树(AEC10992.1)及甜橙(XP_006481517.1)的短链脱氢/还原酶蛋白具有较高相似性，分别为 96%、78%、69%、59% 和 52%。其中与黄瓜 TS2(编码短链脱氢/还原酶)同源关系最近。

将甜瓜 CmTs2 与 NCBI 检索到的其他 5 种植物 TS 同源蛋白质进行序列比对并构建系统发育树如图 3.25 所示，结果显示：甜瓜与黄瓜 TS2 蛋白关系最近，与水稻的关系最远。检索的同源序列基因注释均显示为性别相关基因，因此 CmTs2 应属于甜瓜编码的短链脱氢/还原酶蛋白，参与花器官发育。

3. 甜瓜 CmTs2 基因 qRT－PCR 差异表达

如图 3.26、图 3.27 所示，对甜瓜不同性别植株的叶片及花蕾进行 qRT－PCR 分析显示，在重组自交系不同性别类型后代中，CmTs2 基因的表达在雄全同株、完全花株和雌雄异花同株的叶片中差异不显著，CmTs2 在全雌株叶片中的表达与其他性型植株相比，差异明显；在花蕾中，随着雌性器官数量的增加，CmTs2 基因的表达量降低，即基因表达量由高到低为：雄全同株(雄花＋完全花)、完全花株(完全花)、雌雄异花同株(雌花＋雄花)、全雌株(雌花)，说明 CmTs2 基因在不同性别植株花器官中的表达与雌性器官的发育相关。

茶树*Camellia sinensis*	MASFSILSAAAARRLEGKVALITGGASGIGECTARLFSKHGAKVMIADIQD
大豆*Gilcine max*	MASVSLVSATGRRLEGKVAIITGGASGIGEATARLFSKHGAHVVIADIQD
甜橙*Citrus sinensis*	MGSASIVSAAAARRLLGKVALITGGASGFGECTARLFSRHGAKVLIADIKD
葡萄*Vitis vinifera*	MVSSSLLSAVARRLEGKVALITGGAGGIGSCTAKLFSQHGAKVLIADIQD
黄瓜*Cucumis sativus*	- MSIQLLPAIARRLEGKVAVITGGARGIGEQTAKLFFHGAKVVIADIQD
甜瓜*Cucumis melo*	- MSIQLLPAIARRLEGKVAVITGGARGIGEQTAKLFFKHGAKVVIADIQD
	* .: .* *** * *** ******:* * **: * ***:*:*****:*

茶树*Camellia sinensis*	DLGLSVCKDLDE-----KSVSFVHCDVTNETHVMNAVDAAVAQFGKLDIM
大豆*Glycine max*	DLGLSICKHLE---------SASYVHCDVTNETDVENCVNTTVSKHGKLDIM
甜橙*Citrus sinensis*	DLGESVCKDIGSSSSSANGCSYVHCDVTKEKEIENAVNTAVSQYGKLDIM
葡萄*Vitis vinifera*	EKGHLICRDLGP--------SSASFIHCDVTKELDVSNAIDEAVAKHGKLDIM
黄瓜*Cucumis sativus*	DLGQKLCKDLGQ-----SSSAFVHCDVTKEKDVETAVDMAVSKYGKLDIM
甜瓜*Cucumis melo*	HLGQTLCKDLGQ-------SSSVFVHCDVTKEKDVETAVDTAVSKYGKLDIM
	. * .: *: . : ****** . *:. *:*:.* ******

茶树*Camellia sinensis*	YNNAGIVGLA-KPNILDNDKDEFEKIIRVNLVGAFLGTKQAARVMILNRR
大豆*Glvcine max*	FNNAGITGVN-KTSILDNTKSEFEEVINVNLVGVFLGTKHAARVMIPARR
甜橙*Citrus sinensis*	FNNAGIVDEA-KHNILDNDQAEFELVLSVNLVGVFLGTKHAARVMKPAGR
葡萄*Vitis vinifera*	FNNAGILGPK-YINILDNDAAEFENTMRVNVLGAFLGTKHAARVMVPAGR
黄瓜*Cucumis sativus*	LNNAGVFEEAPNFDILKDDPLTFQRVVNVNLVGAFLGMKHAARVMKPAGR
甜瓜*Cucumis melo*	LNNAGVFEESPNFDFLKDDPLTFQRVVNVNLVGAFLGTKHAARVMKPAGR
	****: . .: :*:. *: . * **:* *.*** * ***** *

茶树*Camellia sinensis*	GTIITTASVCSPIGGVASHAYTSSKHGVAGLTKNVAVEFGQHGIRVNCVS
大豆*Glvcine max*	GSIVNTASVCGSIGGVASHAYTSSKHAVVGLTKNTAVELGAFGVRVNCVS
甜橙*Citrus sinensis*	GSIISTASVCGVIGGVASHAYTSSKHGVVGLMKNAAVELGRFGIRVNCVS
葡萄*Vitis vinifera*	GCVINSASVCSVVGGICTHSYVSSKHAILGLTRNTAVELGKFGIRVNCVS
黄瓜*Cucumis sativus*	GSIITTASICVIGGIGTHAYTSSKHGVLGLTRNAAVDLGRYGIRVNCVS
甜瓜*Cucumis melo*	GSIVTTASTCSVIGGIGTHAYTSSKHGVLGLMRNAAVDLGRYGIRVNCVS
	* *** * .***: :*:* ****** :.** ** : * *********

茶树*Camellia sinensis*	PYLVGTPLAKDFYKLDDEG-VYGVYSNLK-GAVLRPEDVAQAALYLGSDD
大豆*Glycine max*	PYVVATPLAKNFFKLDDDG-VQGIYSNLK-GTDLVPNDVAEAALYLASDE
甜橙*Citrus sinensis*	PYVVATPLAKDFYKLDDDG-LSAIYSNLS-GAVLKPEDVAEAALYLGSDE
葡萄*Vitis vinifera*	PYVVPTPMSRKFLNSEDDDPLEDVYSNLK-GVALMPQDVAEAVLYLGSDD
黄瓜*Cucumis sativus*	PNVVPTEMGRKLLKVKDGGEFPSFYWSLKNGDILRE--------------------
甜瓜*Cucumis melo*	PNVVPTEMGRKLFKVKDGGEFPSFYWSLKNGDILREEDVGEAVVYLGSDE
	* :* :. *: * .* * . * *.* *

茶树*Camellia sinensis*	SMYVSGHNFIVDGGFTIVNPGFCMFEQSTSYAFQG
大豆*Glycine max*	SKYVSGHNLVVDGGFTVVNSGFCVLGQSS----------
甜橙*Citrus sinensis*	SKCVSGHNLVVDGGFTIVNEGLCMFGKSE----------
葡萄*Vitis vinifera*	SKYVSGNNLVIDGGGVTVATP-FNIFDQ--------------
黄瓜*Cucumis sativus*	--------------------GG-------KLLCI-----------------
甜瓜*Cucumis melo*	SKCVSGLNLIVDGGFTVVNQALCSFRS------------
	* * . :

图 3.24 甜瓜 *CmTs2* 基因与其他植物蛋白同源性分析

＊表示完全相同的氨基酸序列；. 表示同源性低于 50% 的氨基酸序列；

: 表示 50% 以上相同的氨基酸序列

图 3.25　*Tasselseeds 2* 同源基因进化树分析

图中数字代表在 100 次计算中相邻两个作物聚在一起的频率

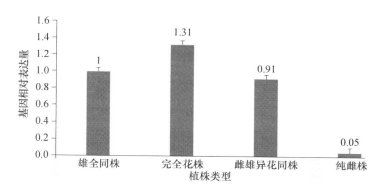

图 3.26　甜瓜 *CmTs2* 基因在不同性别植叶片表达分析

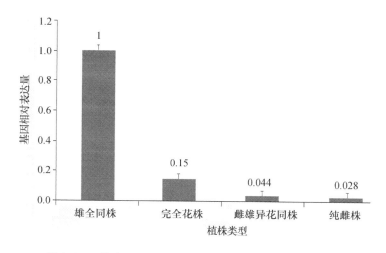

图 3.27　甜瓜 *CmTs2* 基因在不同性别植花器官表达分析

三、讨论

　　甜瓜植株性别复杂多样,主要受到 2 个主效基因的控制(Martin 等,2009；Boualem 等,2008),同时受到激素及环境条件的影响。因此,对甜瓜性别相关基因的探索与分析是研究其性别决定分子机理的关键。实际上,在甜瓜植株类型的调查过程中发现,春、秋两季不同地点的环境因素对甜瓜重组自交系群体植株性别比率及类型的影响并未达到显著水平,说明环境因素除了直接影响花芽分化外,更重要的是间接作用于甜瓜花芽分化的信号传导途径,多年、多点田间性别类型的调查研究表明,环境条件影响甜瓜的性别并不是简单的温度、光照等因素诱导形态改变,可能通过某些信号传导,构成复杂的网络,调控相关基因的表达,从而改变其形态建成。通过对甜瓜性别相关基因转录组的大规模测序发现,不同性别类型甜瓜的转录组之间存在大量的差异表达基因,生物信息学分析结果显示,差异表达基因与黄瓜、拟南芥、玉米及大豆等花器官发育相关基因具有较高同源性。在玉米中,*TS2*基因的克隆揭示它编码 1 个与羟基类固醇脱氢酶相似的酶蛋白(DeLong 等,1993)。在*TS2/d1* 双突变体的雄小穗和雌小穗中,上位花和下位花的雄蕊和雌蕊均得到很好的发育(Dellaporta 和 Calderonurrea,1993;Irish 等,1994)。2001 年,孙加强分别从雄花芽滞育心皮原基和花药中分离出的 *CSD1* 和 *CSD2* 基因序列为 *Tasselseeds2* 基因的同源基因,研究结果表明:*CSD1* 基因可能在黄瓜生殖器官的发育过程中起重要的调控作用。甜瓜基因组测序工作的完成为挖掘性别相关基因提供了重要的数据。本节研究中利用转录组测序,开展重组自交系群体的不同性别植株间差异基因的挖掘,找到了黄瓜 *Tasselseeds* 同源基因,其同源性高达 96%,为研究甜瓜性别相关基因提供了理论依据。通过 qRT - PCR 鉴定 *CmTs2* 基因在不同性别重组自交系群体中的表达发现,*CmTs2* 基因在全雌株在叶片与花器官中与其他性型植株的表达量差异明显(如图 3.26 和 3.27 所示)。分析结果不难发现,雄全同株表达量最高,其含有雄花和两性花;而全雌株表达量最低,该植株只含有雌花。以往的研究结果显示,甜瓜花器官在发育过程中均经过两性期,即所有类型植株均由两性花发育而来,在随后的发育过程中因某些基因的调控使得雄性或雌性特异器官发育停滞,因此出现雌性或雄性花。随着 *CmTs2* 基因在花器官中的表达量的降低,植株雌性器官的出现比例随之增加,说明 *CmTs2* 基因与雌花器官的发育有关。通过对玉米 *TS2* 基因的研究发现,雌蕊中增加的赤霉素水平可能阻止了雄蕊的发育(Dellaporta 和 Calderonurrea,1993;Irish 等,1994)。赤霉素具有抑制雄蕊原基发育的功能,它可能是发育中的雌蕊产生的原因。基于这种认识和对雌性化突变体的遗传分析,Dellaporta(1999)提出了玉米正常花发育过程中雄蕊败育的赤霉素调控模型,该模型的核心内容是发育中的雌蕊能够产生大量的赤霉素,而高水平的赤霉素能够抑制雄蕊。但是外源喷施赤霉素,可增加甜瓜雄花的数量,显然与玉米的性别发育模式不尽相同。因此,*Tasselseeds2* 同源基因在甜瓜中的表达量与激素含量的关系,以及诱发性别器官发育停滞的机理还需要进一步研究。

第八节　甜瓜性别分化转录组分析

大多数甜瓜品种为雄全同株类型(雄花、完全花同株),其中能结果的是完全花。完全花本身有雄蕊也有雌蕊,要获得高纯度的杂交一代种子,必须人工将完全花中的雄蕊去除,以其他优良品种的花粉为其人工授粉,但是授粉过程耗费大量的人力、物力,而且对甜瓜的品质及产量都产生巨大的影响。甜瓜作为高产、高效益的重要经济作物之一,单性花育种一直是保护地栽培用种主要的育种目标之一。在北方早春棚室生产条件下,省去了人工授粉的过程,不仅能够实现优质高产,而且还能节约成本。因此,研究甜瓜单性花遗传规律及产生机理对指导甜瓜育种实践具有重要的意义。迄今为止,对于甜瓜雌雄异花同株,全雌株等单性花的遗传规律虽然开展了大量的研究,但是仍然停留在表型遗传学上。前人对性别分化过程的形态学研究表明,大多数植物种类单性花的性别表达都是由性器官原基的选择性诱导或败育引起的。两种性器官原基在发育的起始都出现,即单性花发育的初期先经过一个"两性花"时期,但其维持的时间在不同植物中有所不同。由于性别表达基因的作用,其中一种原基在特定的阶段发育停滞,致使生殖器官败育,进而丧失功能。不少研究表明,瓜类的雄花向两性花、雌花过渡是一系列相关基因时空表达的结果,其中牵涉到激素信号的传导和特异蛋白的表达。

从发育分子生物学角度看,单性花的产生是性别基因表达的表型体现,弄清性别基因表达的全过程和分子机理是研究甜瓜性别决定的基础和关键。单性花的产生是一系列生理生化和形态建成的结果,步骤多、过程复杂,涉及众多基因的表达调控,与估计的大量性别表达基因和性别相关特异基因相比,用目前常用的分子标记等利用单个基因进行鉴定、克隆的方法,研究性别基因的表达是相当有限的。随着拟南芥等模式植物基因组测序的完成,基因组数据的不断增加,以及生物信息学的迅速发展,使得在大范围内研究甜瓜性别表达相关基因成为可能。这些大规模基因组分析虽然提供了大量前所未有的信息,但也只是揭示了某一发育阶段转录组"静态"的特征,而一个特定的发育过程是受复杂的、相互关联的基因表达调控的,对性别发育"静态"的观察,仍不足以理解各发育阶段的内在联系、基因之间的互作及其表达调控。只有对性别分化发育过程的基因表达变化和基因互作进行研究,才能更好地帮助人们了解甜瓜性别决定过程的整体框架。参与甜瓜性别表达的基因,大部分的功能是未知的,它们到底作用于发育过程的哪个阶段,在这个过程中扮演何种角色,各个基因之间又有什么联系,都有待于进一步的研究。

本节基于以往的研究基础,采用第二代高通量测序方法,以及利用甜瓜与已经完成整个基因组测序的黄瓜基因组具有 95% 相似性的特点,采用甜瓜重组自交系 F_6 代分离群体,研究甜瓜不同植株类型(雌雄异花同株、雄全同株、全雌株及雌全同株)转录组的差异,对不同植株类型的性别基因表型系统分析,通过对甜瓜性别表达相关基因转录组的大规模测序,筛选差异表达基因、GO 功能显著性富集分析,获得甜瓜性别表达相关的 EST 序列,对其进行分类,探究其功能,为建立甜瓜性别基因表达谱的基本框架奠定基础。分析单性花遗传模式的基因突变导致下游系列基因表达变化的情况,鉴定出一批与甜瓜性别发育相关的基因,可为葫芦科作物转录组的基因挖掘与功能分析,以及进一步开展基因调控等研究奠定理论基础。

一、材料与方法

1. 实验材料

母本:WI998,厚皮网纹甜瓜,来源于美国威斯康星大学瓜类分子育种研究室,为全雌株,通常主蔓结果(Luan 等,2010);父本:TopMark,厚皮甜瓜,来源于美国威斯康星大学瓜类遗传育种研究室,雄全同株。配置组合 WI998 × TopMark 获得 F_1,利用单粒传方式获得 $F_{6:7}$ 重组自交系群体 250 株。于 2009 年秋季和 2010 年春季将 F_5 和 F_6 代单株种植在东北农业大学香坊实验农场,调查各单株开花类型,将 F_5 与 F_6 各单株在两个季节均表达同一开花类型的家系作为候选材料。

选取 WI998 × TopMark F_2S_6 群体中 250 个株系及具有相同编号的 F_2S_5 各 5 株,定植于同一大棚中,调查雌雄异花同株、全雌株、雄全同株、雌全同株的两代单株表现型,鉴定单株基因型纯合度;如果编号相同的 F_2S_5 和 F_2S_6 代单株表现型一致,证明 F_2S_6 代单株基因型是纯合的。

2. RNA 提取及转录组测序

分别采集纯合基因型的甜瓜单株开花第 6 阶段花芽,雌雄异花同株的雄花与雌花,全雌株的雌花,雄全同株的雄花与完全花,雌全同株的完全花与雌花。构建 4 个基因池,分别提取各开花类型植株的总 RNA。

(1)Trizol 法提取 RNA。

冻存状态下,取约 20 mg 甜瓜茎、叶,放入研钵中,加入 2/3 钵体积的液氮,片刻后研磨,待液氮快挥发完时,再加入 2/3 钵体积的液氮并研磨,研磨至粉末状态后,迅速转移至 1.5 mL 的离心管中,并加入 1 mL 冰冷的 Trizol 试剂,旋涡振荡约 5 min,并在室温下放置 5 min,12 000 r/min 离心 10 min,将上清液转移至新的 1.5 mL 的离心管中,加入 0.2 mL 氯仿,盖紧离心管管盖,用手上下颠倒 15 s,直至溶液呈乳白状,无分层现象;室温静置 3 min 后,12 000 r/min,4 ℃ 离心 15 min;取出离心管,样品离心后分为 3 层,上清无色水相、白色固体及下层粉绿色有机相。小心吸取无色上清水相移至另一新的 1.5 mL 的离心管中,水相的体积约为所用 Trizol 试剂的 60%。再次加入等体积的氯仿,约 0.6 mL,上下颠倒混匀后,12 000 r/min,4 ℃ 离心 10 min,吸取无色上清水相并移至另一新的 1.5 mL 的离心管中,向得到的上清水相加入相同体积的异丙醇,颠倒混匀,室温静置 10 min;12 000 r/min,4 ℃ 离心 10 min;吸取上清液后,加入体积分数为 75% 的乙醇溶液 1 mL(乙醇溶液用 DEPC 水配置),混匀。每使用 1 mL Trizol 试剂加入 1 mL 体积分数为 75% 的乙醇;12 000 r/min,4 ℃ 离心 10 min;吸取上清液丢弃,放在室温下干燥 2~5 min(由于 RNA 较难溶解,稍微晾干即可,不可过于干燥),加入 35 μL 的无 RNase 水溶解 RNA 沉淀,待 RNA 完全溶于水之后置于 -70 ℃ 保存。

(2)RNA 质量浓度和纯度的测定。

取 RNA 样品,用 1 × TE Buffer 稀释 100 倍或适当的倍数,测定样品在 260 nm 和 280 nm 的吸收值以确定 RNA 的品质。按以下公式计算 RNA 的质量浓度

$$RNA 浓度 = OD_{260} × 稀释倍数 × 0.04\ \mu g/\mu L$$

比色皿光径 1 cm,$OD_{260/280}$ 在 1.8~2.1 视为抽提的 RNA 的纯度很高。利用普通琼脂糖凝胶电泳检测 RNA 品质。

应用新一代高通量测序 Solexa 测序手段,对雌雄异花同株、雄全同株、全雌株及完全花株进行样品测序,由深圳华大基因测序公司完成。

3. qRT - PCR 验证

2013 年 3 月,将性别稳定表达为雌雄异花同株、全雌株、完全花株及雄全同株植株的 20 个家系(每个性别类型 5 个家系,共 4 个性别类型),每个家系选择 3 株,种植于在美国威斯康星大学 Walnet 温室,提取 2 叶 1 心时期嫩叶及各单株花蕾期组织,利用 QiaGen RNA 提取试剂盒,提取各时期样本 RNA。RNA 质量浓度大于 100 ng/μL,$OD_{260/280}$ 比值大于 1.8,使用 Promega 公司反转录试剂盒获得 cDNA。反应体系为 50 μL:0.1 μg 模板 DNA,2 μL (10 μmol/L)引物,5.0 μL 10 × PCR buffer(无 Mg^{2+}),4.0 μL Mg^{2+}(25 mmol/L),1.0 μL dNTPs(10 mmol/L)及 3 U *Taq* 酶(TaKaRa)。反应体系为:95 ℃ 3 min;95 ℃ 50 s,52 ℃ 40 s,72 ℃ 2 min,35 个循环;延伸 72 ℃ 5 min。以差异表达 unigene 片段为模板,利用 Primer 5 软件设计引物,引物序列如表 3.28 所示,序列由 Biotechnology Center,UW Biotech Center 合成。qRT - PCR 在美国农业部威斯康星大学园艺实验室完成。

表 3.28 RT-PCR 验证候选基因序列

序号	正向引物	反向引物	基因注释
UN24968	CAGCCTCTCCAAAGATCTCG	TTCGCAGCCCTTCAAT AATC	1-氨基环丙烷-1-羧酸盐合成酶 7
UN62355	TAGGGCTTCCAACTCCTTC CTCTT	CTTGCAATTGATGGGTGT GATCTTCTTG	WIP1 和 Gyno-hAT(*Cucumis melo*)
UN12245	CCTGTCACTGCCCTCATTCT	TCCAATGCATCCAGAAA CAA	CwfJ 家族蛋白基因
UN19288	TTTATGGTTTCGCTG CTGTG	AATGGCAACCCAAAAGT GAG	锌指蛋白基因(*Arabidopsis thaliana*)
UN25139	CCAAATGCACCCAAG AAAAC	AGCTCCATCCATGCT CACTT	生长素相关基因(*Cucumis sativus*)
UN24436	CGTTTTGTTTGGCTG ATCCT	ATCGTAAACCGTTC CGAGTG	1-氨基环丙烷-1-羧酸盐合成酶 1
UN32023	CAAGGAATCGTGGCC TTAAA	TCAGCCATGCTC ACAAACTC	EIN3 蛋白基因(*Cucumis melo*)
UN68150	AACAACATTGGGCCA GAGTC	GCAACGACACAGACAT GGAT	*CmE8*(*Cucumis melo*)
UN69838	CCCTTCCATTTTTCCCATTT	CCAGATGGTGGCGT AAAACT	糖氨转移酶(*Cucumis melo*)
UN16230	CCATTGATAACCCAC CCAAG	GGGTTTGACCCATTTCT CCT	乙烯反应因子(*Arabidopsis thaliana*)
UN3168	CCAAGTCCTGCGTCTT CTTC	AGCAGTTGGGGAACTT GATG	油菜素内酯调节因子(*Arabidopsis thaliana*)
UN16008	GACGGGAAGCTAT CCAAGAA	CTGGTAAATATCAGC CAAGTG	TS 同源基因(*Cucumis sativus*)
UN19422	GACGGGAAGCTAT CCAAGAA	CTGGTAAATATCAGC CAAGTG	雄性不育相关基因(*Linum usitatissimum*)
UN25848	AAAGCATGTGGGCA AACAA	ATTCTCGGTGACC GGAACG	雄性不育 MS5 基因(*Arabidopsis lyrata* subsp. *lyrata*)
UN17434	CCCCACAATTTCTTTCGTTT	GGCAAGCTGATTGGCATC	雄性不育 MS1 基因(*Arabidopsis thaliana*)

4. 数据分析

（1）测序数据的分析。

经过第二代高通量测序设备对样本开展测序工作之后,得到 base calling,将其转化为 raw reads,对冗余不合格的序列进行删除。利用 SOAP denovo(version 1.03,http://soap.ge-nomics. org. cn)连接比对,最后得到两端不能再延伸的 unigene。将 unigene 序列与蛋白数据库 NR、Swiss-Prot、KEGG 和 GOC 做 BLAST 比对(E 值 < 0.000 01),取比对结果最好的蛋白质,确定 unigene 的序列方向。通过 BLAST 将 unigene 序列比对到数据库(http//:www. nc-bi. blast,ftp://ftp. ncbi. nih. gov/blast/executables/release/2. 2. 18/)、KEGG 和 GOC(E 值 < 0.000 01),得到比对结果最好的蛋白质确定 unigene 的序列方向。得到跟给定 unigene 具有最高序列相似性的蛋白质,从而得到该 unigene 的蛋白质功能注释信息。根据 KEGG 注释信息进一步分析得到 unigene 的 Pathway 注释。将 unigene 与 GOC 数据库进行比对,预测 unigene 可能的功能并对其做功能分类统计。根据 Nr 注释信息,使用 Blast2GO 软件得到 unigene 的 GO 注释信息。然后用 WEGO 软件对所有 unigene 做 GO 功能分类统计。

（2）unigene 表达差异分析。

unigene 表达量的计算使用 RPKM 法,其计算公式为

$$RPKM(A) = 10^6 C/(NL/10^3)$$

设 RPKM(A) 为 unigene A 的表达量,则 C 为唯一比对到 unigene A 的 reads 数,N 为唯一比对到所有 unigene 的总 reads 数,L 为 unigene A 的碱基数。RPKM 法可以在最大程度上消除基因的长度和测序过程中的差异对差异基因表达的影响,得到的结果可以直接用于分析差异表达基因。

（3）差异表达基因的筛选。

以 Audic S. 等人在 *Genome Research* 上发表的差异基因检测方法为基础,本节研究开发了精确的算法,对样本间的差异表达基因开展挖掘工作。差异表达基因的筛选用到的假设检验的零假设和备择假设如下:

H_0:两个样本中某一个基因表达量相同;

H_1:两个样本中某一个基因表达量不同。

假设观测到基因 A 对应的 reads 数为 x,已知在一个大文库中,每个基因的表达量只占所有基因表达量的一小部分,在这种情况下,$p(x)$ 的分布服从泊松分布

$$p(x) = \frac{e^{-\lambda}\lambda^x}{x!} \quad (\lambda \text{ 为基因 } A \text{ 的其实转录数})$$

已知,样本一能比对到所有 unigene 的总 reads 数为 N_1,样本二能比对到所有 unigene 的总 reads 数为 N_2,样本一中唯一比对到基因 A 的 reads 数为 x,样本二中唯一比对到基因 A 的 reads 数为 y,则该假设检验的 $P-value$ 可由以下公式计算:

$$2\sum_{i=0}^{y} p(i \mid x)\left[\text{当} \sum_{i=0}^{y} p(i \mid x) \leqslant 0.5 \text{ 时}\right]$$

或者

$$2\left[1 - \sum_{i=0}^{y} p(i \mid x)\right]\left[\text{当} \sum_{i=0}^{y} p(i \mid x) \geqslant 0.5 \text{ 时}\right]$$

其中

$$p(i \mid x) = \left(\frac{N_2}{N_1}\right)^i \frac{(x+i)!}{x!i!\left(1+\frac{N_2}{N_1}\right)^{(x+i+1)}}$$

当做多重假设检验时,单次假设检验有比较小的错误发生率的 $P-value$ 已经不再能够保证足够小的整体错误发生率,因此要做多重假设检验校正,将整体的错误发生率控制在一定的水平。FDR(False Discovery Rate)就是多重检验校正中一种校正 $P-value$ 的统计学方法。在实际中,FDR 是错误发现率的期望。假设挑选了 R 个差异表达基因,其中 S 个是真正有差异表达的基因,另外 V 个是其实没有差异表达的基因,为假阳性结果,$FDR=E(V/R)$。假设我们希望平均错误比例 FDR 不能超过 1% 时,就在进行假设检验时预先设定 FDR 不能超过 0.01。在得到差异检验的 FDR 值的同时,也应根据基因的表达量(RPKM 值)计算该基因在不同样本间的差异表达倍数。FDR 值越小,差异倍数越大,则表明表达差异越显著。在分析中,将差异表达基因定义为 FDR≤0.001 且倍数差异在 2 倍以上的基因。得到差异表达基因之后,进一步对差异表达基因做 GO 功能分析和 KEGG Pathway 分析。

二、结果与分析

1. 性别表现型调查

对 F_2S_5 和 F_2S_6 在两个季节单株开花类型的调查结果显示,表型稳定一致的:雌雄异花同株 5 株、雄全同株 5 株、完全花株 5 株、全雌株 5 株。

2. RNA 的提取

经过检验,提取的 4 个样本的 RNA 样品,其 28S:18S 值均在 1.0~1.5,反应 RNA 完成性的 RIN 值在 7.2~7.9,符合测序样品检测条件。RNA 质量浓度:全雌株为 15 330.0 ng/μL,雌雄异花同株为 10 515.0 ng/μL,雄全同株为 2 422.0 ng/μL,完全花株为 17 180.0 ng/μL。

3. 序列组装分析

对甜瓜 4 个不同开花类型的转录组测序分析结果显示,共获得大约 1 630 000 reads,具体数据如表 3.29 所示。大多数的 contigs 在 100~200,大于 500 的 contigs 占总数的 16%。

表 3.29 测序结果分析

A:转录组测序数据				
样本	raw reads 数量	clean reads 数量	contigs 数量	contig 长度/bp	整体 unigenes 数量
雄全同株	38 503 632	25 509 211	127 704	39 390 749	91 361
完全花株	39 954 484	27 040 896	125 303	40 562 136	85 745
雌雄异花同株	41 147 294	26 386 066	118 284	36 310 961	77 376
全雌株	38 402 920	26 088 672	125 313	41 220 889	80 825
B: contig 分析				
contigs 数量	—	57 406	—	—
singletons(≥100 bp)	—	22 292	—	—
N50/bp	—	1 003	—	—
unigene	—	790	—	—

续表 3.29

B：contig 分析				
整体 unigene 长度/bp	—	56 266 788	—	—
平均 unigene 长度/bp	—	706	—	—
unigene 对比到甜瓜基因组数量	—	49 225	—	—
unigene 定位到甜瓜基因组数量	—	75 543	—	—

共获得 79 698 条 unigenes 序列,其中 57 406 条为 cluster,22 292 条为 singletons,unigens 平均长度为 706 bp,在所有的 unigenes 中,有 3 182 条 unigenes 不小于 2 000 bp,有 550 条 unigenes 不小于 3 000 bp。大多数 unigenes 在 100 ~ 500 bp 之间。在所有的 unigenes 中,无 gap(序列中 N 数量与全部碱基数量的比值)的序列有 8 853 条,占全部序列的 11.11%。此外,71% 的序列中含 N 量低于 5%,说明测序质量较高(如图 3.28)。

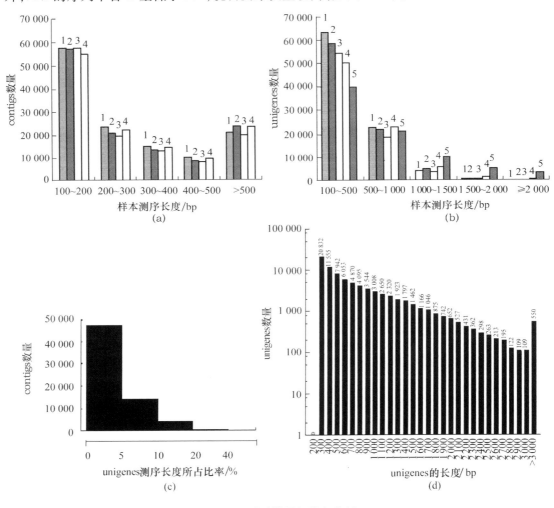

图 3.28　甜瓜转录组信息分析

(a)甜瓜 4 个样本 contigs 长度比较;(b)甜瓜 4 个样本 unigenes 长度比较;

(c)gap 与 unigenes 分布图;(d)所有的 unigenes 长度分布图

1 为雄全同株;2 为完全花株;3 为雌雄异化同株;4 为全雌株

4. unigene 的功能分析及分类统计

经过 NR、Swiss-Pro、KEGG 和 GOC 4 个蛋白质数据库的比对,29 583 条 unigenes 获得了基因注释。按照其功能分类,最多的为一般功能预测类,有 4 996 条,其他为复制、重组和修复类,转录、翻译后蛋白修饰、翻转和信号传递机制等,共可分为 25 大类。数量最少的为胞外体结构,只有 4 个序列,结果如图 3.29 所示。

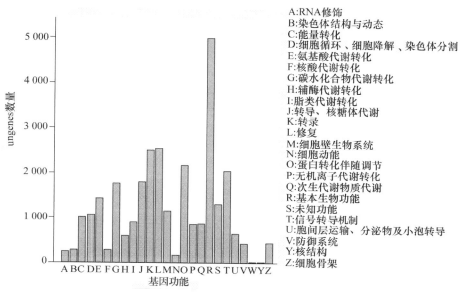

A:RNA修饰
B:染色体结构与动态
C:能量转化
D:细胞循环、细胞降解、染色体分割
E:氨基酸代谢转化
F:核酸代谢转化
G:碳水化合物代谢转化
H:辅酶代谢转化
I:脂类代谢转化
J:转导、核糖体代谢
K:转录
L:修复
M:细胞壁生物系统
N:细胞动能
O:蛋白转化伴随调节
P:无机离子代谢转化
Q:次生代谢物质代谢
R:基本生物功能
S:未知功能
T:信号转导机制
U:胞间层运输、分泌物及小泡转导
V:防御系统
Y:核结构
Z:细胞骨架

图 3.29 unigenes 的功能分析

本节研究一共有 21 337 条 unigenes 具有 GO 功能,这些 unigenes 被注释到 16 752 个功能条目,分为分子功能、细胞成分及生物过程三大类。这三大类又包括 46 个亚类,其中关于分子功能的 unigenes 共 21 373 条,结果如图 3.30 所示。

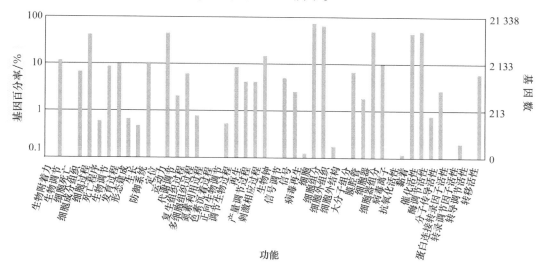

图 3.30 甜瓜转录组功能分析

5. unigene 的 Pathway 分析

通过与 KEGG 蛋白数据库相比较,对 21 126 个 unigenes 进行了 Pathway 注释,涉及的 Pathway 有 121 个。其中参与新陈代谢相关通路的 unigenes 数目最多,为 14 280 个,参与氨基酸代谢、核糖体多肽代谢、次生代谢生物合成、碳水化合物代谢、能量代谢、多糖代谢、脂类代谢等共计 47 种代谢途径。参与合成的代谢途径有 3 452 个 unigenes,参与糖类、激素类、酶类、氨基酸等 33 个相关通路。参与细胞进程相关通路的 ungenes 有 1 220 个,参与细胞通信、细胞凋亡、细胞流动性、循环系统及发育等。此外,光合作用相关通路也有大量 unigenes 参与。

6. 不同性别甜瓜转录组差异比较

本节研究对甜瓜雌雄异花同株、雄全同株、全雌株及完全花株 4 个样本的转录组进行测序分析,并通过两两比对的方法验证转录水平、不同性别植株差异基因的表达及参与代谢途径的改变情况。不同性别类型植株转录组表达基因如图 3.31 所示。

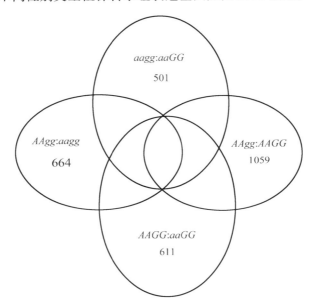

图 3.31　不同性别类型植株转录组表达基因

将 lg2 > 5 或 lg2 < −5,$P-$value < 0.001 及 FDR < 0.01 作为选择标准,查找不同性别类型表达差异基因。结果显示,当 A 基因相同的情况下,即比较雌雄异花同株($AAGG$):全雌株($AAgg$) 及雌全同株($aaGG$):完全花株($aagg$),在两组比较中均表达为差异基因的有 435 个,其中 147 个基因功能未知;比较完全花株($aagg$):全雌株($AAgg$) 及雌全同株($aaGG$):雌雄异花同株($AAGG$),结果显示,有 144 个差异基因在两个转录组比较中均为差异显著表达,其中 57 个基因功能未知。

7. 与性别分化相关的代谢途径分析

分析与甜瓜性别相关的基因在不同转录组中的差异表达情况,发现了与性别分化相关的多种代谢途径,包括氮合成、植物生物节律途径、天线蛋白合成途径、BR 合成途径及光合途径。本节研究中发现差异表达基因共参与 121 个 Pathway,除了分析发现与乙烯合成相关的基因外,参与植物激素信号调节与甜瓜性别表达相关的基因分别与赤霉素、脱落酸、油菜素内酯及玉米素等多种激素的合成、信号传导等代谢途径相关。图3.32分析了外界环境条件与甜瓜性别分化的关系。

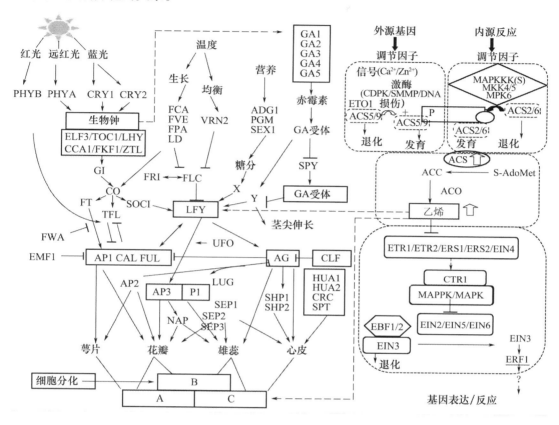

图3.32 植物性别分化信号传导途径(来源于网络数据)

与甜瓜性别分化相关的代谢途径基本分为两类:一类是植物节律途径,主要为环境调节,分植物节律和基因与病原菌的互作。其中包括植物节律的 Pathway 主要包含:生物钟分子合成(K12115;K12116,F-box 蛋白合成途径,K12117,LKP2:LOV kelch 蛋白);花色素合成(K12118;K12119);植物光敏色素合成(K12120,PHYA;K12121,PHYB;K12122 PHYD;K12123,PHYE);K12124 GI;GIGANTEA;K12125,ELF3-早期开花蛋白;K12126,PIF3;光敏调节因子;伪反应调节因子 1、3、5、7、9(K12127,K12128,K12129,K12130,K12131);丝氨酸-苏氨酸蛋白激酶(K12132);生长点伸长(K12133);激酶合成及锌指蛋白(K03097,K03115,K00660,K12135)。

另一类为激素合成途径。在其他作物中关于激素的合成与性别的相关研究已有深入的报道(Wu 等,2010)。葫芦科作物中,与性别相关研究较多的为乙烯合成途径,在本节研究中除了发现与乙烯合成相关的基因外,还发现参与甜瓜性别表达、与植物激素信号调节相关的基因分别与脱落酸(ABA)、油菜素内酯(BR)及珠素(ZT)等多种激素的合成、信号传导等代谢途径相关(图3.33)。

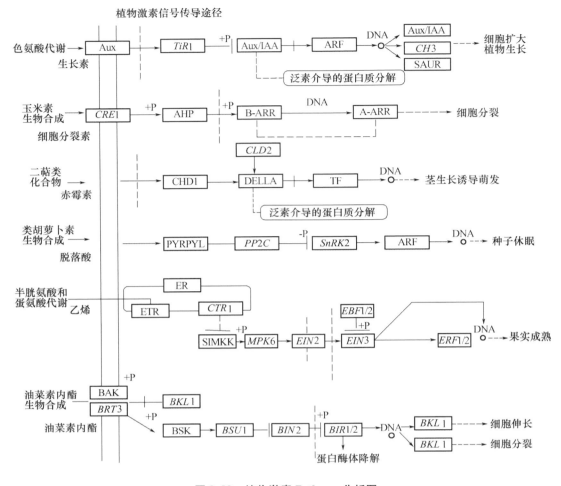

图 3.33　植物激素 Pathway 分析图

8. 与性别表达相关差异基因分析

如表 3.30 所示,比较不同性别差异表达基因,发现有与性别表达中乙烯合成途径相关的 ACC 合成酶基因、ACC 氧化酶基因、AUU/IAA 相关基因,以及与锌指蛋白、ABA、GA 及油菜素内酯合成途径相关的基因。此外,还有相关的环境因素,如光合途径、压力胁迫、冷胁迫等相关途径。此外,MYB 相关基因及与甜瓜的雄性退化及败育相关基因首次大规模的被发现。

表 3.30　甜瓜不同性别类型中与植物激素相关的差异表达基因

甜瓜 CDS 区 BLAST 比对结果	基因长度 /bp	lg2 (H/A)	lg2 (M/A)	lg2 (G/H)	lg2 (G/M)	Nr 注释	Nr-E 值
3C015444T1	474	—	−2.8	—	—	1-aminocyclopropane-1-carboxylate synthase (*Cucumis melo*)	3.00×10^{-87}

续表 3.30

甜瓜 CDS 区 BLAST 比对结果	基因长度 /bp	lg2 (H/A)	lg2 (M/A)	lg2 (G/H)	lg2 (G/M)	Nr 注释	Nr-E 值
3C016219T1	541	—	−9.7	—	9.7	ABA 8'-hydroxylase (*Prunus avium*0)	6.00×10^{-76}
3C018458T1	534	2.3	3.0	−2.0	−2.6	ABA responsive element binding factor (*Citrus trifoliata*)	6.00×10^{-20}
3C004619T1	1 479	—	2.3	−2.1	−3.0	ACC oxidase (*Cucumis melo*)	1.00×10^{-154}
3C007425T1	1 106	−3.1	−3.3	—	—	ACC oxidase (*Cucumis sativus*)	1.00×10^{-167}
3C004381T1	496	—	—	−3.0	—	Aux/IAA protein (*Cucumis sativus*)	2.00×10^{-49}
3C003299T1	318	—	11.1	—	—	AUX1-like auxin transport protein (*Cucumis sativus*)	1.00×10^{-13}
3C003815T1	671	—	−3.1	—	—	auxilin-like protein(*Cucumis melo subsp. melo*)	1.00×10^{-121}
3C007596T1	255	—	—	−3.7	−3.2	auxin and ethylene responsive GH3-like protein (*Capsicum chinense*)	8.00×10^{-33}
3C013710T1	541	2.5	3.3	—	−4.4	auxin efflux carrier family protein (*Arabidopsis thaliana*)	3.00×10^{-54}
3C002132T1	277	11.3	—	—	—	auxin efflux facilitator (*Cucumis sativus*)	7.00×10^{-47}
3C013710T1	817	—	−2.3	—	—	auxin hydrogensymporter(*Malus x domestica*)	4.00×10^{-52}
3C008287T1	689	—	—	—	−2.7	auxin influx carrier – like protein 2 (*Momordica charantia*)	1.00×10^{-120}
3C004665T1	478	—	—	—	−11.1	auxin response factor 1 (*Cucumis sativus*)	3.00×10^{-12}
3C011372T1	1 767	—	—	—	4.0	auxin response factor 10 (*Oryza sativa*)	1.00×10^{-136}

续表 3.30

甜瓜 CDS 区 BLAST 比对结果	基因长度 /bp	lg2 (H/A)	lg2 (M/A)	lg2 (G/H)	lg2 (G/M)	Nr 注释	Nr-E 值
3C014232T1	1 167	—	-3.3	—	3.6	auxin response factor 10 (*Solanum lycopersicum*)	5.00×10^{-60}
3C019801T1	420	—	—	11.5	—	auxin response factor 19 (*Zea mays*)	1.00×10^{-13}
3C014232T1	508	—	—	—	3.2	auxin response factor 3 (*Gossypium hirsutum*)	3.00×10^{-19}
3C007251T1	447	—	-3.7	—	—	auxin response factor 3b (*Lotus japonicus*)	2.00×10^{-40}
3C025758T1	204	-3.2	-4.1	—	—	auxin response factor 5 (*Cucumis sativus*)	7.00×10^{-21}
3C006371T1	452	—	-2.3	—	2.2	auxin responsive protein (*Cucumis sativus*)	3.00×10^{-29}
3C022053T1	267	—	—	—	-2.4	auxin transport protein (*Arabidopsis thaliana*)	4.00×10^{-31}
3C004382T1	430	—	-3.6	—	—	auxin – regulated protein (*Populus tremula x Populus tremuloides*)	8.00×10^{-40}
3C004382T1	724	—	—	-2.4	2.5	auxin-regulated protein (*Populus tremula x Populus tremuloides*)	7.00×10^{-60}
3C020702T1	293	—	-3.3	—	2.6	auxin-regulated protein (*Solanum lycopersicum*)	9.00×10^{-18}
3C002620T1	1 201	—	—	2.3	-2.2	auxin-repressed protein (*Citrullus lanatus subsp. vulgaris*)	1.00×10^{-55}
3C005476T1	320	—	—	4.2	4.2	auxin-responsive protein IAA (*Populus tomentosap*)	9.00×10^{-8}
3C005768T1	895	—	—	—	-2.2	auxin-responsive protein-related (*Arabidopsis thaliana*)	2.00×10^{-27}

注:CDS 区为蛋白质编码区。

（1）锌指蛋白基因表达。

2008 年,Martin 等在甜瓜中克隆了 *CMW1P1* 基因,并验证了该基因导致心皮的分化,即为雌性基因 g。在本节研究中,发现了两类锌指蛋白相关基因在不同甜瓜性型中差异表达,C3HC4 型和 CCCH 型家族蛋白。对此不同性别类型植株差异表达基因,结果显示这些锌指蛋白相关基因与雌花产生有相关性。C3HC4 型家族蛋白基因与干旱、高盐、高温和低温、乙烯及 ABA 相关,MU36105 和 MU12245 属于该类蛋白基因,显示与甜瓜性别表达相关。

(2)ACC 合成酶基因表达。

ACC 合成酶基因与乙烯合成途径相关,并起决定性作用,对甜瓜的性别分化起决定性作用。甜瓜 ACC 合成酶目前有 4 个基因已经获得相关序列分析(*CmACS1*,*CmACS2*,*CmACS3* 和 *CmACS7*),但是除了 *CmACS7* 基因外,其他基因的功能还都有待于进一步的验证。2008 年,Adnane 等克隆了 *CmACS7* 基因,并验证了该基因为控制甜瓜性别表达的 *a* 基因。本节研究发现了共计 10 个 *ACS* 基因,共 6 类,分别为 *CmACS1*、*CmACS2*、*CmACS5*、*CmACS7*、*CsACS2* 及 *AtACS8*。在比较雌雄异花同株与雄全同株转录组时,发现 *CMACS7* 基因差异表达,这与前人的研究结果相同。除此之外,*CmACS1* 和 *CmACS5* 基因也差异表达,具体功能有待后续分析。*CmACS1* 基因在所有转录组中均差异表达,但是目前其功能还有待于进一步分析。比较雄全同株与全雌株转录组差异基因表达,结果显示只有一个 *ACS* 基因表达,即 *CmACS1 - CMW3*,该基因目前没有相关报道,将从功能验证方面对该基因进行深入分析。

(3)MYB 类转录因子表达差异。

植物 MYB 类转录因子以含有保守的 MYB 结构域为共同特征,广泛参与植物发育和代谢的调节。MYB 类转录因子家族是指含有 MYB 结构域的一类转录因子。MYB 结构域是一段 51～52 个氨基酸的肽段,包含一系列高度保守的氨基酸残基和间隔序列。拟南芥中的 *AtMYB2* 基因是第一个被发现受 ABA 诱导表达的 *MYB* 基因。AtMYB2 蛋白与 bHLH 类蛋白 RdBP1 相互作用,协同调节 *Rd22* 基因的表达。本节研究中,对比不同性别类型甜瓜转录组差异发现,*AtMYB2* 类基因在甜瓜不同转录组比较中差异表达,Abe 等(1997)认为 AtMYB2 蛋白和 bHLH 类蛋白 RdBP1 的互作可能是植物体内除了 bZIP/G - BOX 之外的另一条应答 ABA 的途径。尽管还没有鉴定出应答细胞分裂素、乙烯及 IAA 的 MYB 类转录因子,但是 Kranz 等(1998)以拟南芥为材料,分别用细胞分裂素、GA、ABA、IAA 和乙烯处理,通过"反向 Northern 印迹"方法发现拟南芥中 74 个 *R2R3 - MYB* 基因的表达情况。本节研究初步统计,发现 ABA 诱导表达大约 11 个 *R2R3 - MYB* 基因,IAA 诱导表达 9 个,乙烯诱导表达 6 个,细胞分裂素诱导表达 5 个。MYB 类转录因子在甜瓜性别相关转录组中差异表达,表明该转录组参与甜瓜性别分化可能与多种激素如 ABA、乙烯、IAA 等的合成有关,甜瓜 MYB 类转录因子序列及功能有待于进一步深入分析。

(4)GA 合成途径与类胡萝卜素合成途径相关基因。

类胡萝卜素的代谢途径上游基因对 GA 的合成有一定影响(杨海兰等,2011),多种酶共同参与 GA 的生物合成。通过基因注释发现,比较全雌株与雌雄异花同株差异表达基因,在 GA 合成途径中发现,GA$_3$ - 氧化酶(GA$_3$ox)(*MU3674*)、GA$_7$ - 氧化酶(GA$_7$ox)(*MU36987*)、GA$_2$ - 氧化酶(GA$_2$ox)(*MU13098/MU13099*)、GA$_{20}$ - 氧化酶(GA$_{20}$ox)和 GA$_2$ - 氧化酶(GA$_2$ox)(*MU33020*)等基因差异表达。本节研究表明,在合成途径上,类胡萝卜素和赤霉素在植物的生长发育过程中密切相关。此外,还发现形成的产物受不同的酶与底物的作用方式影响。在 GA 合成途径中,在合成 3 - β 羟基化途径过程中由双加氧酶催化,造成植株体内发生多种不同的反应,而雌雄异花同株及全雌株的基因的表达也不同,在赤霉素合成前期,细胞色素 P450 单加氧化酶显著差异表达。

(5)ABA 合成途径相关基因。

关于 ABA 对植物性别表达的影响作用还没有足够的证据,但是研究发现,全雌株差异表达基因与雌雄异花同株参与了 ABA 合成途径,并大量表达。ABA 的前体物质是类胡萝卜素,与赤霉素共同对植物体生长发育进行调节。如图 3.34 所示 ABA 合成途径中有 38 个基因差异表达,其中上调基因与下调基因的比例为 1:1。其中乙醛氧化酶 3(*MU42490*)和 1 – 羟基 – 2,6,6 – 三甲基 – 4 – 氧 – 2 – 环己 – 1 – 烯基 – 3 – 甲基 – 2,4 – 戊二烯醛氧化酶(*MU74009*)是 ABA 合成的重要因子之一。

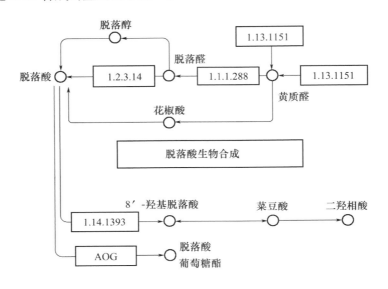

图 3.34 甜瓜 ABA 合成途径差异基因表达

在甜瓜全雌株及雌雄异花同株中,ABA 相关基因的表达量不同,说明 ABA 相关基因在一定程度上影响甜瓜性别发育方向,但是可能无法通过基因结构影响效果。由于 GA 的雄性化效应可以通过 ABA 消除,表明 ABA 可能通过抑制内源 GA 的活性,从而对植物性别表达起作用。

(6)半胱氨酸和蛋氨酸合成途径相关基因。

乙烯调节植物的生长、发育过程,特别是在植株的性别分化方面。如图 3.35 所示,在乙烯合成途径为 Met→SAM→ACC→C_2H_4 中,主要通过催化 SAM→ACC 的 ACC 合成酶和催化 ACC→C_2H_4 的 ACC 氧化酶进行调节。其中,ACC 合成酶是乙烯生物合成途径中的关键酶。本节研究显示,大量与乙烯合成相关的基因差异表达,共检测到 10 个参与乙烯合成途径的基因,其中有 4 个基因与甜瓜 ACC 合成酶基因比对成功,6 个基因与其他葫芦科作物的 ACC 氧化酶、ACC 合成酶及乙烯受体的基因通过 BLAST 比对成功。乙烯是重要的性激素,在甜瓜性别分化中起到重要的作用。本节研究发现的 10 个 ACS 基因可分为 6 类,分别为 *CmACS1*、*CmACS2*、*CmACS5*、*CmACS7*、*CsACS2* 及 *AtACS8*。比较全雌株与雌雄异花同株转录组时发现,ACC 氧化酶基因也大量稳定表达。另外,*CmACS1* 基因在转录组中都有所表达,但其功能还未被发现。

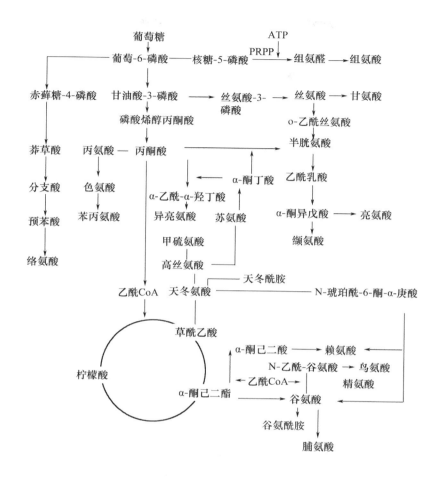

图 3.35　甜瓜蛋氨酸合成途径(根据 KEGG 数据库)

（7）油菜素内酯（BR）合成途径相关基因。

继赤霉素之后油菜素内酯被发现（谷瑞银等）。研究发现,多种激素的代谢均与 BR 紧密相关。BR 与 IAA 在很多功能方面相似;而与 GA 功能复杂,包括正向及负向功能;与 CTK 功能相互调节,特别在黑暗处理下（谷端银等,2006;张慎好等,2009）。本节研究发现,4 个差异表达基因参与 BR 合成途径,均与光合循环相关。比较雌雄异花同株与全雌株,*MU22012*（cytochrome P450）与 *MU26893*（cytochrome P450）基因上调,*MU56098*（cytochrome P450,CYP724B3）与 *MU76596*（CYP724A1）下调。多数研究认为,光照可在一定程度上改变瓜类作物的性别分化,BR 代谢途径中某些与光色素相关的基因表现为上调或下调,对甜瓜性别分化具有间接的作用。

（8）甜瓜雄性不育相关基因。

如表 3.31 所示,本节研究共发现 5 个与植物雄性不育相关的基因差异表达,其中 *unigene19422* 和 *unigene51120* 基因注释为雄性不育相关蛋白表达基因,*unigene25848* 和 *unigene52192* 基因注释为雄性不育 *ms － 5*,而 *unigene17434* 基因注释为 *ms － 1*。比较 *uni-*

gene19422 基因表达量,发现雌雄异花同株(AAGG)与其他类型植株相比,该基因表达量均下调,此外,完全花株(aagg)与其他类型植株相比,该基因表达量均上调。雄性不育基因在其他作物上显示与花器官发育相关,本节研究推断雄性不育基因的表达可诱导雌性或者雄性器官发育的停滞,从而形成不同性别类型的甜瓜植株。

表 3.31   植物雄性不育相关差异表达基因

基因名称	基因功能注释
unigene19422	甜瓜雄性不育相关基因(*Linum usitatissimum*)
unigene25848	雄性不育 *ms - 5* 基因(*Arabidopsis lyrata* subsp. *lyrata*)
unigene17434	雄性不育 *ms - 1* 基因(*Arabidopsis thaliana*)
unigene 51120	雄性不育表达基因(*Linum usitatissimum*)
unigene52192	雄性不育 *ms - 5*(*Arabidopsis lyrata* subsp. *lyrata*)

9. 差异基因的 qRT - PCR 验证

比较每两个不同性别植株的转录组信息,挖掘差异表达基因。比较雌雄异花同株(AAGG)与雄全同株(aaGG),探索 a 基因的表达效应;比较全雌株(AAgg)与雄全同株(AAGG),探索 g 基因的表达效应。

共有 611 个基因在雌雄异花同株与雄全同株中差异表达,其中包含植物激素类相关基因,如吲哚乙酸合成酶基因(1 个),乙烯转录合成启动子基因(5 个),生长素诱导基因(9 个)及脱落酸反应相关基因(2 个)。共有 664 个差异基因在全雌株与完全花株中差异表达,其中包括脱落酸合成酶相关基因 1 个,ACC 氧化酶合成基因(1 个)及生长素合成基因(6 个),油菜素内酯合成基因(1 个)及乙烯合成酶基因(8 个)。比较全雌株及雌雄异花同株,共有 1 059 个基因差异表达,其中有 ACC 氧化酶合成基因(1 个)、生长素合成基因(1 个)、乙烯合成酶(2 个)。有 501 个基因在完全花植株与雄全同株植株中差异表达,其中,除了 ACC 氧化酶合成基因(1 个)外,还包含油菜素内置蛋白合成基因(1 个)及乙烯合成启动因子(8 个)。如图 3.36 所示,选择 12 个差异表达基因,对甜瓜不同性别植株的叶片及花蕾进行 qRT - PCR 分析显示,在重组自交系不同性别类型的后代中,各个基因在雄全同株、完全花株和雌雄异花同株的叶片中的表达与转录组测序趋势基本相同,差异基因 unigene24968,基因注释为 ACS7,为控制甜瓜雄花发育的 a 基因,该基因在雄全同株(aaGG)中的表达水平明显低于在雌雄异花同株(AAGG)中的,这与以往的研究结果相同(Martin 等,2008)。unigene62235 的基因注释为控制甜瓜雌花发育的 g 基因,研究发现该基因在全雌株的叶片和花蕾中的表达量均高于其他性别类型植株,而在花蕾中的表达水平则远远高于叶片,这与前人的研究结果符合(Boualem 等,2009)。锌指蛋白相关基因 unigene19288、unigene12245、unigene68938 及乙烯应答因子相关基因 unigene68150、unigene16230、unigene32023 在甜瓜不同性别植株的花芽和叶片中表达水平基本相同,无显著差异。unigene3168 为油菜素内酯相关表达基因,叶片中的表达水平均高于花芽中的表达水平,而该基因在雌雄异花同株中的表达水平均高于其他性别类型植株。unigene16008 的基因功能注释为 TASSELSEED2 - like protein(*CmTs2*)在不同植株的花蕾中差异不显著,*CmTs2* 在全雌株叶片中的表达水平与其他性型植株相比,差异明显;在花蕾中,随着雌性器官数量的增加,*CmTs2* 基因的表达水平降低,即基因表达水平由高到低为:雄全同株(雄花 + 完全花)、完全花株(完全花)、雌雄异花同株(雌花 + 雄花)、全雌株(雌花),说明 *CmTs2* 基因在不同性别植株花器官中的表达量与雌性器官的发育相关。*unigene19422* 的基因功能注释为雄性不育相关基因,从图3.36 中可以看出,雄性不育相关基因在甜瓜雌雄异花同株(雌花 + 雄花)和全雌株(雌花)中的表达水平高于雄全同株(雄花 + 完全花)和完全花植株(完全花),这说明该基因在性别分化中与花器官的形成相关,间接地参与性别分化。图3.36中 *ms － 5* 基因的表达水平,可以看出甜瓜雄性不育 *ms － 5* 基因在雄全同株中表达水平最低,无论是在叶片中还是在花蕾中,完全花株的表达水平最高,这和雄性不育与性别分化相关联的表面推测不同,因此雄性不育与甜瓜性别分化不连锁。

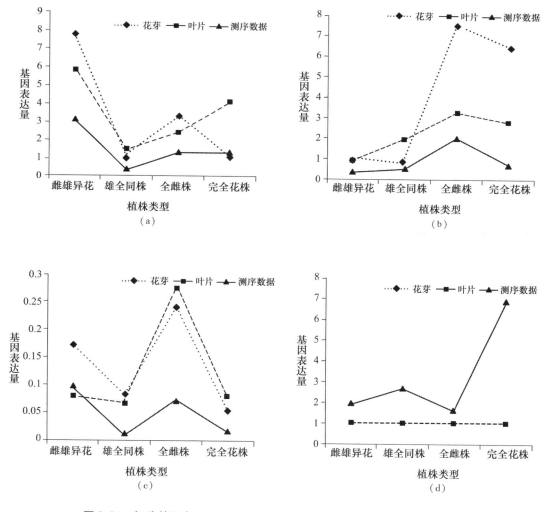

图3.36　候选基因在不同性别植株花和叶片的 qRT － PCR 差异表达分析

(a)*unigene24968*;(b)*unigene62355*;(c)*unigene12245*;
(d)*unigene1928*;(e)*unigene32023*;(f)*unigene68150*;
(g)*unigene69838*;(h)*unigene16230*;(i)*unigene19422*;(j)*ms5*

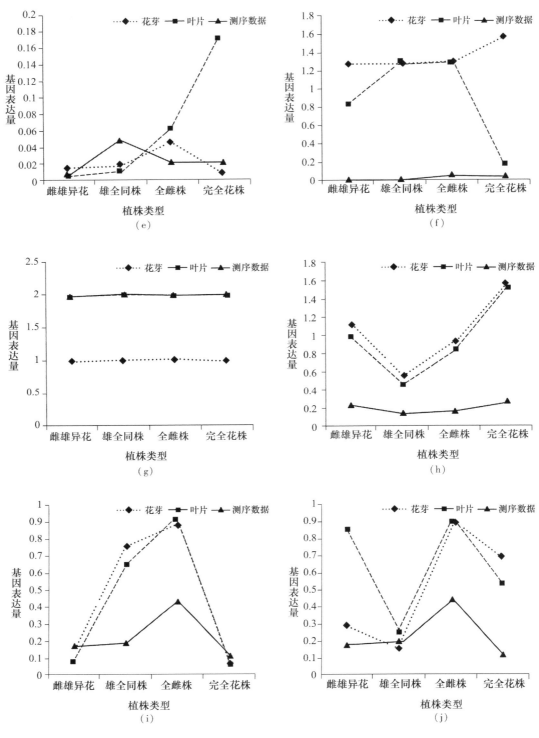

续图 3.36

三、讨论

Wu 等（2010）对性别差异类型的黄瓜的转录组开展测序，并挖掘与性别分化相关的差异表达基因，研究结果显示，黄瓜的性别是由一个由各种激素构成的网络信号传导体调控的，其中相关基因包含 ACS、ASR1、CSIAA2、CSAUX1 等，这些基因分别属于赤霉素、乙烯、多胺、生长素及新兴的植物内源功能性激素油菜素内酯的合成途径，并在其中起到关键的调节作用。2010 年，Guo 等对黄瓜全雌株和完全花株开展转录组测序，并挖掘差异表达基因，发现除了与乙烯合成途径相关的基因外，还有大量的与类胡萝卜素和生长素类合成途径相关的基因，并且候选基因在这两个不同性别的植株中显著差异表达。此外，2010 年，钟秀艳和秦智伟等对植物体内激素含量及变化规律的研究显示，性别分化过程与激素表达水平显著相关。植物体内含有至少 7 种植物激素，其中除了常规的赤霉素、脱落酸、乙烯、生长素、细胞分裂素以外，还包含油菜素内酯和独角金内酯，这些对调节植物的生长、发育均具有极其重要的作用（杨海兰等，2011；孔冬梅，2009）。杨海兰等（2011）研究结果显示，类胡萝卜素代谢途径中某些基因表达量的改变对赤霉素的合成有显著影响，从而间接地影响了某些对赤霉素含量敏感的植株的性别分化过程。本节研究在对不同性别植株差异表达基因的挖掘过程中发现，在赤霉素和类胡萝卜素的合成途径中，二者在合成途径上是相互影响、互相调节的，通过某些协同作用共同完成对甜瓜性别分化过程的基因调控。乙烯合成途径中 ACC 合成酶途径中的多个重要基因是瓜类作物性别分化的重要调控因子，其中 ACS1、ACS2、ACS5、ACS7、ACS10、ACS12 等在不同性别的植株中差异表达。

本节研究除了发现 ACS 合成酶之外，ACC 氧化酶作为乙烯合成途径的最后一个重要途径，其中大量的差异基因 ACO1、ACO2 等均在不同性别的植株中差异表达，说明 ACC 氧化酶除了在果实成熟过程中具有重要的调节作用，对开花调节也产生作用。研究还发现，每一种植物激素都与其他的激素形成网络系统，而不是单一地起作用，它们之间相互影响、相互作用，共同控制开花（Takahash 等，1984、1980）。

有研究表明，乙烯与脱落酸相互影响的信号转导通路交叉反应是比较复杂的，而赤霉素与脱落酸在某些植株中的某些生长途径中是存在拮抗作用的（孔东梅，2009），复杂多变的网络调控现象能够说明甜瓜性别分化受到多激素调控的影响。本节研究首次验证了甜瓜的性别分化与油菜素内酯（BR）相关，油菜素内酯合成途径中的重要因子——光合色素酶相关基因表达量的改变，能够直接影响下游某些应答元件的表达，这对解释光照对甜瓜性别分化具有影响作用的原因及分子机理具有一定的理论意义。油菜素内酯合成的相关途径是植物生物节律和光合途径的交叉因子，本节研究结果不仅表明油菜素内酯与甜瓜的性别分化具有直接的联系，同时还能够从 RNA 水平解释环境条件通过哪些基因表达调节并影响激素的合成和相关基因的表达量，从而间接地引导某些应答因子信号传递，形成不同性别的植株（盛云燕等，2012）。

性别分化与植物激素的关系比较复杂，不同植物中的激素表达的方式也不同，其参与的代谢途径也有可能不同，从而影响着激素对植物的功能。本节研究结果显示，对植物体内各重要激素合成途径的分析，可以明确植物激素的合成在甜瓜性别分化中起到诱导信号表达和传递的作用，将"信号表达"这一概念引入研究甜瓜性别分化这一领域，在一定程度上揭示了同种激素在不同作物中分别促进雌花和雄花的分化的原因、多种激素相互协同调节雌花或雄花的发育及因信号转导过程的差异而导致性别不同分化程序的表达的可行性。

四、结论

通过对甜瓜不同性别植株的转录组测序获得 79 698 条 unigenes 序列,其中 57 537 条注释到甜瓜基因组,获得 11 805 个差异表达基因。研究发现,121 个生物合成途径参与甜瓜性别分化,其中分子合成途径中,基因大量在不同甜瓜性别转录组中差异表达。获得与甜瓜性别表达相关的差异基因,其中包含:乙烯合成途径中的 ACC 合成酶基因、ACC 氧化酶基因、AUU/IAA 相关基因,锌指蛋白、ABA、GA 及油菜素内酯合成途径的相关基因。首次发现 *MYB* 基因、*Tasselseeds 2* 同源基因、雄性不育相关基因参与甜瓜性别分化。

第四章 甜瓜雄性不育的研究

第一节 甜瓜雄性不育的研究进展

一、甜瓜雄性不育研究进展

植物雄性不育可以分为核不育和细胞质不育（包括核质互作不育）两种类型，其中细胞核雄性不育又包括显性核不育与隐性核不育两类。根据育性是否受光照、温度等外界条件的影响，核不育又可以分为光（温）敏核不育和普通核不育两种类型（宋建等，2013）。任何参与雄蕊发育、孢原细胞分化、减数分裂、小孢子的有丝分裂、花粉分化等过程的基因突变，均能引起花药发育异常，最终导致雄性不育（Ma，2005；Glover 等，1998）。甜瓜雄性不育的资源非常有限，共有 5 个雄性不育基因被发现（Bohn，1949、1964；Lozanov，1983；McCreight，1984，2005；Pitrat，1991、2002）。1991 年，Pitrat 指出甜瓜 5 个雄性不育基因分别位于甜瓜连锁图谱上不同的连锁群，基因之间未检测到互作，ms-1 与甜瓜红茎基因连锁，ms-2 与控制叶片黄化基因连锁，但是连锁程度并不紧密。4 个雄性不育表现型（Bohn，1949、1964；Lozanov，1983；McCreight，1984、2005；Pitrat，1991、2002）被相继命名为 ms-1、ms-2、ms-4 和 ms-5。每一个雄性不育基因控制一种表现型，ms-1 和 ms-2 基因在田间检测中很难通过表型鉴定。ms-2 突变体是在 Cantaloup 型甜瓜 La Jolla 40460 的培育过程中发现的，该突变体材料具有抗白粉病等优良性状，该突变体植株的雄蕊比正常花株的雄蕊小，而且花粉囊不开裂。显微观察结果显示，ms-2 突变体含有少量或不含有花粉，人工授粉成功率比其他植株低 12 倍左右（Bohn 和 Principle，1964）。遗传规律的研究表明，携带 ms-2 的突变体姊妹交的 F_2 群体，雄性可育与雄性不育植株的分离比率为 3：1；与 ms-1 配置的杂交组合 F_2 群体，雄性可育与雄性不育植株的分离比率为 9：7。结果显示，ms-2 与 ms-1 符合 2 对基因独立遗传规律（Bohn 和 Principle，1964）。ms-3 可通过表型鉴定，Park 等（2004）利用 ms-3 突变体植株与"TAM Dulce"配置了 F_2 群体来研究 ms-3 基因的遗传规律，认为其受到 1 对隐性基因的控制，并找到与其连锁的 SCAR 标记，连锁距离为 2.1 cM。Park 等利用 F_2 群体鉴定 ms-3 遗传规律，认为单隐性核基因控制甜瓜雄性不育，该结果与 McCreight（1983、1984）的研究结果吻合，研究结果同样证实 ms-L 即为 ms-3 基因。由于 ms-4 和 ms-5 在花器官发育初期发生雄花退化，因此很容易通过田间性状进行鉴定（Leouviour 等，1990；Pitrat，1991）。ms-5 突变体最早由美国 Clause 种子公司发现，并应用于杂交一代制种中，但是相关研究未见报道（Leouviour 等，1990）。ms-5 突变体最早于 1966 年在抗白粉病材料"PMR45"的育种过程中发现，突变体植株的雄花在花蕾发育初期就明显少于可育植株，在全雄株或完全花株中，花药数目减少空瘪，花粉在减数分裂时期就开始退化（Leouviour 等，1990）。十多年来，关于甜瓜雄性不育的研究一直滞后于其他作物，而甜瓜

$ms-5$ 基因的研究更是未见相关报道。前人的研究结果显示,$ms-3$、$ms-4$、$ms-5$ 均为独立遗传的雄性不育基因(Lecouviour 等,1990;McCreight 和 Elmstrom,1984),分别位于传统甜瓜遗传图谱第 10、11、12 条染色体上(Pitrat,1991、2002)。甜瓜控制雄蕊发育基因(a)调控雌花中雄蕊的发育(Boualem 等,2008)。Park 的研究结果证实 a 基因与 $ms-3$ 基因未检测到连锁关系,同样证明 a 基因与其他雄性不育基因也不存在连锁关系(Pirtat,1991、2002)。对 $ms-5$ 遗传规律的研究发现,ms-5 与 MR-1(Cantaloupes)甜瓜配置杂种 F_1 均表现为可育,F_2 植株可育与不育的分离比率符合 3:1,这些初步的研究结果证明 ms-5 为单隐性基因控制。

二、植物雄性不育的研究进展

目前,已经在番茄、大豆、水稻等作物中开展了雄性不育基因的精细定位(Gorman 等,1996;Jin 等,1998;Subudhi 等,1997)。在水稻上报道的雄性不育突变体或基因已经多达 70 多个,其中超过 30 个核基因实现了染色体定位(Kinoshita 等,1997;宋建等,2013)。近年来,人们相继开展了多种作物雄性不育基因的研究(李罗江,2009;吴秋云等,2001;徐巍等,2013;马建祥等,2011;刘海河等,2004;Phadnis 和 Orr,2009;Feng 等,2009;Zhang 等,2011;Chu 等,2011)。Ye 等(2003)利用 DD-PCR 差异技术得到了一个与白菜核雄性不育育性相关的编码细胞色素 P450 的基因 $CYP86\ mF$,该基因在白菜花蕾中特异表达。张智等(2012)以胡萝卜细胞质雄性不育系 170A 及其相应保持系 170B 为材料,分离并克隆了细胞质雄性不育相关的线粒体基因 $atp9$ 片段,并利用定量 PCR 技术研究了该基因的表达情况。赵银河等(2004)运用混合品系分析法(BLA),利用 SSR 分子标记技术研究滇型杂交水稻的保持系和恢复系,证明了 RM228、PMRF 和 OSR-33 这 3 对 SSR 分子标记与滇型杂交水稻雄性不育育性恢复基因相连锁,并将 1 个基因初步定位于第 10 染色体长臂的中部。曹双河等(2004)以小麦光(温)敏核雄性不育系农大 3338 为材料,采用选择基因型法,运用 SSR 和 ISSR 2 种分子标记对其雄性不育基因进行了定位,检测到了 2 个光(温)敏核雄性不育基因座位并定位在不同的连锁群上,分别命名为 $ptms1$ 和 $ptms2$。刘玉梅(2003)等采用集群分离分析法(BSA)进行了甘蓝显性雄性不育基因连锁的分子标记研究,首次获得了一个与甘蓝显性雄性不育基因连锁的 RFLP 标记 pBN11,并将雄性不育基因定位在第 1 条和第 8 条染色体上。Kato 等(2003)通过 RFLP 和 SSR 确定了大豆雄性不育相关基因 $st8$ 的基因图谱位置,并将其定位于 RFLP 标记(El07)和 SSR 标记(Satt132)之间,与两个标记的距离分别是 7.8 cM 和 3.4 cM。在甘蓝型油菜中,Huang 等(2007)将另外一对双隐性基因($BnMs3$ 和 $BnMs4$)控制的雄性不育系的 $BnMs3$ 不育基因定位在了 N19 连锁群上。对水稻雄性不育突变体 $802A$ 进行表型鉴定和遗传分析的研究结果显示,$802A$ 的雄性不育性状由 1 对隐性核基因控制,该基因与 2 个 InDel 标记的遗传距离分别为 0.6 cM 和 0.3 cM,并且与 InDel 标记 S3 和 S4 在 167 株 F_2 不育单株内部共分离(孙小秋等,2011)。对油菜(Brassica napus L.)雄性不育基因(pol)开展精细定位的研究结果显示,该基因定位于第 9 染色体,候选基因存在于 29.7 kb 基因组区域内,该区域包含 7 个开放阅读框,$ORF2$ 编码的蛋白为 pol 候选基因编码的蛋白(Liu 等,2011)。2011 年,利用 BSA 法对甘蓝雄性不育基因 $ms-cd1$ 精细定位的研究结果显示,2 个 SCAR 标记与雄性不育基因 $ms-cd1$ 连锁,遗传距离分别为 0.18cM 和 0.39 cM,该区域包含 600 kb 基因组长度,经过 Blast 比对发现与拟南芥第 5 染色体上

scaffold 00010 序列高度同源（Zhang 等,2011）。

近年来,已经有很多关于细胞核雄性不育的基因被克隆。ms-2 基因是用转座子标签法在拟南芥中克隆的第 1 个细胞核雄性不育基因（Ye 等,2003）。还有研究者从拟南芥中克隆了雄性不育基因 ms-1 和 Bcp1（Wilson 等,2001;Xu et al.,1995）。ms-45 基因是从玉米中克隆的细胞核雄性不育基因（Cigan 等,2001）,ms-5 则是由 T-DNA 标签法克隆得到的另一细胞核雄性不育基因（Ross 等,1997）。目前从水稻中克隆的基因大致包括与绒毡层发育及降解有关的基因 Udt1 及 TDR（Jung 等,2005;Solomon 等,1995）与小孢子母细胞减数分裂有关的基因 PAIR1、PAIR2;与孢原细胞的分化有关的 MSP1;雄性育性的调控基因 Ugp1、Ugp2、AID1 和 OsGAMYB（Zhu 等,2004;Miyuki 等,2004）。对油菜和甘蓝的雄性不育基因的研究认为,赤霉素敏感基因（gai）为雄性不育候选基因,而且启动子 A3 和 A9 可以有效地诱发雄性不育（Konagaya 等,2008）。分子标记除了用于在分子水平上研究雄性不育的机理,还可以在实际生产中用于辅助选择育种。Staniaszek 等（2000）利用 1 对特异引物分别扩增出长度为 1 230 bp 和 780 bp 的特异性片段,找到了与番茄雄性不育基因紧密连锁的 RAPD 标记,并利用这些标记进行辅助选育及杂种纯度鉴定。朱莎等（2010）获得了与 ps-2 基因紧密连锁的 SSR 标记（SSR450）和 CAPS 标记（TG123）,可直接用于标记辅助育种和杂种纯度鉴定,加速番茄雄性不育的转育与利用。

三、甜瓜基因组重测序

全基因组重测序是对已知基因组序列的物种的不同个体进行基因组测序,并在此基础上对个体或群体进行差异性分析。对全基因组重测序的个体,通过序列比对,可以找到大量的单核苷酸多态性位点（SNP）、插入缺失位点（Insertion/Deletion,InDel）、结构变异位点（Structure Variation,SV）,通过生物信息学手段,分析不同个体基因组间的结构差异,同时完成注释。随着测序成本的降低及可拥有参考基因组序列物种的增多,基因组重测序已经成为动植物育种研究中迅速有效的方法之一,在全基因组水平上进行扫描并检测与重要性状相关的位点,对育种研究具有重大的科研与产业价值。尽管高通量测序技术飞速发展,但在很多作物中由于基因组信息序列的未知性,使得准确的、高饱和的图谱的构建无法开展,目前仍在沿用着传统的利用大量引物进行人工筛选的工作,这无疑加大了研究的投入,限制了研究的快速发展,也使研究的结果具有一定的局限性。甜瓜基因组学与转录组学的研究滞后于黄瓜及其他大田作物,在甜瓜基因组测序完成之前也面临着这样的问题。国际葫芦科基因组学数据库（Cucurbit Genomics Database,GuGenDB,http://cucurbitgenomics.org/）目前公布了 127 000 EST 序列,为甜瓜植物学性状研究提供了重要的依据。2007 年,由中国农业科学院蔬菜花卉研究所组织了国际黄瓜基因组计划,该计划的一项重要成果即利用黄瓜全基因组测序,开发了 2 112 对 SSR 引物,构建了目前最为饱和的一张黄瓜 SSR 遗传图谱（Ren Y 等,2009）,这为葫芦科分子标记辅助育种指明了方向,也为甜瓜遗传图谱的构建及基因定位提供了研究方法。2012 年,甜瓜基因组数据公布（Garcia-Mas 等,2012）,研究者构建了 7 个甜瓜品种的基因组数据库,对甜瓜抗病的 411 个基因进行了分析,同时对甜瓜果实成熟与香味特征开展了研究,确定了与果实成熟相关的 89 个基因（其中 26 个基因与类胡萝卜素生物途径相关,另外 63 个基因与甜瓜的糖分积累过程相关）,其中 21 个基因是初次报道。2013 年,研究者利用 74 个甜瓜品种,挖掘了覆盖基因组的 768 个 SNP 标记,为甜瓜果实、开花等性状的研究提供了重要技术支撑(Esteras 等,2013)。甜瓜基因组测序数据的完成,为研究甜瓜果实性状的分子机制提供了重要的科学依据,将甜瓜分子育种推向一个新的平台。

2013 年,作者利用雄性不育突变厚皮甜瓜 ms-5(雄全同株)作为母本,与黑龙江省薄皮甜瓜纯合品系 HM1-1(雄全同株)配置 6 世代杂交组合,遗传规律显示,ms-5 是一个典型的由隐性单基因控制的雄性核不育性状。筛选并构建了可育植株基因池与不育植株基因池,利用 SLAF-BSA(Specific-Locus Amplified Fragment-Bulked Segregation Analysis)将雄性不育性状相关基因定位在第 9 染色体 4 304 282 bp ~ 5 036 784 bp 区间。结合亲本重测序技术,在该区域加密设计引物,最后将该雄性不育基因定位在 scaffold000048 上 2 522 791 bp ~ 2 555 104 bp 区间,将该区域基因序列与甜瓜参考基因组比对后发现共覆盖 30 kb,包含 6 个注释基因,经过 qRT-PCR 验证将 AMS 作为甜瓜雄性不育的候选基因。

四、植物细胞核雄性不育相关 bHLH 转录因子研究进展

雄性不育的发生机理长期以来一直是人们研究的热点。目前在玉米、水稻、番茄和大麦中已分别发现了 60 个、63 个、55 个和 50 个核不育基因(Hu 等,1992;刘永明等,2015),这些基因参与植物花粉发育的各个环节,包括减数分裂、胼胝质代谢、绒毡层发育、花粉壁发育及花药开裂等(杨莉芳和刁先民,2013),表明在雄蕊发育中任何一个环节的异常可能都会导致雄性不育,因而细胞核雄性不育的发生与小孢子发育相关基因的功能异常紧密相关。植物从花药原基分化到成熟花粉粒的形成,花药绒毡层发育、花粉母细胞减数分裂等是形成可育花粉的关键。

转录因子是一类能与真核基因 5′端上游特定序列进行专一性结合从而保证目的基因时空特异性表达的蛋白质分子。碱性螺旋-环-螺旋(basic Helix-Loop-Helix,bHLH)结构域转录因子是所有转录因子家族中数量最多的一类,这暗示了其对于植物生长发育具有重要意义(Andrade 等,2014)。目前利用高通量测序技术和突变体研究发现 bHLH 转录因子在植物发育中主要参与种子萌发(Deng 等,2006;Hard 等,2008)、分枝发育(Ito 等,2004)、花器官形成和果实发育(Johnson 等,2005)、激素应答(Yang 等,2003)、逆境胁迫响应(Yang 等,2008)及雄性不育(Dukowic 等,2014)等过程。目前已报道的与花粉形成相关的 bHLH 转录因子大部分参与花药绒毡层的小孢子发育。花药绒毡层对花粉的生长发育至关重要,除了为小孢子发育提供营养,绒毡层分泌的胼胝质酶能够适时地分解花粉母细胞和四分体的胼胝质壁,以保证小孢子彼此分离。同时,绒毡层还能分泌一些物质参与授粉过程中花粉与柱头细胞的识别(张虹等,2008)。目前,已被鉴定出的参与小孢子发育的 bHLH 转录因子主要集中在拟南芥、水稻、玉米等模式植物中,在其他植物中参与植物小孢子发育的 bHLH 转录因子的报道较少。许杰在研究拟南芥花药发育过程中,发现存在一个绒毡层特异表达的基因 AMS(Aborted Microspores),其编码 bHLH 类转录因子,且该基因缺失后会导致花粉不能正常形成,最终导致雄性不育的发生。此外,他通过突变体(T-DNA 插入)遗传学实验和体外蛋白结合实验(Electrophoretic Mobility Shift Assay,EMSA),证实了一个 AMS 的直接下游基因 WBC27(属于 ABC 转运蛋白家族)可以直接被 AMS 在 DNA 水平上结合并调控,该基因的缺失同样会导致类似于 AMS 的花粉败育和雄性不育的发生。Yang 等(2011)利用单细胞测序技术对拟南芥花粉母细胞进行转录组分析,鉴定了在花粉母细胞

时期特异表达的转录因子,其中 bHLH 家族成员占有较大比例。Sorensen 等(2003)首先在由 T－DNA 插入构建的拟南芥突变体库中鉴定出一个由 bHLH 转录因子功能异常引起的雄性不育突变体 ams,该雄性不育突变体表现出绒毡层发育不正常、小孢子提前降解等特征,进一步分析发现 AMS 编码的蛋白质在花药绒毡层的发育和小孢子母细胞减数分裂中起重要调控作用。Thorstensen 等(2008)通过酵母双杂交发现 AMS 与拟南芥花药发育有关的蛋白质 ASHR3 存在互作,并推测它们之间的互作对雄蕊发育具有重要意义。Ma 等(2012)对野生型和 ams 不育突变体的未成熟花药进行转录组分析,筛选到参与代谢、转运、泛素化及抗逆等途径的 1 368 个差异表达基因,表明 AMS 基因还可能在植物发育的其他生理和代谢过程中发挥作用。bHLH 转录因子的相互作用在水稻花粉形成过程中具有重要作用。Jung 等(2013)在水稻中鉴定了 1 个 bHLH 转录因子 UDT1,其由 T－DNA 插入形成的不育突变体引起绒毡层液泡化,中层不能降解,小孢子发育受阻,花粉囊内无法形成花粉粒,最终引起植株不育。Ko 等(2015)利用 T－DNA 插入突变技术获得水稻雄性不育突变体 bHLH142,研究发现这两个雄性不育突变体都是由于转录因子 bHLH142 功能异常引起。Fu 和 Ko 两个研究组同时发现水稻 bHLH142 可调控 TDR1 和 EAT1 两个基因的表达,虽然 bHLH142 可与 TDR1 形成蛋白质复合物促进绒毡层的细胞分化,但 bHLH142 并不能直接调控 EAT1,而需要先与 TDR1 形成蛋白质复合物,才能通过调控下游基因 EAT1 的表达来调节绒毡层的程序性死亡过程,进而参与花粉的正常发育。Jiang 等(2012)通过对玉米全基因组内各个转录因子家族进行预测,发现 bHLH 转录因子是玉米中数量最多的转录因子家族(8.35%),这暗示 bHLH 家族在玉米生长发育中的重要性。Moon 等(2014)克隆了玉米细胞核雄性不育基因 MS32,该基因编码 1 个 bHLH 蛋白质,野生型玉米中该基因通过促进绒毡层分化和抑制绒毡层细胞的平周分裂保证花药的正常形成,而其突变体绒毡层分化失败,绒毡层细胞通过多余的平周分裂产生了冗余的细胞层,导致小孢子发育受阻。除了上述模式植物,其他植物中的 bHLH 转录因子与花粉育性的关系也有报道。Liu 等(2013)在大白菜(Brassica campestris)中发现一个正向调控花粉形成的 bHLH 基因 BcbHLHpol,其编码产物同小孢子减数分裂相关的 BcSKP1 蛋白质间的互作参与大白菜雄蕊正常发育。Jeong 等(2014)从番茄中克隆一个在花粉母细胞和绒毡层中高表达的 bHLH 基因 Ms1035,其突变体花粉母细胞减数分裂异常不能形成四分体,绒毡层异常液泡化,最终导致雄性不育。

目前,在植物中已鉴定出部分参与植物小孢子形成的 bHLH 转录因子,这些 bHLH 转录因子主要调控参与花药绒毡层降解、孢粉素合成等过程相关基因的表达(Xu 等,2014)。小孢子发育相关的 bHLH 转录因子功能异常往往导致植株雄性不育,这些不育突变体败育方式多样,败育程度各异。这种在败育方式及败育程度上的差别可能暗示着各个 bHLH 转录因子在雄蕊发育的不同调控网络或者同一功能网络的不同层次发挥作用,具体机制尚待研究。不同植物中参与小孢子发育的 bHLH 转录因子氨基酸残基序列的一致性较高。例如,OsUDT1 与 ZmMS32、OsbHLH142 与 ZmRf4 的氨基酸残基序列一致性分别达到 67.52% 和 66.85%,它们在蛋白质序列上的相似性对于解析物种间 bHLH 转录因子功能及其调控网络具有一定参考。作者所在研究团队对甜瓜 AMS 转录因子与水稻、甘蓝、拟南芥等 bHLH 转录因子进行的蛋白质结构聚类分析结果显示,同源性高达 80% 以上。目前发现和鉴定参与植物雄花发育的 bHLH 转录因子的方法:一是依赖于各类突变或转基因技术,如通过 γ 射线处理改变了 TDR1、EAT1、UDT1 等基因碱基序列进而获得不育突变体和通过 T－DNA 插入

目的基因区域获得 *AMS*、*bHLH142* 两个基因的突变体,结合抑制或过表达获得转基因植株,进而解析其功能(刘永明等,2015)。二是依赖于高通量测序技术,解析在基因组、转录组及蛋白质组等组学水平上的测序数据,该技术不仅丰富了人们进行基因功能研究的手段,同时也为探究基因互作与基因间的调控网络提供了便利。水稻、拟南芥和玉米等植物中,利用转录组和蛋白质组测序技术,已经发掘了许多雄蕊发育关键时期特异表达的 bHLH 基因,并利用 TALEN、CRISPR/Cas 等基因编辑技术对这些 bHLH 转录因子进行功能解析。

五、甜瓜雄性不育的研究意义

甜瓜与其他作物相比较具有明显的杂种优势,多年来国内外的研究学者和育种工作者先后培育了大批量优良的甜瓜杂种一代种子,创造了巨大的经济效益。但是目前杂交制种仍然延续人工摘除母本雄花、人工授粉、套袋等措施,存在工序复杂、工作量大、成本高,容易造成花器官的损伤,进而造成产量的下降等问题。雄性不育是降低人工制种成本的一个重要且稳定、有效的方法,能够确保授粉的成功率及产量。植物雄性不育系在农业生产上有巨大的应用价值,因而对雄性不育的研究一直深受重视。隐性细胞核雄性不育具有育性稳定和组配自由的优点,在生产上具有很大的应用潜力,但由于其在繁殖过程中需要拔除可育植株,存在费工费时的问题,限制了大规模的应用。利用雄性不育培育不育系进行杂交制种,不仅能够降低制种成本,而且可以提高杂交种的纯度。随着分子生物学技术的发展,以不育系和相应的保持系为材料进行分子标记分析,可以获得优良亲本所具有的特异分子标记,从而在苗期实现筛选,减少田间的劳动量,降低生产成本。作者所在研究团队于2016～2017 年对甜瓜雄性不育材料 ms－5 进行了表型鉴定、遗传分析和分子标记精细定位,并对候选基因进行分离鉴定,为 *ms－5* 基因克隆及其在甜瓜生殖生长中的功能等相关研究提供了科学依据。多年来,人们研究发现任何参与雄蕊发育、孢原细胞分化、减数分裂、小孢子的有丝分裂、花粉分化等过程基因的突变,均能引起花药发育异常,最终导致雄性不育。在国家自然基金青年基金的资助下,利用 ms－5 雄性不育突变体与黑龙江省薄皮甜瓜 HM1－1 为亲本,开展基因定位,发现甜瓜 ms－5 雄性不育突变体是受 1 对隐性基因控制的细胞核雄性不育,一个花药发育特异表达的转录因子 AMS 的基因为甜瓜雄性不育候选基因,其编码 bHLH 类转录因子,且该基因缺失后会导致花粉不能正常形成,最终导致雄性不育的发生。

第二节　甜瓜雄性不育植株的雄蕊发育结构与生理生化的研究

植物雄性不育是一种具有普遍意义的生物学现象,目前已经在 43 个科,162 个属,320 种植物中发现雄性不育材料。植物雄性不育也是研究花粉发育、植物器官发生、细胞质遗传和核质互作、作物起源与演化、基因表达调控等科学问题的重要材料。近年来,许多学者对大白菜、甘蓝、辣椒、苜蓿、芹菜、胡萝卜、萝卜等多种作物开展了雄性不育生理生化特征的研究,发现不育系与保持系在基础性代谢方面存在较大的差异。

甜瓜,是葫芦科重要的经济作物之一,是东北地区棚室生产的重要农作物之一。甜瓜雄性不育的资源非常有限,目前有 5 个雄性不育类型。甜瓜雄性不育ms－5突变体最早由美国 Clause 种子公司发现,并应用于杂交一代制种中。十多年来,关于甜瓜雄性不育的研究一直滞后于其他作物,而甜瓜 ms-5 相关生理特征的研究未见报道。本节研究从细胞学角度,利用显微电镜对甜瓜可育植株和不育植株花药进行显微结构对比研究,同时对花器官生理生化特性进行对比分析,为明晰甜瓜 ms-5 植株不育的发生机理以及生化遗传机制提供依据。

一、材料与方法

1. 实验材料

材料选取甜瓜雄性不育植株(ms-5)及雄性可育植株(mf-5),于 2015 年 3 月播种育苗,定植于黑龙江八一农垦大学园艺实验大棚。利用 S-3400N(Hitachi)型扫描电子显微镜观察甜瓜雄蕊的发育情况,对甜瓜不育植株与可育植株的雄花花粉活力进行鉴定,对雄蕊发育情况及花粉溢出情况进行观察,将花蕾分为 4 个时期:第 1 时期为花蕾单核花粉期(花蕾直径 <1.5 mm)、第 2 时期为花粉发育期(小花直径 2.0~2.5 mm)、第 3 时期为花粉成熟期(小花直径 ≈4.0 mm)、第 4 时期为花粉成熟期及散粉期(开花前一天,花蕾直径约为 5 mm)。在开花前期进行花药的结构观察,同时,选取生长期的植株茎和生长点下第 1 片叶片及以上的 4 个不同发育时期的花蕾进行生理生化指标的测定。

2. 实验方法

花粉活力鉴定采用醋酸洋红染色法;雄蕊整体情况采用扫描电镜观测;生理生化指标测定方法如下:游离脯氨酸的含量分数的测定采用酸性茚三酮比色法,可溶性蛋白质的质量分数的测定采用考马斯亮蓝法,丙二醛的质量摩尔浓度的测定采用硫代巴比妥酸显色法,可溶性糖的质量分数的测定采用蒽酮法。各指标进行 3 次重复,取平均值,所得数据用 Microsoft Excel 软件处理。

二、结果分析

1. 花粉活力鉴定

如图 4.1 所示,利用醋酸洋红对甜瓜雄性不育植株(ms-5)与可育植株(mf-5)花粉进行染色鉴定,对可育植株 mf-5 花粉在电镜下观察选择 5 个视野进行观测,花粉生活力高达 98% 以上,人工授粉率为 95% 以上;对 ms-5 植株花粉在电镜下随机选择的 5 个视野观测发现花粉育性均为 0,人工授粉成功率为 0,花粉染色率为 0。ms-5 与 mf-5 花粉的染色率呈显著差异,说明了不育植株 ms-5 的无育性。

2. 雄蕊发育观察

不育植株与可育植株在花蕾的外表上无明显区别,花蕾大小相同,差异不显著,花期相近,均在定植后 30 天左右开放雄花。如图 4.2 所示,电镜下观察雄蕊整体结构显示:不育植株 ms-5 的雄蕊表面颜色为亮黄色,光滑,无任何花粉;花药干瘪,不开裂,开花后无花粉散出。可育植株 mf-5 的雄蕊饱满、圆润,表面布满花粉。随着花蕾的不断增大,花药体积随之膨大,花药颜色由早期的浅黄,逐渐变为黄色,再到金黄色;成熟后,有金黄色的花粉散出。

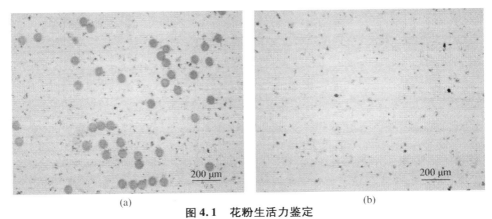

图4.1　花粉生活力鉴定

(a)可育植株 mf-5 花粉生活力鉴定;(b)不可育植株 ms-5 花粉生活力鉴定

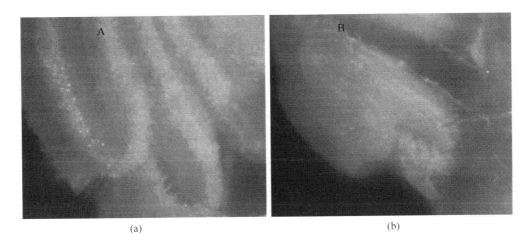

图4.2　甜瓜雄性可育植株与不育植株雄蕊结构的观察

(a)可育植株 mf-5 雄蕊结构的观察;(b)不可育植株 ms-5 雄蕊结构的观察

如图4.3所示,根据王强等(2009)对甜瓜花芽分化发育时期的划分,选择雄蕊花粉发育的4个时期进行电镜观察,即花蕾横径<1.5 mm(花蕾单核花粉期)、2.0~2.5 mm(花粉发育期)、4 mm(花粉成熟期)及开花前1天的花蕾(花粉成熟期及散粉期)。通过扫描电镜对雄蕊进行观察,发现雄性不育植株和可育植株在四分体时期的花药无明显的差异,而进入到花粉发育的单核花粉期时,可育植株的花药与不育植株的花药有明显的差异。雄蕊显微结构显示在此时期可育植株的花药呈 N 型且饱满,不育植株的花药干瘪,花粉囊较空,说明甜瓜 ms-5 雄性不育植株的花粉败育可能发生在这个时期,即发生在四分体至单核花粉期,而这个时期正是植株发生败育的高峰期。此后,可育植株花粉在花粉成熟期可见花粉囊部分开裂,且有花粉粒溢出,而不育植株的花粉囊干瘪,无开裂迹象。植株开花前两天对花粉进行观察发现可育植株花粉囊全部开裂,花粉粒全部溢出,而不育植株的花粉囊干瘪,无花粉粒,无开裂迹象。综上可知,不育植株的雄蕊在发育过程中,花粉囊干瘪且不开裂,不能在花粉成熟期溢出花粉,可能是导致败育的原因。

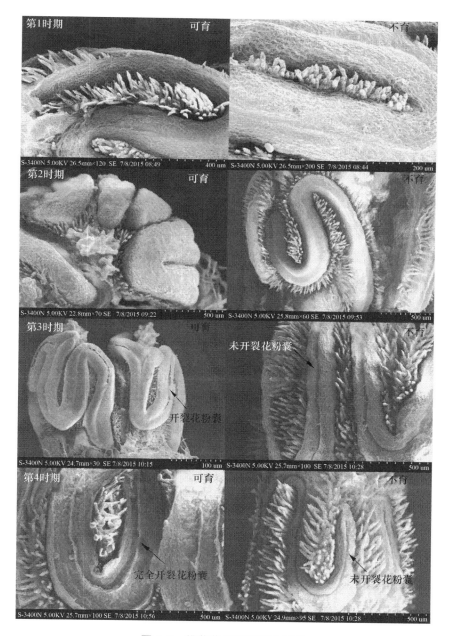

图 4.3　雄蕊花粉局部结构观察

3. 雄性不育植株 ms-5 生理生化指标的测定

(1)丙二醛的质量摩尔浓度。

如图 4.4 所示,不育植株的营养生长期的茎中,丙二醛的质量摩尔浓度与可育植株的相似,无显著差异。mf-5 第 1 片叶片中的丙二醛的质量摩尔浓度明显低于 ms-5;而在花粉发育不同时期,花蕾中的丙二醛的质量摩尔浓度在 mf-5 中呈逐渐上升的趋势,在 ms-5 中整体呈上升趋势,但是在第 3 个时期即花粉成熟期时丙二醛的质量摩尔浓度出现下降,而后又出现回升。比较 mf-5 和 ms-5 的不同时期的丙二醛的质量摩尔浓度发现,不育植株 ms-5 在各个时期的丙二醛的质量摩尔浓度均高于可育植株 mf-5 丙二醛的质量摩尔浓度,但是开花前期除外。

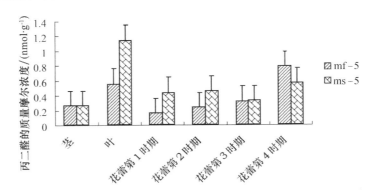

图 4.4　花药不同时期、不同部位的丙二醛的质量摩尔浓度

(2)可溶性糖的质量分数。

图 4.5 为不育植株 ms-5 和可育植株 mf-5 的茎、叶中及在花蕾不同发育时期花药中的可溶性糖的质量分数的比较。不育植株 ms-5 叶片中可溶性糖的质量分数高于可育植株 mf-5,但是在花蕾中则正好相反。在花蕾不同发育时期,mf-5 和 ms-5 中可溶性糖的质量分数整体变化趋势一致,都是先上升后下降的趋势,但无论在哪个发育时期,不育植株的可溶性糖的质量分数都低于同时期的可育植株,尤其是花蕾发育到第 2 时期时,二者的差距增大,之后保持差异不显著的水平。

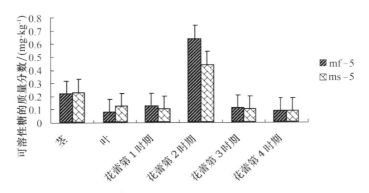

图 4.5　花药不同时期、不同部位的可溶性糖的质量分数

(3)蛋白质的质量分数。

由图 4.6 可知,不育植株 ms-5 与可育植株 mf-5 的茎、叶、花蕾发育第 1 时期的蛋白质的质量分数差异不显著,从花蕾发育的第 2 时期开始,蛋白质的质量分数出现差异。随着花蕾发育,不育植株的蛋白质的质量分数呈下降趋势,而可育植株的蛋白质的质量分数则是先增加后减少,蛋白质的质量分数的转折点出现在花蕾发育的第 2 时期,即花粉发育期。

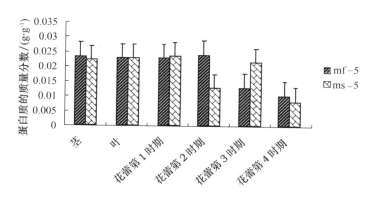

图4.6　花药不同时期、不同部位的蛋白质的质量分数

（4）游离脯氨酸的质量分数。

不育植株 ms－5 和可育植株 mf－5 的茎、叶中及在花蕾不同发育时期花药中的游离脯氨酸的质量分数的变化如图4.7所示，不育植株茎和叶中的游离脯氨酸的质量分数高于可育植株，在花蕾发育过程中情况无明显变化趋势。在花蕾发育第1时期和第4时期，可育植株的游离脯氨酸的质量分数低于不育植株，但是在花蕾发育第2、3时期，可育植株的游离脯氨酸的质量分数则高于不育植株，说明在花药发育四分体时期及花药发育期，游离脯氨酸的质量分数出现变化。

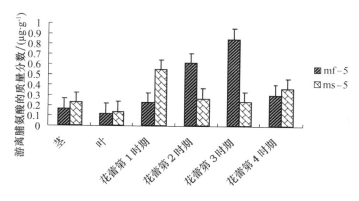

图4.7　花药不同时期、不同部位的游离脯氨酸的质量分数

三、讨论

植物雄性不育是不育基因直接或间接表达的结果，雄配子发育经历了单核期和双核期，最后形成了成熟的花粉粒（张永兵等，2011）。王强等（2009）对甜瓜性别分化的显微结构进行观察并将甜瓜雄花发育分成11个步骤：雄花原基—雄花原基膨大—枚雄蕊分化—花丝形成—花药原始体形成—花粉母细胞—二分体—四分体—单核花粉期—花粉发育期—成熟花粉期，其中单核花粉粒以前的时期都发生在雄花直径小于 2 mm 的阶段。因此本节研究结合王强等（2009）的研究结果将取样的时间标准定为雄花处于不同直径大小时，代表花药发育的不同时期。通过电镜扫描观察，甜瓜雄性不育植株 ms－5 在整个雄花发育过程中均没有花粉囊的形成,通过比较可育植株 mf-5 发现,花粉囊形成及开裂的主要差异发生在花药发育四分体时期,这与大多数小孢子败育类型的雄性不育植株发生败育的时期相同。大量的实验研究也证实了败育的高峰期发生在四分体至单核花粉期。本节研究只在宏观水平上观察到雄性不育植株 ms-5 是由花粉囊不开裂造成的败育,败育发生在小孢子发育的哪个时期还需要进一步观察。傅廷栋(1990)依据花药败育时期和方式将雄性不育分为无药室型不育系、花粉母细胞败育型及单核败育型,结合本节研究的初步观察,可推断甜瓜雄性由于不育株的花芽发育在四分体至单核花粉期,因此可能是属于雄性不育的单核败育型,是由花药发育受阻导致的败育。

植物正常发育的小孢子在发育过程中需要积累大量的蛋白质、氨基酸、淀粉和糖类物质等营养物质,它们是植物进行正常生长发育和代谢必不可少的重要元素,这些物质的缺乏可能对雄性不育的发生产生诱导作用。大量研究发现,雄性不育及其保持系在含糖量及蛋白质含量方面存在显著差异,多数保持系中二者的含量高于不育系中二者的含量。本节研究中,不育植株中的可溶性糖的质量分数都低于同时期的可育植株,认为不育植株中糖代谢紊乱可能与花药败育相关。蛋白质的质量分数与以往研究者在其他作物上的研究未出现相同的变化趋势,而是在单核花粉期出现波动,尤其是在不育植株中表现明显,由此推断蛋白质代谢的变化对花粉不育也造成一定的影响。窦振东(2013)研究发现不同大白刺不育材料在减数分裂期便开始积累丙二醛,而可育材料的丙二醛含量则在小孢子发育期开始稍有增加,因此丙二醛作为自由基作用于脂质发生过氧化反应的产物,其含量的高低在一定程度上反映了质膜遭破坏的程度,说明不育花蕾中质膜的受破坏程度比可育花蕾高,这也可能是造成花粉败育的可能性之一。脯氨酸可以与碳水化合物相互配合提供营养,促进花粉发育和花粉管伸长。郑蕊等(2009)分析了枸杞雄性不育性与游离脯氨酸含量的关系,发现不育植株叶片中游离脯氨酸含量高于可育植株,不育植株花蕾中的游离脯氨酸含量低于可育植株。对芹菜胞质雄性不育系与保持系的生理生化特性的分析也认为脯氨酸含量均高于其保持系。本研究比较可育植株与不育植株游离脯氨酸含量发现,进入花药发育的四分体时期后,可育植株中的脯氨酸含量明显高于不育植株,与刘齐元(2007)认为的花药败育是由其内脯氨酸合成能力减弱造成的推断相同。从营养学角度考虑,造成甜瓜雄性不育的原因可能是营养体向花药运输发生障碍或者花药中脯氨酸合成能力减弱。在本节研究中,未出现某一指标在不同时期的物质含量在可育植株中均高于不育植株的现象,这与其他作物出现明显一致的趋势的情况不同,还需要进一步进行验证研究。

第三节　甜瓜雄性不育基因精细定位

McCreight 和 Elmstrom(1984)指出 F_1 代人工制种的成本为自然授粉成本的 12~30 倍。雄性不育在植物界广泛存在,尤其是开花植物中,它是一种有性繁殖过程中不能产生正常的花药、花粉或雄配子的遗传现象。利用雄性不育培育不育系并进行杂交制种,不仅能够降低制种成本,而且可以提高杂交种的纯度。随着分子生物学技术的发展,以不育系和相应的保持系为材料进行分子标记分析,可以获得优良亲本所具有的特异分子标记,从而在苗期实现筛选,减少田间的劳动量,降低生产成本。本节研究对甜瓜雄性不育材料 ms-5 进行初步的表型鉴定、遗传分析和分子标记精细定位,并对候选基因进行分离鉴定,以期为

$ms-5$ 基因克隆及其在甜瓜生殖生长中的功能等相关研究提供科学依据。

一、材料与方法

如图 4.8 所示,实验材料选择甜瓜雄性不育突变体 $ms-5$,厚皮网纹甜瓜,雄全同株,由美国农业部 McCreight 研究员提供,父本为 HM1－1,薄皮甜瓜,雄全同株,黑龙江省薄皮甜瓜品系。配置杂交组合,获得 F_1,通过自交的方式获得 F_2 群体及 F_3 家系。2014 年 5 月,将亲本、F_1、F_2(自交)种植在黑龙江八一农垦大学实验基地,种植母本 $ms-5$、父本 HM－1、F_1 群体各 20 株,F_2 群体 160 株,配置 BC_1P_1 和 BC_1P_2 群体。

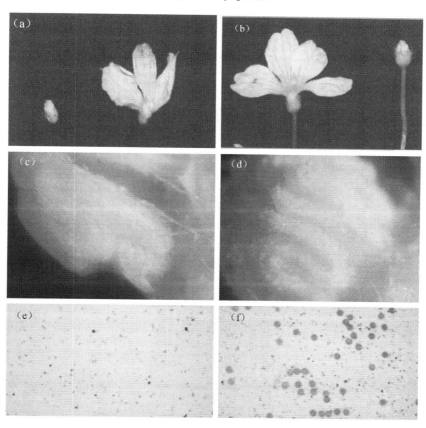

图 4.8　甜瓜亲本 ms－5 与 HM1－1 的电镜扫描图
(a)不育株花蕾;(b)可育株花蕾;(c)不育株花药电镜扫描图;
(d)可育株花药电镜扫描图;(e)不育株醋酸洋红染色示意图;(f)可育株醋酸洋红示意图

1. 实验方法

(1)花粉育性的调查。

对甜瓜 F_2 群体中可育植株与不育植株及可育植株的纯合型与杂合型的鉴定是关键,利用醋酸洋红对供试群体单株花朵进行染色鉴定,每株植株在开花期调查 4 次,每 10 天调查一次,每次调查 5 朵雄花或完全花,混合花粉后进行电镜观察,每个样本选择 5 个视野,并且将花粉生活力分为 7 个标准:1 级为生活力在 0～5%;2 级为生活力在 6%～20%;3 级为生活力在 21%～40%;4 级为生活力在 41%～60%;5 级为生活力在 61%～80%;6 级为生活力在81% ~90% ;7 级为生活力在91% ~100% 。将 1 级定为不育纯合型,7 级定为可育纯合型,只选择 1 级和 7 级材料构建基因池。

(2)对甜瓜亲本进行基因组重测序。

对亲本 ms -5 突变体及 HM1 -1 进行高通量基因组重测序,与参考基因组序列进行比对,组装两个亲本的基因组信息,挖掘亲本间差异位点,检测 SNP 和 Indel 在亲本间基因组的分布,并开展结构变异检测及在基因组中的分布情况分析。

①总 DNA 的提取。

取甜瓜叶片材料 0.5 g 置于液氮中研磨,使用 Min 旧 EST Plant GenomicDNA Extraction Kit 试剂盒(TaKaRa,USA)提取基因组 DNA。用琼脂糖凝胶电泳检测 DNA 是否污染(Nano-Drop,2000),利用超微量分光光度计检测 DNA 浓度与纯度。将合格的 DNA(无污染,样品量 >2 μg,样品质量浓度 >50 ng/μL)委托北京百迈客生物科技有限公司进行后续的文库构建与 Illumina Hiseq 2500 高通量基因组重测序(深度50 ×),并返回经下机数据质控的 clean data。

②甜瓜参考基因组比对。

以甜瓜品种 DHL92 基因组为参考基因组,从数据库(https://melonomics. net/files/Genome/Melon_genome_v3.5.1/)下载甜瓜基因组数据,利用 SOAP 系列软件完成拼接。对测序得到的原始 reads(双端序列)进行质量评估并过滤得到 clean reads,用于后续生物信息学的分析。将 clean reads 与参考基因组序列进行比对,基于比对结果进行 SNP、Small InDel、SV 的检测和注释,并实现 DNA 水平差异基因挖掘和差异基因功能注释等。

重测序获得的测序 reads 需要重新定位到参考基因组上才可以进行后续变异分析。bwa 软件主要用于二代高通量测序(如 Illumina HiSeq 2500 等测序平台)得到的短序列与参考基因组的比对。通过比对定位 clean reads 在参考基因组上的位置,统计各样品的测序深度、基因组覆盖度等信息,并进行变异的检测。

与参考基因组比对,统计样品比对率等信息。比对率,即可以定位到参考基因组上的 clean reads 数占总的 clean reads 的比例,如果参考基因组选择合适且相关实验过程不存在污染,测序 reads 的比对率会高于70% 。另外,比对率的高低与测序物种和参考基因组亲缘关系的远近、参考基因组组装质量的高低及 reads 测序质量的优劣有关。物种越近缘、参考基因组组装越完整、测序 reads 质量越高,则可以定位到参考基因组的 reads 也越多,比对率越高。

比对统计方法如下:

clean reads:统计 clean reads 数据文件,每 4 行为 1 个单位,双端分别统计,即 read1 和 read2 记为 2 条 reads。

基因比对率(%):定位到参考基因组的 clean reads 数占所有 clean reads 数的百分比,使用 samtools flagstat 命令实现。

基因完全比对率(%):双端测序序列均定位到参考基因组上且距离符合测序片段的长度分布,使用 samtools flagstat 命令实现。

③样品与参考基因组间 SNP 的检测。

SNP 的检测主要使用 GATK 软件工具包实现。根据 clean reads 在参考基因组的定位结果,使用 samtools 进行去重复(Mark Duplicates),利用 GATK 进行局部重比对(Local Realignment)、碱基质量值校正(Base Recalibration)等预处理,以保证检测得到的 SNP 的准确性,再使用 GATK 进行单核苷酸多态性(Single Nucleotide Polymorphism,SNP)的检测、过滤,并得到最终的 SNP 位点集。对样品之间进行 SNP 位点的差异比较,并对差异位点所在基因做基因功能注释。

2. 雄性不育基因池与可育基因池的构建

构建 F_2 群体花粉育性纯合型与雄性不育基因池为本节研究的基础,也是开展初步定位的关键。利用 F_2 群体可育植株自交,每家系选择 10 株,3 次重复。对 F_3 群体花粉育性不分离的家系则认为 F_2 家系为纯合基因型;对 F_3 群体花粉育性分离的则认为 F_2 家系为杂合型。利用花粉生活力的观察结果与 F_2 群体自交后代分离情况共同确定雄性不育基因池及雄性可育纯合型基因池。

利用 BSA 法开展雄性不育基因初步定位。以 F_2 可育植株纯合型(10 株)和不育植株(10 株)构建基因池。

3. SLAF-base 测序技术

(1)DNA 的提取。

用 CTAB 法提取基因组 DNA 并用无菌水溶解,检测 DNA 质量浓度及纯度,筛选高质量、高质量浓度的 DNA 样品用于后续研究。

(2)SLAF 文库的构建及序列测定。

利用生物信息学的方法,对甜瓜基因组参考序列进行系统分析,分析内容主要包括全基因组 GC 比重、重复序列所占比例及分布情况和基因特点等信息,设计标记开发方案。稀释样本 DNA 质量浓度至 100 ng/μL,利用限制性内切酶对基因组 DNA 进行酶切,从中筛选出特定长度的片段构建测序文库,采用第二代测序技术对得到的片段进行高通量测序,获得大量的标签序列。

(3)基于 SLAF-seq(Specific-Locus Amplified Fragement sequencing)的多态性分子标记的开发。

对测序获得的序列信息进行严格的筛选,获得高质量的测序数据。根据参考基因组,首先在甜瓜雄性不育亲本、可育亲本中开发标签,标签经序列比对获得多态性标记(SNP 和 InDel 标记)信息,然后利用亲本多态性标记分析可育植株与不育植株的测序序列,获得株系多态性分布、染色体位置、标记类型、标记来源等信息。

(4)相关染色体区段的确定。

利用亲本间、雄性不育基因池和雄性可育基因池多态性标记信息,对甜瓜雄性不育性状进行相关性分析。通过对多态性的分析,根据其分布情况及与两亲本之间的关系等信息,判断标记与目标性状之间的相关性,从而定位与雄性不育相关程度最高的染色体区段,获得关联区段内的多态性标记、染色体位置、标记类型等信息。

二、结果与分析

1. 遗传规律的研究

于 2013 年 6 月、2014 年 5 月、2015 年 5 月,分别将亲本、F_1 和 F_2(自交)、BC_1P_1 和 BC_1P_2 共同种植于黑龙江八一农垦大学园艺实验站温室,调查单株花粉育性,确定甜瓜雄性不育遗传规律。

2013 年,以美国研究人员 McCreight 提供的雄性不育突变厚皮甜瓜 ms−5(雄全同株)做母本,与黑龙江省薄皮甜瓜纯合品系 HM1−1(雄全同株)配置杂交组合,得到 F_1、F_2 群体。

2014 年 5 月,将亲本、F_1、F_2(自交)种植在黑龙江八一农垦大学实验基地,种植母本 ms−5、父本 HM1−1、F_1 群体各 20 株,F_2 群体 160 株,配置 BC_1P_1 和 BC_1P_2 群体。其中,在 20 株 ms−5 中获得 3 株不育植株。F_2 群体中有 112 株不育植株、48 株可育植株,经卡方检测,分离比率符合 3:1,结果见表 4.1。

表 4.1　甜瓜雄性不育遗传规律调查

群体	数量	雄性不育	雄性可育	期望值	P 值
ms−5	30	30	0	—	—
HM1−1	30	0	30	—	—
F_1	30	0	30	—	—
F_2(2014)	160	48	112	1:3	$P < 0.05$
F_2(2015)	650	148	502	1:3	$P < 0.05$
P_1BC_1(2014)	120	58	62	1:1	$P < 0.05$
P_1BC_1(2015)	171	85	86	1:1	$P < 0.05$
P_2BC_1(2014)	60	0	60	—	—

2015 年 5 月,将 112 个 F_2 可育家系的 F_3 群体种植在黑龙江八一农垦大学实验基地温室,每个家系选择 10 株,3 次重复,调查花粉育性分离状况。F_3 群体中完全可育纯合家系共 50 个,可育与不育混合家系 44 个。同时扩大 F_2 群体用于精细定位,种植 650 株 ms−5 × HM1−1 的 F_2,获得可育植株 502 株、不育植株 148 株,F_2 可育植株与不育植株的分离比率符合 3:1。种植 BC_1P_1 群体 161 株,BC_1P_1 群体中可育植株:不育植株 = 85:86。经卡方检测,回交群体符合 1:1 分离比率。

在 F_2 群体中,可育植株与不育植株的分离比率符合 3:1;回交群体中的可育植株与不育植株的分离比率符合 1:1。所以 ms−5 是一个典型的由隐性单基因控制的雄性核不育材料。

2.亲本重测序

2014 年,对甜瓜亲本材料 ms−5 及 HM1−1 开展了重测序的工作,测序共获得 21.91 Gbp 的 raw data,过滤后得到的 clean data 为 21.24 Gbp,Q30 达到 85.08%,平均每个个体测序深度为 26×。样品与参考基因组平均比对率为 87.38%,平均覆盖深度为 20×,基因组覆盖度为 96.82%(至少覆盖 1×)。

两个样品与参考基因组之间共获得约 2 402 795 个 SNP,平均每个个体获得 34 333 个 SV 变异,样品之间共获得 2 065 652 个 SNP。两个样品全基因组范围与编码区分别检测出 662 267 个和 4 596 个 InDel,样本之间检测到 373 739 个 InDel。通过寻找参考基因组与样品间发生非同义突变 SNP、CDS 区发生的 InDel 与 SV 的基因,寻找样品与参考基因组之间可能存在功能差异的基因,分别获得 11 309 个和 8 519 个变异基因(注释基因)。相关结果见

表4.2、图4.9。

表4.2　甜瓜基因组重测序数据分析

样本	SNP 数量	整体 reads 数量	Q30 百分比/%	GC 比重/%	SLAF 标签数	测序深度	平均深度
ms－5	1 661 769	80 896 074	85.07	35.89	112 432	2 306 812	28.65×
HM1－1	1 004 559	87 674 740	85.08	36.68	112 654	2 523 143	30.12×
不育基因池	319 824	6 779 312	89.35	37.56	164 751	5 179 771	31.44×
可育基因池	313 495	7 787 845	89.00	38.32	160 923	5 817 336	36.15×

注:SNP 数量为测序样本与甜瓜参考基因组之间的多态性 SNP 数目。

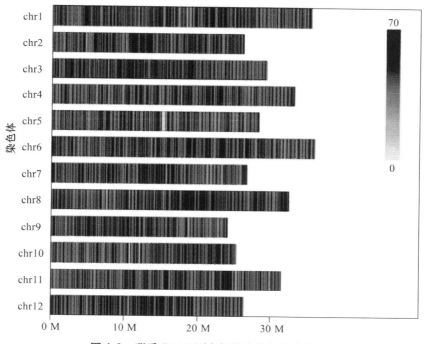

图4.9　甜瓜 SLAF 测序标签在染色体上的分布

3.SLAF 测序分析

(1)SLAF 测序数据分析。

本节研究通过高通量的测序分析之后,得到亲本及混合基因池的 reads,将 reads 与参考基因组比对,在亲本及混合基因池中开发 SLAF 标签,寻找在亲本中存在多态性的 SLAF 标签和有 reads 覆盖区域的 SNP。将得到的 SNP 进行关联分析,获得与性状紧密关联的位点,并根据关联阈值确定候选区域,最后对候选区域内的基因进行功能注释和生物通路富集分析,通过观察 F$_{2:3}$ 代群体筛选纯合可育植株30株、纯合不育植株30株,分别构建基因池,对2个亲本开展 SLAF－seq 分析,得到如下研究结果:基于 SLAF－seq 技术进行生物信息学预分析,最佳限制性内切酶为 Hpy166II,研究测序共获得 14.57 M reads 数据,母本测序得到 6 779 312 个 reads,父本获得 7 787 845 个 reads;测序平均 Q30 为 89.18%,平均 GC 比重为 37.94%。研究对 2 个亲本文库的测序数据为 264 bp ~ 414 bp,共获得 167 311 个 SLAF 标记,其中亲本分别获得了 160 923 ~ 164 751 个 SLAF 标签,多态标记平均为 23.38%,平均测序深度为 33.80 × ,其中,有 112 158 个标记比对到甜瓜基因组上,覆盖了 450 Mb,平均 4.01 Mb,F_2 代雄性不育基因池与可育基因池测序共获得 120 419 个 SLAF 标记。

(2)SNP 标记分析。

本节研究对甜瓜雄性不育基因池及可育基因池分别进行数据分析,根据测序 reads 在参考基因组上的定位结果,不育基因池获得 319 824 个 SNP 标记,可育基因池获得 313 495 个 SNP 标记,在 ED 法关联分析前,先对 SNP 进行过滤,得到高质量的可信 SNP 位点共 190 556 个,并在此基础上识别两混池间差异的位点共 98 326 个;分析比较亲本样品间 SNP 位点,母本获得 319 824 个 SNP 位点,父本获得 313 495 个 SNP 位点。样品中 SNP 杂合率分别为 35.93% 和 35.50%。

表 4.3　SLAF 测序数据与甜瓜参考基因组信息比对情况

染色体	SLAF	SNP	SLAF 标签上的 SNP 数	多态性 SLAF 标签数	多态性 SLAF 标签百分率	染色体长度
chr. 1	15 780	2 017	824	448	2.84%	39 128 206
chr. 2	12 059	3 265	1 365	676	5.61%	28 966 238
chr. 3	13 837	4 264	1 685	852	6.16%	32 497 971
chr. 4	14 205	2 596	1 051	534	3.76%	36 629 142
chr. 5	11 753	1 754	765	422	3.59%	31 337 173
chr. 6	16 137	4 166	1 624	846	5.24%	39 743 896
chr. 7	11 840	2 063	850	435	3.67%	29 607 723
chr. 8	15 178	3 886	1 647	870	5.73%	35 954 773
chr. 9	10 862	5 834	4 373	2 208	20.33%	26 659 220
chr. 10	11 035	1 238	538	286	2.59%	28 046 777
chr. 11	13 522	2 303	1 013	522	3.86%	34 770 107
chr. 12	12 027	3 055	1 174	618	5.14%	29 194 729
合计	158 235	36 441	16 909	6 509	68.5%	39 253 5955

注:chr 为染色体;SALF 为 SLAF 在每个染色体上的数量;SNP 为 SNP 在每个染色体上的数量;染色体长度为通过 SLAF 测序技术获得的染色体总长度。

4.遗传图谱的构建

在甜瓜亲本重测序的基础上,共开发出 4 934 个 CAPS 标记,经筛选获得 159 个多态性标记。利用 F_2 群体构建一个含有 153 个 CAPS 标记的遗传连锁图谱,该连锁图谱覆盖总长度为 1 104.2 cM,标记间平均遗传距离为 7.2 cM(图 4.10)。

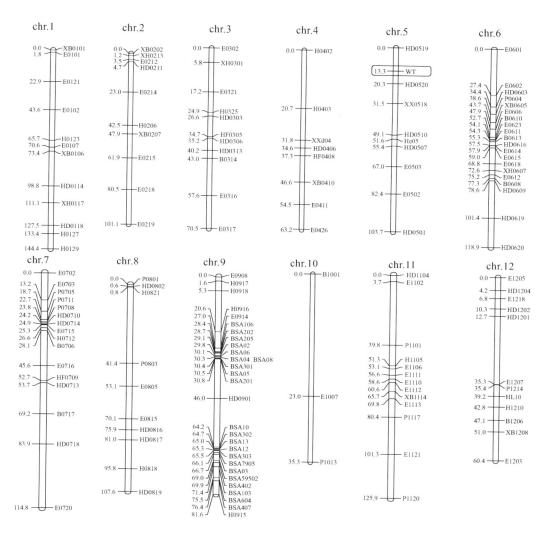

图 4.10　甜瓜遗传图谱的构建

5.甜瓜雄性不育性状关联分析

（1）与甜瓜雄性不育关联的候选区域分析。

通过对亲本分析所获得的 SNP 位点进行过滤分析之后,对 F$_2$ 代 2 个混合基因池获得的 120 419 个 SNP 标记进行性状关联分析,采用欧式距离（Euclidean Distance,ED）算法,即利用测序数据寻找混合基因池间存在的显著差异标记,并以此评估与性状关联区域的方法。分析结果计算得出关联数值为 0.54,因此根据关联阈值判定,将甜瓜雄性不育基因关联定位区域为 chr.9 上的 6 个连锁区域,分别为 1 895 342 bp ~ 3 491 020 bp（1.60 Mb）、3 838 547 bp ~ 4 102 757 bp（0.26 Mb）、4 304 282 bp ~ 6 053 037 bp（1.75 Mb）、7 178 780 bp ~ 12 879 253 bp（5.70 Mb）、13 759 109 bp ~ 14 237 042 bp（0.48 Mb）及 14 526 647 bp ~ 15 038 222 bp（0.51 Mb）,相关结果见表4.4。

表 4.4　与甜瓜雄性不育关联的候选区域分析表

染色体	起始位点/bp	终止位点/bp	大小/Mb	候选基因数/个
chr. 9	2 628 112	3 491 020	0.86	63
chr. 9	3 838 547	4 102 757	0.26	14
chr. 9	4 304 282	6 053 037	1.75	127
chr. 9	7 178 780	8 599 536	1.42	67
合计	—	—	4.29	271

　　为了确保关联分析的准确性,利用 SNP-index 方法再次进行关联运算得出关联值,并采用 SNPNUM 方法对 △SNP-index 进行拟合,取每个 SNP 附近 200 个 SNP 的 △SNP-index 的中值作为该位点拟合后的关联值,本节研究性状为质量性状,因此其关联阈值是相应群体的理论 △SNP-index 值,即 F_2 群体的关联阈值为 0.667。利用 SNP-index 方法通过计算每一个标记与目标性状关联的概率得出与甜瓜雄性不育性状关联区域为第 9 染色体上的 2 628 112 bp ~ 3 491 020 bp(1.55 Mb)、3 838 547 bp ~ 4 102 757 bp(0.26 Mb)、4 304 282 bp ~ 6 053 037 bp(1.75 Mb)、7 178 780 bp ~ 8 599 536 bp(2.70 Mb)的区间内。最后结合 F_2 代混合基因池,利用 2 种不同方法的关联分析,将雄性不育性状定位到第 9 染色体上的 2 628 112 bp ~ 8 599 536 bp(5.97 Mb)区间内,4 个连锁区域为:628 112 bp ~ 3 491 020 bp(1.55 Mb)、3 838 547 bp ~ 4 102 757 bp(0.26 Mb)、4 304 282 bp ~ 6 053 037 bp(1.75 Mb)、7 178 780 bp ~ 8 599 536 bp(2.70 Mb)。

　　(2)关联区域的基因注释。

　　将获得的候选区域与甜瓜基因组信息进行比对,使用 BLAST 软件将关联区域内的基因分别与 NR、Swiss-Prot、GO、GOC、KEGG 数据库比对,最终将 4 个关联区域所包含的基因进行注释后分别得到 51 个、12 个、102 个和 55 个基因。针对关联区域内的基因,分析在外显子区域两个亲本的 SNP 信息,对 SNP 进行变异的注释,4 个关联区域共发现存在非同义突变 SNP 的基因数分别为 15 个、5 个、49 个和 3 个。分别对这些基因进行 GO 功能分析及 KEGG pathway 分析,这些基因可能与甜瓜雄性不育性状存在关联。

　　6. 甜瓜雄性不育基因的精细定位

　　利用 $F_{2:3}$ 群体的 252 个家系的 23 个 CAPS 标记构建连锁图谱,该染色体覆盖基因组 37.6 cM,平均距离为 1.88 cM,2 个标记 BSA16 和 BSA3-3 距离甜瓜雄性不育基因的(ms-5)遗传距离分别为 0.2 cM 和 0.1 cM,甜瓜雄性不育 ms-5 位于第 9 染色体上 scaffold 000048 区间 2 522 791 bp ~ 2 555 104 bp,将该区域基因序列与甜瓜参考基因组比对,结果发现共覆盖 30 kb,包含 6 个注释基因,分别为:甜瓜小孢子败育相关转录因子(LOC103498166)、香叶烯基相关基因(LOC103498167)、甜瓜未知功能基因(LOC1034981)、甜瓜 RING-H2 finger 相关基因、甜瓜丝氨酸蛋白激酶(LOC103498169)、甜瓜热激蛋白 70 kDa 相关基因(LOC103498170)和甜瓜 RING-H2 finger 蛋白 ATL52 相关基因(LOC103498194),甜瓜雄性不育基因的精细定位如图 4.11 所示。

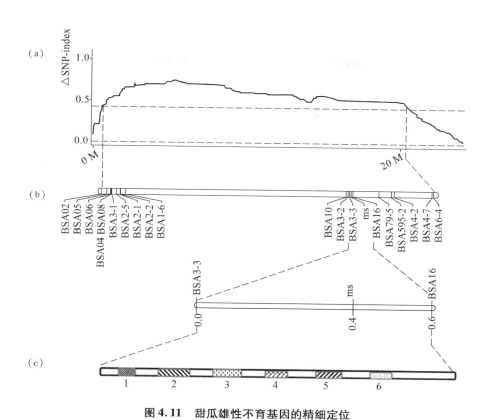

图 4.11　甜瓜雄性不育基因的精细定位

(a)SLAF - base 关联分析图;(b)雄性不育定位于第 9 染色体;(c)关联区域含有的候选基因

　　在这些基因中,甜瓜小孢子败育相关基因 *AMS* 与本节研究内容相符,查阅相关参考文献后,将 *AMS* 基因初步确定为候选基因。利用 qRT - PCR 在甜瓜雄性不育植株和可育植株的不同时期花蕾[花蕾及其长度:ms - 1(2 mm,不育植株),ms - 2(不育植株,5 mm),fs - 1(可育植株,2 mm),fs - 2(可育植株,5 mm);划分依据为前期细胞学对甜瓜雄性不育雄蕊发育结果]中的表达量并进行分析如图 4.12 所示。结果显示,*AMS* 基因表达模式与其他基因不同。*AMS* 在雄性不育植株中的表达量低于可育植株。在不同花蕾发育时期的表达量上发现,与fs - 1比较,fs - 2 中的 *AMS* 表达量显著上升,而在 ms - 1 和ms - 2中的表达量显著降低。这一研究结果与前人的 AMS 转录因子负向调控作物雄性不育的研究结果相似。

　　为了进一步确定 AMS 转录因子在亲本中的结构差异,通过亲本重测序获得 ms - 5 和HM1 - 1 的 *AMS* 基因序列,与参考基因组甜瓜 DHL92 *AMS* 基因进行比对发现有 86% 的相似性,亲本间该基因外显子区域有 5 个 SNP 位点突变差异,ms - 5 的基因序列与 DHL92 相同,因此,这些 SNP 位点可能与雄性不育无关。为了进一步判断 *AMS* 基因的功能,利用NCBI选择多种不同作物的 *AMS* 相似基因,进行基因进化树构建,发现甜瓜 *AMS* 基因是 bHLH 家族转录因子成员,其编码的蛋白在花药绒毡层的发育和小孢子母细胞减数分裂中起重要调控作用,与已发表的甘蓝 *AMS* 基因、拟南芥 *bHLH* 等具有超过 90% 以上的同源性,而这些基因与植物雄性不育有着直接的作用,尤其在花粉壁发育、绒毡层细胞空洞化、小孢子降解等方面发挥关键作用,因此确定甜瓜 *AMS* 基因为甜瓜雄性不育植株 ms - 5 候选基因。

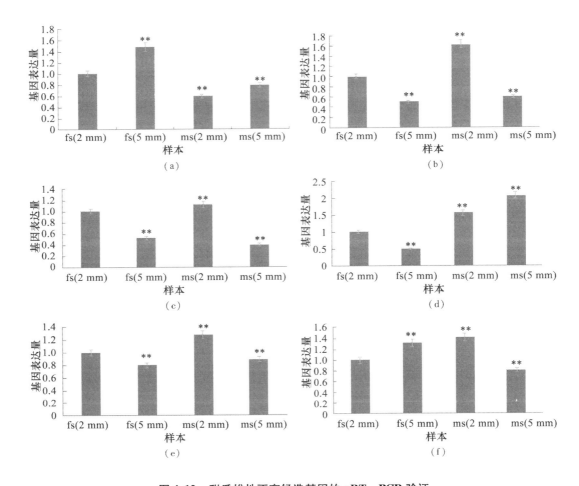

图4.12 甜瓜雄性不育候选基因的 qRT - PCR 验证

（a）为 LOC103498166；（b）为 LOC103498167；（c）为 LOC1034981；

（d）为 LOC103498194；（e）为 LOC103498169；（f）为 LOC103498170

* 表示 $P = 0.05$ 水平差异显著，** 表示 $P = 0.01$ 水平差异极显著

为了验证 *AMS* 基因在甜瓜雄性不育 F_2 群体中的表达情况，选择 20 株甜瓜 F_2 雄性不育植株、20 株甜瓜 F_2 雄性可育植株，在花蕾 2 mm 和 5 mm 时进行表达量分析，如图 4.13（a）结果显示，*AMS* 基因在甜瓜 F_2 雄性可育池中，在 5 mm 时期的表达量高于在 2 mm 时期的表达量，整体基因表达量显示，可育植株显著低于不育植株。甜瓜 F_2 雄性不育植株在 2 mm 和 5 mm 时的基因表达量显著差异，2 mm 时期雄性不育池中的基因表达量显著低于可育池。

CAPS 标记 BSA16 与甜瓜雄性不育性状紧密连锁，标记的重组率为 0.16%，与甜瓜雄性不育的遗传距离为 0.2 cM。如图 4.13（b）所示，用 BSA16 对甜瓜 F_2 群体进行验证，发现经过 CAPS 标记扩增后，在 502 bp 处有扩增产物。经过酶切处理后，502 bp 有产物的为纯合的雄性不育植株，495 bp 有酶切产物的为纯合的雄性可育植株，两个位点都有酶切产物的为杂合植株。该标记结合酶切可作为共显性标记来检测甜瓜雄性不育植株。在 252 株 F_2 植株中，58 株显示为雄性不育，194 株植株显示为雄性可育，与田间调查的性状相吻合。

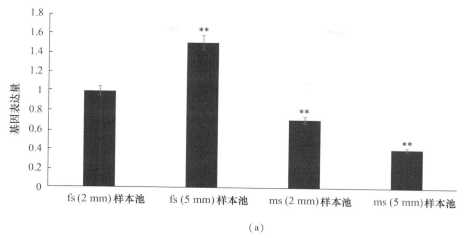

(a)

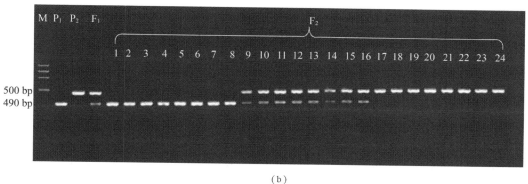

(b)

图 4.13　甜瓜 F$_2$ 群体基因 RNA 水平及 DNA 水平检测

(a)*AMS* 基因在甜瓜 F$_2$ 群体可育池与不育池不同发育时期的表达量分析;

(b)SA16 在甜瓜 F$_2$ 群体可育植株与不育植株中的扩增差异情况

* 表示 $P = 0.05$ 水平差异显著,** 表示 $P = 0.01$ 水平差异极显著

三、讨论

　　甜瓜 ms -5 雄性不育植株的花粉败育在田间容易被检测。通过电镜扫描及醋酸洋红的染色发现,ms -5 败育彻底,花粉囊不开裂造成了败育。本节研究利用甜瓜雄性不育植株 ms -5 与黑龙江省薄皮可育植株 HM1 -1 构建了 6 世代的群体,对甜瓜 ms -5 型雄性不育进行遗传规律的分析,确定了该性状为由 1 对隐性基因控制的细胞核隐性不育。为了验证甜瓜雄性不育的遗传规律,将 2 个 F$_2$ 群体分 2 年种植,调查其分离比率,结果显示 2 年的雄性不育植株与可育植株在 F$_2$ 群体中的分离比率均符合由 1 对隐性基因控制的遗传规律,并且不受环境条件的影响。本节研究通过观察 F$_{2:3}$ 代群体,筛选并构建了可育植株基因池与不育植株基因池,利用 SLAF - BSA(Specific - Locus Amplified Fragment, Bulked Segregation Analysis)将雄性不育性状相关基因定位在第 9 染色体基因组 4 304 282 bp ~ 5 036 784 bp 区

间,结合亲本重测序技术,在该区域加密设计引物,最后将该雄性不育基因定位在 scaffold000048 上 2 522 791 bp ~ 2 555 104 bp 区间,将该区域基因序列与甜瓜参考基因组比对结果发现共覆盖 30 kb。SLAF - seq 测序与基因组重测序技术提供了快速、准确鉴定与甜瓜雄性不育相关联的区域,结合 BSA 基因池的构建,为本节研究节省了定位的时间。本节研究得到与甜瓜雄性不育相关联的候选区域共 4.29 Mb,通过亲本间基因组重测序获得 SNP 位点,设计 CAPS 标记,缩小了候选区域。与甜瓜雄性不育性状紧密连锁的分子标记为 BSA16 和 BAS10,遗传距离分别为 0.2 cM 和 0.4 cM。我们试图通过增加连锁区域的分子标记来进一步精细定位甜瓜雄性不育性状,但是发现连锁区域在基因组中存在大量 N(未知序列),这与测序深度及参考基因组的数据信息有关。这 2 个分子标记可以用于甜瓜雄性不育性状的早期筛选,服务于分子标记辅助选择育种,可以减少杂交制种的投入,减少人力物力,并加快育种速度(McCreight,1983;McCreight 和 Elmstrom,1984;Park 等,2004;Jin 等,2016)。

在甜瓜 DHL92 的参考基因组中,利用 CAPS 标记 BSA3 - 3 和 BSA16 确定候选区域包含 6 个基因。这 6 个候选基因中,与以往的研究相比,AMS 表示的是在目标区域的雄性不育性状相关的候选基因(Sanders 等,1999;Thorstensen 等,2008;Xu 等,2010;Feng 等,2012;Xu 等,2014)。AMS 编码的 bHLH 转录因子,是绒毡层细胞的发育和分裂后的小孢子形成所需的。bHLH 蛋白转录因子作为二聚体结合到特定的 DNA 位点上,这些蛋白质在非植物的真核生物的不同生物过程中作为重要的调控元件。AMS 转录因子已被证明参与影响多种生物学途径的基因表达(Sorensen 等,2003;Xu 等,2010),对拟南芥 AMS 突变体表型观察显示,花粉细胞停止发育由异常扩大的绒毡层细胞和败育所致(Xu 等,2010)。Xu 等(2014)表明 AMS 在细胞壁的生物合成中起到很大的作用,并且 AMS 作为主要的协调者通过准确地调节目的基因的表达来促使花粉壁的形成(Xu 等,2014)。之前的研究表明,AMS 转录因子与雄性不育特别是雄蕊的发育和功能有关(Thorstensen 等,2008),是转录调节花粉壁的关键(Xu 等,2014),在调节花药发育和雄蕊花丝长度的方面也具有重要的作用(Sorensen 等,2003)。在研究中,AMS 是 ms - 5 雄性不育的候选基因,虽然在两亲本的 AMS 基因中发现了大量的 SNPs,还是没有证据支持雄性不育是由在 ms - 5 和 HM1 - 1 之间的 AMS 基因的结构差异导致的。与 DHL92 参考基因组序列数据库相比,所有的 SNPs 位于外显子,为了进一步分析 AMS 基因在亲本之间的结构差异,本节选取了 AMS 基因的上游 5 kb 左右区域的基因序列,预期包含启动子区域,进行了亲本间及与参考基因的序列比对,结果发现,在雄性不育 ms - 5 启动子区域有一个 8 bp 的 TATA box 序列,该序列在雄性可育株 HM1 - 1 和 DHL92 参考基因组中均缺失,推测甜瓜的育性可能与此相关。此外,在启动子结合位点上游 2 kb 左右有一个 SNP 位点突变,在雄性不育中表现为"T",而在雄性可育植株 HM1 - 1 和 DHL92 中表现为"G"。这两种类型的突变可能与雄性不育相关。

在 ms - 5 中的 SNPs 位点和 DHL92 的参考基因组是一样的,但是与 HM1 - 1 不同。SNP 亲本之间的差异可能是由于生态型 ms - 5 和 DHL92 的参照基因组属于 Cantaloupe,HM1 - 1 是薄皮甜瓜类型,与雄性不育性状无关。AMS 转录因子的基因克隆和序列分析十分重要。然而,对比之前拟南芥 AMS 转录因子的功能发现,作为转录调节因子,AMS 不是直接控制基因表达的,而是作为调节因子启动间接的作用(Xu 等,2010)。在 qRT - PCR 分析中,选取了 2 种类型(直径分别为 2 mm 和 5 mm 的花蕾)作为测试材料,以之前扫描电子显微镜(SEM)的观察结果为基础,发现在 2 mm 花蕾的发育阶段,雄性不育植株产生败育,并且在四分染色体时期(2 mm)检测出最大的不同。在研究中发现,雄性可育植株 HM1 - 1 中 AMS 基因的表达水平高于雄性不育植株 ms - 5 中的 AMS 基因表达水平,并且在 ms - 5 (2 mm)中的 AMS 基因表达水平显著低于 ms - 5(5 mm)。qRT - PCR 结果表明,来自不同材料的 AMS 基因表达水平不同。除了 AMS 基因之外,其他 5 个候选基因在雄性不育植株中具有较高的基因表达量,但是在可育植株中的基因表达水平很低,这与最初假定 AMS 基因在可育植株中基因表达水平更高的推测相反。之前的研究表明,基因表达在雄性不育中可能更高或更低,这些基因作为一个正向或反向的调节因子(Zhang 等,2006;Feng 等,2012;Ma 等,2012;Gu 等,2014;Figueroa 和 Browse,2015)。本节研究结果与 Xu 等(2010)的结果是相似的,他表明了 AMS 突变体表现出了异常发育的绒毡层及败育的小孢子,这对植物细胞程序化死亡过程起到正向调节的作用。在拟南芥中,对雄性不育小孢子发育相关基因 AMS 已有相关报道(Xu 等,2010)。为了更好地了解 AMS 在甜瓜雄性不育和花药发育过程中的调节作用,作者所在课题组正在开展利用扫描电子显微镜(SEM)和透射电子显微镜(TEM)观察并识别花粉壁发育。拟将 AMS 转录因子转录到拟南芥 AMS 突变体和甜瓜雄性不育种质中,通过转基因植株鉴定雄性不育 AMS 基因的功能,雄性不育与雄性可育花蕾的转录组测序分析也正在进行,为深入了解甜瓜雄性不育的机理提供重要的理论依据。

在研究中,AMS 同源基因的序列比对和 BLAST 分析显示,与已发表的模式作物中 AMS 相关基因具有较高的同源性(Sorensen 等,2003)。这些同源序列的 AMS 转录因子在甘蓝、萝卜、番茄及拟南芥中均有报道,并且该转录因子与雄性不育相关。AMS 蛋白质结构分析显示其为 MBY 家族中的 bHLH 转录因子,在花粉壁的发育中起着重要的作用。因此,综合上述推测,本节研究将 AMS 作为甜瓜雄性不育 ms - 5 的候选基因。

第四节　甜瓜雄性不育转录组分析

甜瓜与其他作物相比具有明显的杂种优势。高通量测序技术的发展为研究植物雄性不育提供了重要的手段,随着高通量转录组测序技术的发展与成熟,目前在水稻(Oryza sativa)、小麦(Triticum aestivum)、玉米(Zea mays)、棉花(Gossypium hirsutum)等多个物种中,对细胞核雄性不育(Genic Male Sterility,GMS)(Chen 等,2015;An 等,20114)、细胞质雄性不育(Cytoplasmic Male Sterility,CMS)(Li 等,2015)等多种败育类型,已有采用高通量测序技术从转录水平分析雄蕊败育发生特征的研究报道。利用转录组测序挖掘与雄性不育差异表达的相关基因,为解析雄性不育分子机理提供了重要途径。从以往的研究结果看,应用高通量转录组测序技术可以获得大量的在不育材料与可育材料间差异表达的基因,这些差异表达的基因在植物花粉发育中具有重要的功能作用,对于了解植物雄性不育具有重要的意义。本节研究利用雄性不育两用系,根据前期对花蕾直径与花粉发育相关性的研究结果,对甜瓜可育植株与不育植株的 5 mm 花蕾的雄蕊进行转录组测序,筛选抗氧化酶相关差异表达基因,结合 qRT - PCR 鉴定差异基因表达量,并对雄性不育植株与可育植株的花蕾的酶活性进行测定,从转录水平、生化水平共同研究抗氧化酶与雄性不育的关系,为进一步了解甜瓜雄性不育的分子机理提供理论支持。

一、材料与方法

1. 材料

甜瓜雄性不育植株(ms-5),厚皮甜瓜,由 McCright 研究院提供。该雄性不育为由 1 对隐性基因控制的细胞核雄性不育。根据前期对可育植株和不可育植株的花蕾雄蕊发育的细胞学观察得出,花蕾直径为 5 mm 时,雄性不育植株花粉发育出现异常,与可育植株差异明显,因此选择可育植株与不育植株在该时期的花蕾中的雄蕊作为研究材料。

2. RNA 提取

选择甜瓜雄性不育可育植株与不育植株各 10 株取 5 mm 直径大小花蕾中雄蕊,按照育性分别混合,利用 Trizol 试剂盒[天根生化科技(北京)有限公司]提取总 RNA。分别采用 Nanodrop、Qubit 2.0、Aglient 2100 方法检测 RNA 样品的纯度、浓度和完整性等,以保证使用合格的样品进行转录组测序。

3. 转录组测序

利用 HiSeq 4000 进行高通量测序技术(百迈客生物技术有限公司),测序读长为 PE150,对可育植株与不育植株的雄蕊样本开展测序,每个样本 3 次重复。将下机数据进行过滤得到 clean data,与指定的参考基因组进行序列比对(从 https://melonomics.net/files/Genome/Melon_genome_v3.5.1/获得基因组),得到 Mapped Data,通过 BLAST 数据库(http://blast.ncbi.nlm.nih.gov/Blast.cg)对获得的序列进行比对;分析比对所得的基因注释、基因功能,所用数据库为蛋白数据库 Nr(ftp://ftp.ncbi.nih.gov/blast/db/、http://www.uniprot.org/)、Pfam 数据库(http://pfam.xfam.org/)、KEGG 序列比对数据库和 GOC(http://www.geneontology.org)(E 值约 0.000 01)。

根据基因在可育植株与不育植株的雄蕊中的表达量进行差异表达分析,以 log 值 >2 或者 Log 值 < -2 为标准获得差异表达基因,并对差异表达基因功能注释和功能富集等表达水平分析。

4. qRT-PCR 验证

2016 年 7 月,选择甜瓜雄性不育两用系可育植株与不育植株各 10 株,种植在黑龙江八一农垦大学温室内,将可育植株与不育植株分别混合,利用 QiaGen RNA 提取试剂盒,提取混合样本 RNA。RNA 的质量浓度大于 100 ng/μL,$OD_{260/280}$ 的值大于 1.8,使用 Promega 公司反转录试剂盒获得 cDNA。反应体系为 50 μL:0.1 μg 模板 DNA,2 μL(10 μmol/L)引物,5.0 μL 10×PCRbuffer(无 Mg^{2+}),4.0 μL Mg^{2+}(25 mmol/L),1.0 μL dNTPs(10 mmol/L)及 3 U Taq 酶(TaKaRa)。反应体系为:95 ℃ 3 min;95 ℃ 50 s,52 ℃ 40 s,72 ℃ 2 min,35 个循环;延伸 72 ℃ 5 min。以差异表达基因为模板,用 Primer5 软件设计引物,引物序列由上海宝生物公司合成。qRT-PCR 在黑龙江八一农垦大学生物技术中心完成。差异表达基因 qRT-PCR 验证引物信息见表 4.5。

5. 甜瓜雄性不育两用系抗氧化酶提取

过氧化氢酶(CAT)活性测定采用紫外吸收法;用愈创木酚法测定过氧化物酶(POD)活性。各指标测定实验重复 3 次,取平均值,所得数据用 Microsoft Excel 软件处理。

表 4.5　差异表达基因 qRT – PCR 验证引物信息

基因名称	引物序列	
	正向	反向
过氧化物酶相关基因	ATTCTTCAGCCACCGATTTG	TCTTGTGTCTGCTCCTGCTG
过氧化氢酶同工酶相关基因	GCTGGAAGCTACCCTGAATG	AAGATATCCTCGGGCCAAGT
低品质蛋白质:过氧化物酶相关基因	GAGACCCGATTGACTTTGGA	TGCAATCGAACAACAAGAGC
β – actin 内参基因	GGTGATGAAGCTCAGTCCAA	TGTAGAAGGTGTGATGCCAAA

二、结果与分析

1.测序数据分析

如表 4.6 所示,利用 HiSeq 4000 测序技术对甜瓜雄性不育两用系可育植株与不育植株的雄蕊进行转录组测序,1/8 的测序反应,可育植株平均获得 27 391 056 clean reads,比对到参考基因组的为 4 084 880,占所有 reads 的 74.7%,比对到参考基因组唯一位置的 reads 数目为 40 662 738,占所有 reads 的 72.26%,可育植株测序数据观察 GC 平均比重为 44.09%。不育植株平均获得 28 694 291 clean reads,比对到参考基因组为 42 608 932,占所有 reads 的 73.88%,比对到参考基因组唯一位置的 reads 数目为 42 381 810,占所有 reads 的 73.49%,不育植株测序数据观察 GC 平均比重为44.09%。

表 4.6　甜瓜雄性不育两用系可育植株与不育植株的测序数据

样本	clean reads	GC 比重/%	≥Q30/%	所有 reads 数目	比对到参考基因组 reads 数目	参考基因组唯一位置的 reads 数目
fs – 5(T1)	24 622 775	43.98%	96.23%	49 245 550	36 643 440(74.41%)	36 425 474(73.97%)
fs – 5(T2)	26 955 665	43.92%	96.14%	53 911 330	40 971 298(76.00%)	40 712 905(75.52%)
fs – 5(T3)	30 594 728	44.38%	96.24%	61 189 456	45 099 902(73.71%)	44 849 835(73.30%)
平均值	27 391 056	44.09%	96.20%	54 782 112	40 874 880(74.70%)	40 662 738(72.26%)
ms – 5(T4)	38 378 270	44.14%	96.04%	76 756 540	58 219 332(75.85%)	57 909 733(75.45%)
ms – 5(T5)	21 779 425	44.18%	96.04%	43 558 850	31 500 381(72.32%)	31 335 946(71.94%)
ms – 5(T6)	25 925 177	43.95%	96.17%	51 850 354	38 107 083(73.49%)	37 899 753(73.09%)
平均值	28 694 291	44.09%	96.08%	57 388 581	42 608 932(73.88%)	42 381 810(73.49%)

注:fs – 5 为可育植株,ms – 5 为不育植株;T1 ~ T3 为雄性可育 3 次重复,T4 ~ T6 雄性不育 3 次重复;GC 比重为 clean data GC 比重,即 clean data 中 G 和 C 两种碱基数目占总碱基数目的百分比;≥Q30 为 clean data 质量值大于或等于 30 的碱基数目所占总碱基数目的百分比,clean reads 数目按单端计;比对到参考基因组 reads 数目为比对到参考基因组上的 reads 数目及其在 clean reads 中占的百分比;参考基因组唯一位置的 reads 数目为比对到参考基因组唯一位置的 reads 数目。

2.差异表达基因分析

前人的研究结果显示,同一个基因在不同的重复学样本之间存在生物学的可变性(Elowitz 等,2002;Hansen 等,2011),而高通量测序技术也无法彻底消除这种可变性。为了解决这个问题设立生物学重复,将皮尔逊相关系数 R(pearson's correlation coefficient)作为生物学重复相关性的评估指标,R^2 越接近 1,说明两个重复样品相关性越强。可育植株样本(T1,T2,T3)与不育植株样本(T4,T5,T6)重复性如图4.14。可育植株3次重复的 R^2 值均大于0.6,基因表达在 T1 中与 T2、T3 中存在较大差异,说明变异程度较高,因此在后期差异基因的鉴定过程中,将可育植株 T1 的测序数据去掉,保证差异基因选择的准确性。不育植株样本3次重复 R^2 值均大于 0.9,T4 与 T5、T6 之间的基因表达的变异程度较低,差异性不显著。

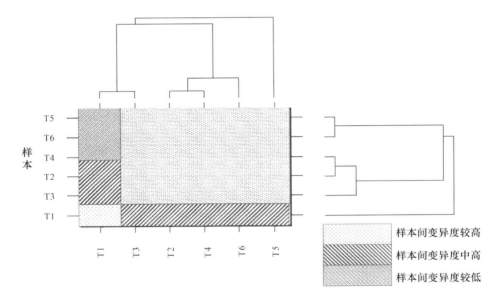

图4.14 测序样本3次重复之间相关性热图
T1~T3 雄性不育样本;T4~T6 雄性可育株样本

甜瓜雄性不育植株与可育植株的测序数据以 lg 值大于 2 或者小于 -2 为标准,筛选差异表达基因,共有 1 364 个差异基因表达,其中834 个基因表达上调,530 个基因表达下调。对筛选出的差异表达基因按照具有相同或相似的表达模式进行聚类分析,共分为 28 类,其中第 8 类中有 18 个差异表达基因,这些基因与超氧代谢途径相关性显著($P>0.001$),说明雄性不育的发放过程中与超氧代谢存在相关性,如图 4.15 所示,在雄性可育植株中差异基因表达量较高,在不育植株中差异基因的表达量降低,如图 4.15(b)所示,而且相同样本的3 次重复之间差异不显著。对差异表达基因进行 GO 功能分析显示,共有1 118个基因归属于生物合成、分子功能和细胞组分 3 大分支,其余基因功能未知。对差异表达基因的 GO 富集分析显示,在分子功能分支中,CAT 参与的催化过程中有 576 个差异表达基因,其中 17 个基因差异表达极显著。

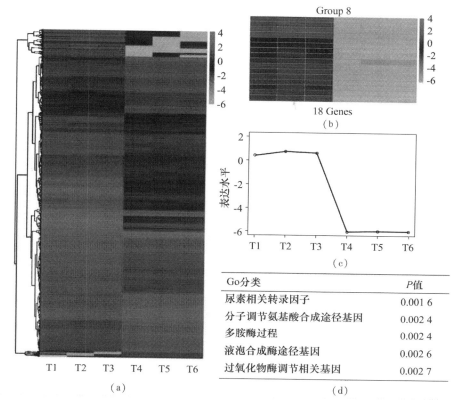

图4.15 甜瓜雄性不育株与可育株差异表达基因聚类图
(a)差异表达基因整体聚类分析图;(b)与酶相关的差异表达基因;
(c)差异表达基因表达水平;(d)差异表达基因差异检测值

分析比较了甜瓜雄性不育植株与可育植株的5 mm 雄蕊转录组差异表达基因参与的代谢途径,结果显示,差异表达基因 *MELO3C012183* 和 *MELO3C014656* 参与苯丙素的生物合成途径,这两个基因注释均为 POD 相关基因,参与 KO00043 催化途径。其中基因 *MELO3C012183*在雄性不育植株中与雄性可育植株中相比表达上调,基因 *MELO3C014656* 表达下调,并且表达量显著。

CAT 相关基因 *MELO3C017024* 在雄性不育植株中与可育植株中的表达量相比较表达下调,其参与色氨酸代谢途径,该基因作为氧化途径中过氧化物酶基因的接收因子,参与植物的合成代谢,如图4.16 所示。从整个生物体发育过程角度发现,E1.11.16(CAT 参与的合成途径)酶合成途径在碳素代谢、氨基酸合成途径中起到重要的关键节点作用,根据 KEGG(http://www.kegg.jp/dbget - bin/www_bget? + K03781)数据显示,该基因在植物体内作为丝氨酸/苏氨酸蛋白激酶前体,对于细胞的生长、分化、对环境的应激适应调节,具有重要作用。

3.酶类差异表达基因 qRT - PCR 验证

选择差异表达的 POD 与 CAT 进行 qRT - PCR 验证,结果如图4.17 所示,在花蕾直径为 2 mm 和5 mm 时期,POD 相关基因在不育植株中的表达量分别是可育植株的 2.2 倍和 3.1

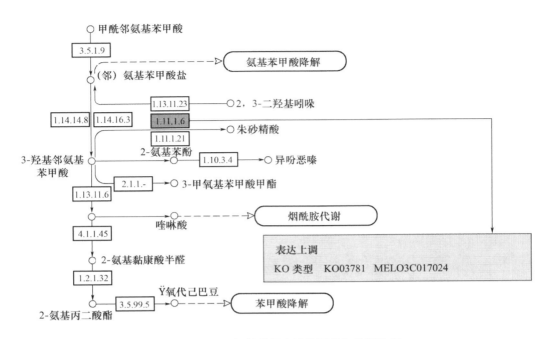

图 4.16　CAT 相关差异表达基因参与代谢途径

倍,后期该基因在两用系中的表达量都有所下降;相似的,在花蕾直径为 2 mm 和 5 mm 时期,CAT 相关基因在不育植株中的表达量分别是可育植株的 1.6 和 5.7 倍,不同的是,后期该基因在不育株中的表达量有较大幅度的上升;而 POD 相关表达基因在不育植株中的表达量分别是可育植株的 0.8 倍和 0.2 倍,后期该基因在两用系中的表达量都有不同程度的下降。

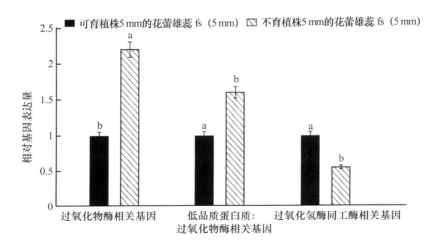

图 4.17　甜瓜酶相关基因在雄性不育系不同发育时期的花蕾中的表达分析

4. 相关酶活性的差异分析

对甜瓜雄性不育植株与可育植株的 5 mm 雄蕊的 POD、CAT 酶活性进行测定。如图 4.18所示,不育植株花器官中 CAT 活性低于可育植株。在花器官中,不育植株 SOD 活性在 $P=0.05$ 水平差异显著,不育植株 POD 活性与可育植株相比增加了 19.44%。比较可育植株和不育植株花蕾中 CAT 活性发现,不育植株花蕾中 CAT 活性显著高于可育植株,高出 30.69%。不育植株和可育植株花蕾中 CAT 活性在 $P=0.05$ 水平差异显著。

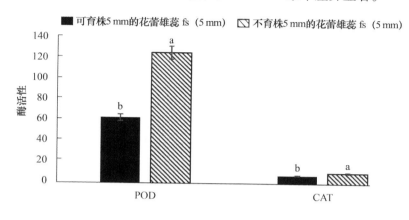

图 4.18 甜瓜雄性不育两用系相关酶活性的差异分析

三、讨论

通常植物雄蕊发育的形态特征与小孢子发育阶段具有一定的相关性,因此将花序直径或花药长度等作为标准,选取合适的发育时期的组织或器官进行测序分析比较合理,研究结果也更科学可靠。本节研究根据前期对甜瓜雄性不育两用系可育植株和不育植株的电镜扫描和石蜡切片观察的结果,认为在花蕾直径 5 mm 时,细胞发育出现差异,因此选择该时期进行转录组测序,挖掘与甜瓜雄性不育相关的差异表达基因。本节研究共发现 1 185 个差异表达基因,其中与氧化还原酶相关的差异基因为 10 个,其中 9 个差异表达基因为 POD 同源基因,1 个为 CAT 相关表达基因。比较雄性可育植株与不育植株差异基因的表达,发现 CAT 基因表达下调;POD 基因 3 个下调,6 个上调,这些基因主要集中参与氧化还原、转录调控、物质转运、花粉壁形成、脂类代谢等,由于这些过程与植物生殖生长密切相关,保证了花器官正常发育的能量和物质供应,而育性的变化必然伴随相关基因表达的改变(刘永明等,2016)。但是,由于败育的类型不同,在转录组测序过程中对差异表达基因的 GO 功能也存在差异。例如,大豆细胞质雄性不育中,参与胚发育的基因在所有差异表达基因占有数量最多(Li 等,2015),而大蒜细胞质雄性不育中,花青素代谢相关基因在差异表达基因中占有一定比例(Shemesh-Mayer 等,2015)。本节研究中发现这些差异表达基因主要参与一些氨基酸的合成,作为氧化还原酶类调节关键基因,参与植物的代谢合成。CAT 酶作为丝氨酸/苏氨酸蛋白激酶前体,通常认为它在植物抗性中具有重要作用(刘齐元等,2011),但是其在细胞程序化死亡、信号转导等方面也具有重要的作用(Arora 等,2004),而细胞程序化死亡雄性不育密切相关。植物丝氨酸/精氨酸丰富(SR)蛋白在植物花发育中调控花器官以及花分生组织形成,并在调控植物从营养生长转向生殖生长的过程中起作用(那海燕等,2008)。Ali 等(2007)在研究植物特异 SR 蛋白 SR45 中发现,植物特异蛋白SR45 调节植物开花的机制并不是通过剪接一些与开花相关的基因作用,而是 SR45 演化成为调节植物开花机制的功能基因。

有研究认为,植物在进行一系列的生理生化反应过程中,会产生有毒性的活性氧,这些活性氧引起的生理生化的紊乱与雄性不育相关(刘淑娟等,2014)。本节研究中,雄性不育植株中 POD 和 CAT 酶活性均高于可育植株,而转录组测序的差异基因表达及 qRT - PCR验证表明,POD 相关基因和 CAT 同工酶相关基因的表达量在可育植株中都低于在不育植株中,而 POD 相关表达基因表达量在可育植株中高于在不育植株中。王永琦等(2016)对西瓜雄性不育氧化酶的研究发现,POD 活性变化表现为在不育雄花蕾中高于在可育雄花蕾中;而 CAT 活性变化则表现为除了在花粉母细胞期高于可育雄花蕾外,其他时期均低于相应的可育雄花蕾,这与本节研究的结果相同。研究认为,花器官中 CAT 活性随着膜脂过氧化程度的提高而有所加强,是由植物自身的自我保护激发诱导产生的。氧自由基的积累对细胞有害,不育植株的膜脂过氧化程度显著高于可育植株,而膜脂的过氧化有可能对小孢子发育造成伤害,因此导致花粉败育。

作者研究成果

［1］ SHENG Y Y,LU X Q,WANG X Z,et al. Preliminary study on mapping of genes controlling staminate flower expression and QTL analysis of the ratio of pistillate flowers in melon (*Cucumis melo* L.)［J］. Acta Horticulturae,2010,871(4):57-62.

［2］ SHENG Y Y,LUAN F S,ZHANG F X. Genetic diversity in watermelon germplasm using SSR markers［C］. Charleston:International Cucubitacea Conference,2010.

［3］ LUAN F S,SHENG Y Y,WANG Y,et al. Performance of melon hybrids derived from parents of diverse geographic origins［J］. Euphytica,2010,173(1):1-16.

［4］ SHENG Y Y,GAO P,MA H Y,et al. Inheritance of sex expression in melon (*Cucumis melo* L.) and molecular mapping of andromonoecy using microsatellite and AFLP［C］. Waikoloa, HI:AHSH Conference,2011.

［5］ SHENG Y Y,WENG Y ,WANG X. Variance component analysis of sex expression-related traits in melon (*Cucumis melo* L.) ［C］. Waikoloa:AHSH Conference,2011.

［6］ SHENG Y Y,LUAN F S,ZHANG F X,et al. Genetic diversity within Chinese watermelon e-cotypes compared with germplasm from other countries［J］. Journal of the American Society for Horticultural Science,2012,137(3):144-152.

［7］ GAO P,SHENG Y Y,LUAN F S,et al. RNA-seq transcriptome profiling reveals differentially expressed genes involved in sex expression in melon ［J］. Crop Science, 2015 (55): 1686-1695.

［8］ SHENG Y Y,WANG Y D,JIAO S Q,et al. Mapping and preliminary analysis of ABORTED MICROSPORES (*AMS*) as the candidate gene underlying the male sterility (ms-5) mutant in melon (*Cucumis melo* L.)［J/OL］. Frontiers in Plant Science,2017,8:902(2017-05-30) ［2017-06-02］. http://journal. frontiersin. org/article/10. 3389/fpls. 2017. 00902/full. DOI:10. 3389/fpls. 2017. 00902.

［9］ 盛云燕. 甜瓜 SSR 标记与其杂种优势的研究［D］. 哈尔滨:东北农业大学,2006.

［10］ 盛云燕,栾非时,陈克农. 甜瓜 SSR 标记遗传多样性的研究［J］. 东北农业大学学报, 2006,37(2):165-170.

［11］ 盛云燕. 甜瓜雌雄异花同株遗传分析与基因定位的研究［D］. 哈尔滨:东北农业大学,2009.

［12］ 刘威,盛云燕,马鸿艳,等. 甜瓜雄全同株与纯雌株基因遗传分析及初步定位［J］. 中国蔬菜,2010,1(4):24-30.

［13］ 盛云燕,马鸿艳,路绪强,等. 甜瓜遗传图谱的构建与雌雄异花同株基因定位的研究 ［C］. 开封:纪念全国西瓜甜瓜科研生产协作 50 周年暨第 12 次全国西瓜甜瓜科研与生产协作会议,2009.

［14］ 盛云燕,侯莉华,刘芳. SSR 标记在甜瓜中的研究进展［J］. 中国农学通报,2011,27 (8):36-39.

［15］ 盛云燕,纪鹏,袁立伟,等. 甜瓜雌雄异花同株杂交后代雌花率的遗传分析［J］. 北方园

艺,2011(15):166-169.

[16] 盛云燕,刘识,李文滨.等.与甜瓜性别分化相关植物激素生物合成途径分析[J].农业生物技术学报,2012,20(7):791-798.

[17] 盛云燕.甜瓜性别基因转录组分析[R].哈尔滨:东北农业大学,2014.

[18] 盛云燕,王霞,王洋洋,等.甜瓜花器官发育相关基因的电子克隆及表达分析[J].园艺学报,2014,41(2):349-356.

[19] 孟祥楠,袁丽伟,盛云燕.整枝方式对甜瓜开花习性的影响[J].湖北农业科学,2016,55(4):927-930.

[20] 盛云燕,常薇,矫士琦,等.甜瓜雄性不育植株雄蕊发育结构及生理生化特征[J].植物生理学报,2016(7):1028-1034.

参 考 文 献

［1］ ABE A,KOSUGI S,YOSHIDA K,et al. Genome sequencing reveals agronomically important loci in rice using MutMap［J］. Nature Biotechnology,2012,30(2):174-178.

［2］ HONG A,YANG Z,YI B,et al. Comparative transcript profiling of the fertile and sterile flower buds of *pol* CMS in *B. napus*［J］. BMC Genomics,2014,15(1):258.

［3］ ARORA A,SINGH V P. Cysteine protease gene expression and proteolytic activity during floral development and senescence in ethylene-insensitive *Gladiolus grandiflora*［J］. Journal of Plant Biochemistry and Biotechnology,2004,13(2):123－126.

［4］ ARUMUGANATHAN K,EARLE E D. Nuclear DNA content of some important plant species ［J］. Plant Molecular Biology Reporter. ,1991,9(3):208－218.

［5］ BARTOSZEWSKI G,WASZCZAK C,GAWROŃSKI P,et al. Mapping of the *ms8* male sterility gene in sweet pepper(*Capsicum annuum* L.)on the chromosome P4 using PCR-based markers useful for breeding programmes［J］. Euphytica,2012,186(2):453－461.

［6］ BAUDRACCO－ARNAS S,PITRAT M. A genetic map of melon (*Cucumis melo* L.) with RFLP,RAPD,isozyme,disease resistance and morphological markers［J］. Theoretical and Applied Genetics,1996,93(1):57-64.

［7］ BEAVIS W D. QTL analysis:power,precision,and accuracy［M］//PATERSON A H. Molecular dissection of complex traits. Boca Raton,Florida:CRC Press,1998.

［8］ BRADEEN J M,STAUB J E,WYE C,et al. Towards an expanded and integrated linkage map of cucumber(*Cucumis sativus* L.)［J］. Genome,2001,44(1):111-119.

［9］ BU F,CHEN H,SHI Q,et al. A major quantitative trait locus conferring subgynoecy in cucumber［J］. Theoretical and Applied Genetics,2016,129(1):97-104.

［10］ BURR B,BURR F A. Recombinant inbreds for molecular mapping in maize:theoretical and practical considerations［J］. Trends in Genetics Tig,1991,7(2):55-60.

［11］ CAROMEL B,MUGNIÉRY D,LEFEBVRE V,et al. Mapping QTLs for resistance against *Globodera pallida*(Stone)Pa2/3 in a diploid potato progeny originating from *Solanum spegazzinii*［J］. Theoretical and Applied Genetics,2003,106(8):1517-1523.

［12］ CHEN C M,CHEN G J,CAO B H,et al. Transcriptional profiling analysis of genic male sterile-fertile *Capsicum annuum* reveal candidate genes for pollen development and maturation by RNA-Seq technology［J］. Plant Cell,Tissue and Organ Culture(PCTOC),2015,122 (2):465 － 476.

［13］ CHEN J F,STAUB J E,TASHIRO Y,et al. Successful interspecific hybridization between *Cucumis sativus* L. and *C. hystrix* Chakr［J］. Euphytica,1997,96(3):413-419.

［14］ CHEN M,SANMIGUEL P,BENNETZEN J L. Sequence organization and conservation in *sh2*/*a*1-homologous regions of sorghum and rice[J]. Genetics,1998,148(1):435-443.

[15] CHEN L,LIU Y G. Male sterility and fertility restoration in crops[J]. Annual Review of Plant Biology,2014,65(1):579-606.

[16] CHEN W,YAO J,LI C,et al. Genetic mapping of the nulliplex-branch gene(*gb_nb1*)in cotton using next-generation sequencing[J]. Theoretical and Applied Genetics,2015,128 (3):539-547.

[17] DANIN-POLEG Y,TADMOR Y,TZURI G,et al. Construction of a genetic map of melon with molecular markers and horticultural traits,and localization of genes associated with ZYMV resistance[J]. Euphytica,2002,125(3):373-384.

[18] DANIN-POLEG Y,REIS N,TZURI G,et al. Development and characterization of microsatellite markers in *Cucumis*[J]. Theoretical and Applied Genetics,2000,102(1):61-72.

[19] DANIN-POLEG Y,REIS N,BAUDRACCO-ARNAS S,et al. Simple sequence repeats in *Cucumis* mapping and map merging[J]. Genome,2000,43(6):963-974.

[20] DELLAPORTA S L,CALDERON-URREA A. Sex determination in flowering plants[J]. Plant Cell,1993,5(10):1241-1251.

[21] DELLAPORTA S L,CALDERON-URREA A. The sex determination process in Maize[J]. Science,1994(266):1501-1505.

[22] DELLAPORTA S L,CALDERON-URREA A. Sex determination in flowering plants[J]. Plant Cell,1993,5(10):1241-1251.

[23] DELONG A,CALDERON-URREA A,DELLAPORTA S L. Sex determination gene *TASSEL-SEED2* of maize encodes a short-chain alcohol dehydrogenase required for stage-specific floral organ abortion[J]. Cell,1993,74(4):757-768.

[24] DIJKHUIZEN A,STAUB J E. QTL conditioning yield and fruit quality traits in cucumber (*CUCUMIS SATIVUS* L.):effects of environment and genetic background[J]. Journal of New Seeds,2002,44(4):1-30.

[25] DOGIMONT C,LECONTE L,PÉRIN C,et al. Identification of QTLs contributing to resistance to different strains of cucumber mosaic cucumovirus in melo[J]. Acta Horticulture, 2000(510):391-398.

[26] PAPADOPOULOU E,LITTLE H A,HAMMAR S A,et al. Effect of modified endogenous ethylene production on sex expression,bisexual flower development and fruit production in melon (*Cucumis melo* L.)[J]. Plant Reproduction,2005,18(3):131-142.

[27] ELOWITZ M B,LEVINE A J,SIGGIA E D,et al. Stochastic gene expression in a single cell [J]. Science,2002(297):1183-1186.

[28] FAN Z C,ROBBINS M D,STAUB J E. Population development by phenotypic selection with subsequent marker-assisted selection for line extraction in cucumber (*Cucumis sativus* L.) [J]. Theoretical and Applied Genetics,2006,112(5):843-855.

[29] FAZIO G,CHUNG S M,STAUB J E. Comparative analysis of response to phenotypic and marker-assisted selection for multiple lateral branching in cucumber (*Cucumis sativus* L.) [J]. Theoretical and Applied Genetics,2003,107(5):875-883.

[30] FAZIO G,STAUB J,STEVENS M R. Genetic mapping and QTL analysis of horticultural traits in cucumber(*Cucumis sativus* L.) using recombinant inbred lines[J]. Theoretical and Applied Genetics,2003,107(5):864-874.

[31] FAZIO G,STAUB J E,SANG M C. Development and characterization of PCR markers in cucumber[J]. Journal of the American Society for Horticultural Science,2002,127(4): 545-557.

[32] LUAN F S,SHENG Y Y,WANG Y H,et al. Performance of melon hybrids derived from parents of diverse geographic origins[J]. Euphytica,2010,173(1):1-16.

[33] FENG B,LU D,MA X,et al. Regulation of the *Arabidopsis* anther transcriptome by *DYT1* for pollen development[J]. The Plant Journal,2012,72(4):612-624.

[34] FIGUEROA P,BROWSE J. Malesterility in *Arabidopsis* induced by over expression of a MYC5-SRDX chimeric repressor[J]. The Plant Journal,2015,81(6):849-860.

[35] FROUIN J,FILLOUX D,TAILLEBOIS J,et al. Positional cloning of the rice male sterility gene *ms-IR36*,widely used in the inter-crossing phase of recurrent selection schemes[J]. Molecular Breeding,2014,33(3):555-567.

[36] GAI J Y,WANG J K. Major plus minor gene mixed inheritance of resistance of soybeans to agromyzid beanfly (*Melanagromyza sojae Zehntner*)[J]. Soybean Genetics Newsletter,1998 (25):45-47.

[37] GORGUET B,SCHIPPER D,LAMMEREN A V,et al. *ps-2*,the gene responsible for functional sterility in tomato,due to non-dehiscent anthers,is the result of a mutation in a novel polygalacturonase gene[J]. Theoretical and Applied Genetics,2009,118(6):1199-1209.

[38] GRIFFING B. A generalised treatment of the use of diallel crosses in quantitative inheritance[J]. Heredity,1956,10(1):31-50.

[39] GU J N,ZHU J,YU Y,et al. DYT1 directly regulates the expression of *TDF1* for tapetum development and pollen wall formation in *Arabidopsis*[J]. The Plant Journal ,2014,80(6): 1005-1013.

[40] HALEY C S,KNOTT S A. A simple regression method for mapping quantitative trait loci in line crosses using flanking markers[J]. Heredity,1992,69(4):315-324.

[41] HANSEN K D,WU Z,IRIZARRY R A,et al. Sequencing technology does not eliminate biological variability[J]. Nature Biotechnology,2011,29(7):572-573.

[42] HAREL-BEJA R,TZURI G,PORTNOY V,et al. A genetic map of melon highly enriched with fruit quality QTLs and EST markers,including sugar and carotenoid metabolism genes [J]. Theoretical and Applied Genetics,2010,121(3):511-533.

[43] MA H Y,LUAN F S,SHENG Y Y,et al. Inheritance and molecular mapping of andromono-ecious and gynoecious sex determining genes in melon (*Cucumis melo* L.)[J]. Acta Horticulturae,2010 (871):197-200.

[44] HUANG Z,CHEN Y,YI B,et al. Fine mapping of the recessive genic male sterility gene (*Bnms3*) in *Brassica napus* L. [J]. Theoretical and Applied Genetics,2007,115 (1): 113-118.

［45］HUGHES D L,BOSLAND J,YAMAGUCHI M. Movement of photosynthetic in muskmelon plants［J］. Journal American Society for Horticultural Science,1983,108(2):189-192.

［46］IKEDA H,HIRAGA M,SHIRASAWA K,et al. Analysis of a tomato introgression line,IL8-3,with increased Brix content［J］. Scientia Horticulturae,2013,153(3):103-108.

［47］IRISH E E,LANGDALE J A,NELSON T M. Interactions between tassel seed genes and other sex determining genes in maize［J］. Developmental Genetics,1994,15(2):155-171.

［48］IRISH E E. Regulation of sex determination in maize［J］. Bioessays,1996,18(5):363-369.

［49］STAUB J E,DANINPOLEG Y,FAZIO G,et al. Comparative analysis of cultivated melon groups (*Cucumis melo* L.) using random amplified polymorphic DNA and simple sequence repeat markers［J］. Euphytica,2000,115(3):225-241.

［50］JANSEN R C. Interval mapping of multiple quantitative trait loci［J］. Genetics,1993,135(1):205-211.

［51］ZALAPA J E,STAUB J E,MCCREIGHT J D,et al. Detection of QTL for yield-related traits using recombinant inbred lines derived from exotic and elite US Western Shipping melon germplasm［J］. Theoretical and Applied Genetics,2007,114(7):1185-1201.

［52］JEONG H J,KANG J H,ZHAO M,et al. Tomato male sterile 10^{35} is essential for pollen development and meiosis in anthers［J］. Journal of Experimental Botany,2014,65(22):6693-6709.

［53］JIN Y,ZHANG C,LIU W,et al. The *cinnamyl* alcohol dehydrogenase gene family in melon (*Cucumis melo* L.):bioinformatic analysis and expression patterns［J］. Frontiers in Plant Science,2016,7(26):e101730.

［54］KATER M M,FRANKEN J,CARNEY K J,et al. Sex determination in the monoecious species cucumber is confined to specific floral whorls［J］. The Plant Cell (Online),2001,13(3):481-493.

［55］KAUL M L H. Male sterility in high plant［M］. Berlin:Springer,1988.

［56］KENIGSBUCH D,COHEN Y. The inheritance of gynoecy in muskmelon［J］. Genome,1990,33(3):317-320.

［57］KENT W J. BLAT-the blast-like alignment tool［J］. Genome Research,2002,12(4):656-664.

［58］KNOPF R R,TREBITSH T. The female-specific *Cs-ACS1G* gene of cucumber. A case of gene duplication and recombination between the non-sex-specific 1-aminocyclopropane-1-carboxylate synthase gene and a branched-chain amino acid transaminase gene［J］. Plant Cell Physiol,2006(47):1217-1228.

［59］KULTUR F,HARRISON H C,STAUB J E. Spacing and genotype effects on fruit sugar concentration,yield,and fruit size of muskmelon［J］. HortScience,2001,36(2):274-278.

［60］LANDE R,THOMPSON R. Efficiency of marker-assisted selection in the improvement of quantitative traits［J］. Genetics,1990,124(3):743-756.

［61］LANDER E S,BOTSTEIN D. Mapping mendelian factors underlying quantitative traits using

RFLP linkage maps[J]. Genetics,1989,121(1):185-199.

[62] SILBERSTEIN L,KOVALSKI I,BROTMAN Y,et al. Linkage map of *Cucumis* melo including phenotypic traits and sequence-characterized genes [J]. Genome, 2011, 46 (5): 761-773.

[63] LEBEL-HARDENACK S,GRANT S R. Genetics of sex determination in flowering plants [J]. Trends in Plant Science,1997,2(4):130-136.

[64] LECOUVIOUR M,PITRAT M,RISSER G. A fifth gene for male sterility in *Cucumis* melo [J]. Report - Cucurbit Genetics Cooperative,1990(13):34-35.

[65] LI G,QUIROS C F. Sequence-related amplified polymorphism(SRAP),a new marker system based on a simple PCR reaction:its application to mapping and gene tagging in *Brassica* [J]. Theoretical and Applied Genetics ,2001(103):455-461.

[66] LI J,HAN S,DING X,et al. Comparative transcriptome analysis between the cytoplasmic male sterile line NJCMS1A and its maintainer NJCMS1B in soybean (*Glycine max* L. Merr.)[J]. Plos One,2015,10(5):e0126771.

[67] ZHENG L,HUANG S W,LIU S Q,et al. Molecular isolation of the M gene suggests that a conserved-residue conversion induces the formation of bisexual flowers in cucumber plants [J]. Genetics,2009,182(4):1381-1385.

[68] LIPPERT L F,LEGG P D. Diallel analysis for yield and maturity characteristics in muskmelon cultivars[J]. Journal of the American Society for Horticultural Science,1972(97): 87-90.

[69] LU Z,NIU L,CHAGNÉ D,et al. Fine mapping of the *temperature-sensitive semi-dwarf*, (*Tssd*) locus regulating the internode length in peach (*Prunus persica*)[J]. Molecular Breeding,2016,36(2):20.

[70] LUAN F S,DELANNAY I,STANB J E. Chinese melon (*Cucumis melo* L.) diversity analyses provide strategies for germplasm curation,genetic improvement,and evidentiary support of domestication patterns[J]. Euphytica,2008,164(2):445-461.

[71] MA X,FENG B,MA H. AMS-dependent and independent regulation of anther transcriptome and comparison with those affected by other *Arabidopsis* anther genes[J]. BMC Plant Biology,2012,12(1):23.

[72] MCCREIGHT J D,ELMSTROM G W. A third muskmelon male-sterility gene[J]. HortScience,1984(19):268-270.

[73] MIBUS H,TATLIOGLU T. Molecular characterization and isolation of the *F/f* gene for femaleness in cucumber (*Cucumis sativus* L.)[J]. Theoretical and Applied Genetics,2004, 109(8):1669-1676.

[74] MONFORTE A J,OLIVER M,GONZALO M J,et al. Identification of quantitative trait loci involved in fruit quality traits in melon (*Cucumis melo* L.)[J]. Theoretical and Applied Genetics,2004,108(4):750-758.

[75] PANTHEE D R,GARDNER R G. "Mountain vineyard" hybrid grape tomato and its parents:NC 4 grape and NC 5 grape tomato breeding lines [J]. 2013,48(9):1189-1191.

［76］PARK S O,CROSBY K M,HUANG R F,et al. Identification and confirmation of RAPD and SCAR markers linked to the *ms-3* gene controlling male sterility in melon (*Cucumis melo* L.)［J］. Journal of the American Society for Horticultural Science,2004,129(6): 819-825.

［77］PARK Y H,SENSOY S,WYE C,et al. A genetic map of cucumber composed of RAPDs, RFLPs,AFLPs,and loci conditioning resistance to papaya ringspot and zucchini yellow mosaic viruses［J］. Genome,2000,43(6):1003-1010.

［78］PARK Y,KATZIR N,BROTMAN Y. Comparative mapping of ZYMV resistances in cucumber(*Cucumis sativus* L.) and melon (*Cucumis melo* L.)［J］. Theoretical and Applied Genetics,2004,109(4):707-712.

［79］PERCHEPIED L,BARDIN M,DOGIMONT C,et al. Relationship between loci conferring downy mildew and powdery mildew resistance in melon assessed by quantitative trait loci mapping［J］. Phytopathology,2005,95(5):556-565.

［80］PÉRIN C,HAGE N L S,DE C V,et al. A reference map of *Cucumis melo* based on two recombinant inbred line populations［J］. Theoretical and Applied Genetics,2002,104 (6-7): 1017-1034.

［81］PILET-NAYEL M L,MUEHLBAUER F J,MCGEE R J,et al. Quantitative trait loci for partial resistance to *Aphanomyces* root rot in pea［J］. Theoretical and Applied Genetics,2002, 106(1):28-39.

［82］POOLE C F,GRIMBALL P C. Inheritance of new sex forms in *Cucumis melo* L. ［J］. Journal of Heredity,1939,30(1):21-25.

［83］PRANATHI K,VIRAKTAMATH B C,NEERAJA C N,et al. Development and validation of candidate gene-specific markers for the major fertility restorer genes,*Rf 4* and *Rf 3* ,in rice ［J］. Molecular Breeding,2016,36(10):145.

［84］QI X,STAM P,LINDHOUT P. Use of locus-specific AFLP markers to construct a high-density molecular map in barley［J］. Theoretical and Applied Genetics,1998,96(3):376-384.

［85］QI Y,LIU Q,ZHANG L,et al. Fine mapping and candidate gene analysis of the novel thermo-sensitive genic male sterility *tms9-1* gene in rice［J］. Theoretical and Applied Genetics,2014,127(5):1173-1182.

［86］QU C,FU F,LIU M,et al. Comparative transcriptome analysis of recessive male sterility (RGMS) in sterile and fertile *Brassica napus* lines ［J］. Plos One, 2015, 10 (12):e0144118.

［87］ROSA J T. The inheritance of flower types in *Cucumis* and *Citrullus*［J］. Hilgardia,1928 (3):235-250.

［88］SAMEJIMA H,KONDO M,ITO O,et al. Root-shoot interaction as a limiting factor of biomass productivity in new tropical rice lines［J］. Soil Science and Plant Nutrition,2004,50 (4):545-554.

［89］SAMEJIMA H,KONDO M,ITO O,et al. Characterization of root systems with respect to morphological traits and nitrogen-absorbing ability in the new plant type of tropical rice lines [J]. Journal of Plant Nutrition,2005,28(5):835-850.

[90] SANDERS P M,BUI A Q,WETERINGS K,et al. Anther developmental defects in *Arabidopsis thaliana* male-sterile mutants. [J]. Sex Plant Reprod,1999(11):297-322.

[91] SHEMESHMAYER E,BENMICHAEL T,ROTEM N,et al. Garlic (*Allium sativum* L.) fertility:transcriptome and proteome analyses provide insight into flower and pollen development[J]. Frontiers in Plant Science,2015,6(6):271.

[92] SHENG Z,TANG L,SHAO G,et al. The rice thermo-sensitive genic male sterility gene *tms9*:pollen abortion and gene isolation[J]. Euphytica,2015,203:145-152.

[93] SORENSEN A M, KRÖBER S, UNTE U S, et al. The *Arabidopsis* ABORTED MICROSPORES(*AMS*) gene encodes a MYC class transcription factor[J]. The Plant Journal,2003,33(2):413-423.

[94] SU A,SONG W,XING J,et al. Indentification of genes potentially associated with the fertility instability of S-Type cytoplasmic male sterility in maize via bulked segregant RNA-Seq [J]. Plos One,2016,11(9):e0163489.

[95] SUN X,LIU D,ZHANG X,et al. SLAF-seq:an efficient method of large-scale *de novo* SNP discovery and genotyping using high-throughput sequencing [J]. Plos One, 2013, 8 (3):e58700.

[96] TAKAGI H,ABE A,YOSHIDA K,et al. QTL-seq:rapid mapping of quantitative trait loci in rice by whole genome resequencing of DNA from two bulked populations[J]. The Plant Journal,2013,74(1):174.

[97] TAN J,TAO Q,NIU H,et al. A novel allele of *monoecious* (*m*) locus is responsible for elongated fruit shape and perfect flowers in cucumber (*Cucumis sativus* L.)[J]. Theoretical and Applied Genetics,2015,128(12):2483-2493.

[98] TANKSLEY S D. Mapping polygenes[J]. Annual Review of Genetics, 1993, 27 (27): 205-233.

[99] THORSTENSEN T,GRINI P E,MERCY I S,et al. The *Arabidopsis* SET-domain protein ASHR3 is involved in stamen development and interacts with the bHLH transcription factor ABORTED MICROSPORES (*AMS*)[J]. Plant Molecular Biology,2008,66(1):47-59.

[100] TRINDADE L M,HORVATH B,BACHEM C,et al. Isolation and functional characterization of a stolon specific promoter from potato (*Solanum tuberosum* L.)[J]. Gene,2003, 303(3):77-87.

[101] VOS P,HOGERS R,BLEEKER M,et al. AFLP:a new technique for DNA fingerprinting [J]. Nucleic Acids Research,1995,2(21):4407-4414.

[102] WALL J R. Correlated inheritance of sex expression and fruit shape in *Cucumis*[J]. Euphytica,1967,16(2):199-208.

[103] WANG K,PENG X,JI Y,et al. Gene,protein,and network of male sterility in rice[J]. Frontiers in Plant Science,2013,4(7):92.

[104] WANG Z,ZOU Y,LI X,et al. Cytoplasmic male sterility of rice with boro II cytoplasm is caused by a cytotoxic peptide and is restored by two related PPR motif genes via distinct

modes of mRNA silencing[J]. Plant Cell,2006,18(3):676-687.

[105] WEI M,WEI H,WU M,et al. Comparative expression profiling of miRNA during anther development in genetic male sterile and wild type cotton[J]. BMC Plant Biology,2013,13 (1):66.

[106] XIA C,CHEN L L,RONG T Z,et al. Identification of a new maize inflorescence meristem mutant and association analysis using SLAF-seq method[J]. Euphytica,2015,202(1):35-44.

[107] XIN L,JIWEN Z,CUICUI Z,et al. Development of photoperiod- and thermo-sensitive male sterility rice expressing transgene *Bacillus thuringiensis*[J]. Breeding Science,2015,65 (4):333-339.

[108] XU J,DING Z,VIZCAY-BARRENA G,et al. *Aborted microspores* acts as a master regulator of pollen wall formation in *Arabidopsis*[J]. Plant Cell,2014(26):1544-1556.

[109] XU J,YANG C,YUAN Z,et al. The *Aborted Microspores* regulatory network is required for postmeiotic male reproductive development in *Arabidopsis thaliana*[J]. Plant Cell,2010 (22):91-107.

[110] XU X,LU L,ZHU B,et al. QTL mapping of cucumber fruit flesh thickness by SLAF-seq [J]. Scientific Reports,2015(5):15829.

[111] YANG C,YANG L,YANG Y,et al. Rice root growth and nutrient uptake as influenced by organic manure in continuously and alternately flooded paddy soils[J]. Agricultural Water Management,2004,70(1):67-81.

[112] ZALAPA J E,STAUB J E,MCCREIGHT J. Generation means analysis of plant architectural traits and fruit yield in melon[J]. Plant Breeding,2006(125):482-487.

[113] ZALAPA J E. Inheritance and mapping of plant architecture and fruit yield in melon (*Cucumis melo* L)[D]. Madison:University of Wisconsin-Madison,2005.

[114] ZENG Z B. Precision mapping of quantitative trait loci[J]. Genetics,1994(136):1457-1468.

[115] ZHANG H,WU J,DAI Z,et al. Allelism analysis of *BrRfp* locus in different restorer lines and map-based cloning of a fertility restorer gene,*BrRfp1*,for *pol* CMS in Chinese cabbage (*Brassica rapa* L.)[J]. Theoretical and Applied Genetics,2016,130(3):539-547.

[116] ZHANG H P,YI H,WU M Z,et al. Mapping the flavor contributing traits on "Fengwei Melon" (*Cucumis melo* L.) chromosomes using parent resequencing and super bulked-segregant analysis[J]. Plos One,2016,11(2):e0148150.

[117] ZHANG W,SUN Y J,TIMOFEJEVA L,et al. Regulation of *Arabidopsis* tapetum development and function by DYSFUNCTIONAL TAPETUM1 (*DYT1*) encoding a putative bHLH transcription factor[J]. Development,2006(133):3085-3095.

[118] ZHAO T,JIANG J,LIU G,et al. Mapping and candidate gene screening of tomato *Cladosporium fulvum*-resistant gene *Cf-19*,based on high-throughput sequencing technology[J]. BMC Plant Biology,2016,16(1):51.

[119] LI Z,PAN J S,GUAN Y,et al. Development and fine mapping of three co-dominant SCAR

markers linked to the *M/m* gene in the cucumber plant (*Cucumis sativus* L.) [J]. Theoretical and Applied Genetics,2008,117(8):1253-1260.

[120] ZHENG W,WANG Y J,WANG L L,et al. Genetic mapping and molecular marker development for *Pi65(t)*,a novel broad-spectrum resistance gene to rice blast using next-generation sequencing[J]. Theoretical and Applied Genetics,2016,129(5):1035-1044.

[121] 艾子凌. 甜瓜遗传图谱的构建及白粉病抗病基因的初步定位[D]. 哈尔滨:东北农业大学,2015.

[122] 安岩. 胡萝卜雄性不育系生理生化特性的研究[D]. 北京:中国农业大学,2004.

[123] 曹墨菊,程江,汪静,等. 太空诱变玉米核雄性不育与植物激素的关系[J]. 核农学报,2010,24(3):447-452.

[124] 陈宸,崔清志,陈惠明,等. 黄瓜强雌性状的主基因 + 多基因混合遗传模型分析[J]. 热带作物学报,2015,36(10):1769-1773.

[125] 陈凤祥,胡宝成,李成,等. 甘蓝型油菜细胞核雄性不育的遗传研究 – Ⅰ. 隐性核不育系 9012A 的遗传[J]. 作物学报,1998(24):431-438.

[126] 陈凤真. 西葫芦果径性状主基因 – 多基因混合遗传分析[J]. 安徽农业科学,2011,39(8):4440-4442.

[127] 陈凤真. 西葫芦农艺性状的遗传、遗传图谱的构建及遗传多样性的研究[D]. 泰安:山东农业大学,2008.

[128] 陈惠明,刘晓虹. 黄瓜性型遗传规律的研究[J]. 湖南农业大学学报,1999,25(1):40-43.

[129] 陈惠明,卢向阳,许亮,等. 黄瓜性别决定相关基因和性别表达机制[J]. 植物生理学通讯,2005,41(1):7-13.

[130] 陈惠云,孙志栋,凌建刚. AFLP 分子标记及其在植物遗传学研究中的应用[J]. 绿色科技,2007(7):52-54.

[131] 陈建省,陈广凤,李青芳,等. 利用基因芯片技术进行小麦遗传图谱构建及粒重 QTL 分析[J]. 中国农业科学,2014,47(24):4769-4779.

[132] 陈劲枫,娄群峰,余纪柱,等. 黄瓜性别基因连锁的分子标记筛选[J]. 上海农业学报,2003,19(4):11-14.

[133] 陈克农,盛云燕,朱子成. 不同甜瓜品种含糖量差异分析[J]. 北方园艺,2012(10):35-38.

[134] 陈黎明,柳李旺,晋萍,等. 两个萝卜雄性不育材料胞质的细胞学与分子鉴定[J]. 分子植物育种,2009,7(4):757-762.

[135] 陈丽静. 番茄 AFLP 分子遗传连锁图谱的构建及抗病基因 Multi-caps 标记识别体系建立[D]. 沈阳:沈阳农业大学,2006.

[136] 陈启亮,李清国,田瑞,等. AFLP 标记及其在园艺植物遗传育种中的应用[J]. 长江大学学报(自然科学版),2005,2(2):19-24.

[137] 陈全求,蓝家样,韩光明,等. 核不育系杂交棉不同发育时期抗氧化酶活性变化及其杂种优势分析[J]. 湖北农业科学,2015,54(24):6173-6177.

[138] 陈贤丰,梁承邺. HPGMR 不育花药能量代谢,H_2O_2 的积累与雄性不育关系[J]. 植物

生理学通,1991,27(1):21-24.

[139] 陈学好,曾广文.黄瓜花性别分化与内源多胺的关系[J].植物生理与分子生物学学报,2002,28(1):17-22.

[140] 陈中海.番木瓜性别的生化标记与分子标记研究[D].福州:福建农林大学,2001.

[141] 程丽莉.燕山板栗实生居群遗传多样性研究与核心种质初选[D].北京:北京林业大学,2005.

[142] 程周超.黄瓜SSR遗传图谱的构建及黄瓜重要农艺性状的QTL定位[D].北京:中国农业科学院,2010.

[143] 迟莹莹,高鹏,朱子成,等.基于CAPS标记的西瓜果实与种子相关性状QTL分析[J].中国农业科学,2017,50(7):1282-1293.

[144] 戴君惕.作物分子数量遗传学研究现状与应用前景[J].作物研究,1996(1):39-42.

[145] 戴陆园.云南稻种资源耐冷性研究[D].武汉:华中农业大学,2002.

[146] 窦振东,燕玲,赵淑文,等.大白刺雄性不育株超微结构和生理生化特性研究[J].干旱区资源与环境,2013,27(12):137-141.

[147] 范敏,许勇,张海英,等.西瓜果实性状QTL定位及其遗传效应分析[J].遗传学报,2000,27(10):902-910.

[148] 冯小磊,范光宇,苏旭,等.植物雄性不育生理生化研究进展[J].作物杂志,2012(3):6-11.

[149] 付福友.甘蓝型油菜遗传图谱的构建和品质相关性的QTL分析[D].重庆:西南大学,2007.

[150] 付瑜华.木薯初级分子遗传图谱构建[D].海口:海南大学,2007.

[151] 傅廷栋.杂交油菜的育种与利用[M].武汉:湖北科学技术出版社,2000.

[152] 盖钧镒,管荣展,王建康.植物数量性状QTL体系检测的遗传实验方法[J].世界科技研究与发展,1999,21(1):34-40.

[153] 盖钧镒,章元明,王建康.QTL混合遗传模型扩展至2对主基因+多基因时的多世代联合分析[J].作物学报,2000,26(4):385-391.

[154] 盖钧镒,章元明,王建康.植物数量性状遗传体系[M].北京:科学出版社,2003:224-260.

[155] 盖钧镒.植物数量性状遗传体系的分离分析方法研究[J].遗传,2005,27(1):130-136.

[156] 高国训,王武台,吴锋,等.芹菜胞质雄性不育系与保持系生理生化特性分析[J].天津农业科学,2013,19(8):1-4.

[157] 高美玲,栾非时,朱子成.甜瓜重组自交系群体第1雌花开花期遗传分析[J].中国蔬菜,2012(22):24-29.

[158] 高美玲.甜瓜雌花相关性状遗传分析及基因定位[D].哈尔滨:东北农业大学,2011.

[159] 高营营.结球甘蓝细胞质雄性不育系细胞学及生理生化分析[D].哈尔滨:东北农业大学,2014.

[160] 葛风伟.黄瓜分子连锁图谱的构建[D].乌鲁木齐:新疆农业大学,2004.

[161] 葛娟,郭英芬,于澄宇,等.甘蓝型油菜光、温敏雄性不育系Huiyou50S花粉败育的细

胞学观察［J］.作物学报,2012,38（3）:541-548.

［162］耿庆林,任雪松,李成琼.甘蓝雄性不育材料 Ms2008076 花药发育的细胞学研究［J］.中国蔬菜,2011(6):33-37.

［163］顾兴芳,张圣平,徐彩清,等.黄瓜雌性系诱雄方法研究［J］.北方园艺,2003(5):41.

［164］关荣霞.大豆重要农艺性状的 QTL 定位及中国大豆与日本大豆的遗传多样性分析［J］.北京:中国农业科学院,2004.

［165］郭菊卉.普通荞麦重组自交系群体 SSR 标记遗传作图与重要农艺性状的 QTL 定位［D］.贵阳:贵州师范大学,2014.

［166］郭瑞星,刘小红,荣廷昭.植物 SSR 标记的发展及其在遗传育种中的应用［J］.玉米科学,2005,13(2):8-11.

［167］国广泰史,钱前,佐藤宏之,等.水稻纹枯病抗性 QTL 分析［J］.遗传学报,2002,29(1):50-55.

［168］韩晓雨.萝卜雄性不育系及其保持系的生理生化分析和 SSR 标记研究［D］.泰安:山东农业大学,2012.

［169］昊晓雷,王永军,贺超英,等.大豆重要农艺性状的 QTL 分析［J］.遗传学报,2001,28(10):947-955.

［170］何长征,艾辛,匡逢春.不同性型黄瓜植株保护酶类活性的差异［J］.湖南农业大学学报(自然科学版),2001,27(4):289-291.

［171］洪雅婷,沈向群,陈永浩,等.四季萝卜(*Raphanus sativus var. radicula*)抗根肿病遗传规律［J］.西北农业学报,2013(7):138 -142.

［172］侯磊,肖月华,李先碧,等.棉花洞 A 雄性不育系花药发育的 mRNA 差别显示［J］.遗传学报,2002,29(4):359-363.

［173］胡新军,韩小霞,粟建文,等.中国南瓜可溶性固形物含量的主基因＋多基因遗传分析［J］.中国农学通报,2015,31(10):69-73.

［174］黄福平.茶树遗传多样性分析与遗传图谱的构建［D］.杭州:浙江大学,2005.

［175］黄和艳.甘蓝(*Brassica Oleracea var. capitata*)显性雄性不育基因分子标记辅助育种研究［D］.北京:中国农业科学院,2005.

［176］黄琼.新疆甜瓜果实绿色条纹性状 AFLP 标记的初步筛选［D］.乌鲁木齐:新疆大学,2008.

［177］贾高峰.普通小麦 DH 群体赤霉病抗性遗传研究及 QTL 检测和效应分析［D］.南京:南京农业大学,2005.

［178］简德明.和黄瓜白粉病抗性基因紧密连锁的 AFLP 分子标记研究［D］.北京:首都师范大学,2007.

［179］孔祥义,李劲松,许如意,等.不同整枝留果方式对甜瓜产量与品质的影响［J］.中国瓜菜,2008,21(1):10-12.

［180］腊萍.38 个甜菜品种 RAPD 分析及重要农艺性状分子标记的研究［D］.乌鲁木齐:新疆农业大学, 2007.

［181］乐素菊,汪文毅,邵光金,等.茄子果形性状的主基因＋多基因混合模型遗传分析［J］.华南农业大学学报,2011,32(3):27-31.

［182］李朝霞.中国对虾人工选育群体遗传结构分析及遗传连锁图谱的构建［D］.青岛:中国海洋大学,2006.

［183］李发根.尾叶桉和细叶桉 STS 标记连锁图谱构建及生长性状 QTL 定位［D］.北京:中国林业科学研究院,2010.

［184］李计红.甜瓜性别分化的生理生化特性研究［D］.兰州:甘肃农业大学,2006.

［185］李俊周,刘艳阳,何宁,等.小麦 DH 群体数量性状的遗传析［J］.麦类作物学报,2005,25(3):16-19.

［186］李海渤.分子标记辅助选择技术及其在作物育种上的应用(综述)［J］.河北职业技术师范学院学报,2002(4):68-72.

［187］李帅阳.棉花 SSCP 标记的开发及产量和纤维品质性状的 QTL 定位［D］.武汉:华中农业大学,2012.

［188］李效尊,潘俊松,王刚,等.黄瓜侧枝基因(lb)和全雌基因(f)的定位及 RAPD 遗传图谱的构建［J］.自然科学进展,2004,14(11):1225-1229.

［189］李兴国,李全梓,张宪省.黄瓜性别决定的细胞学研究［J］.山东农业大学学报(自然科学版),2001,32(4):411-417.

［190］李秀秀,吕敬刚,彭冬秀,等.分子标记在辅助甜瓜"A"基因转育上的研究［J］.华北农学报,2004,19(4):1-3.

［191］李莹莹,魏佑营,张瑞华.辣椒(Capsicum annuum L.)雄性不育生理生化机制研究进展与展望［J］.山东农业大学学报,2004,35(3):466-469.

［192］梁莉,李荣富,李堃,等.薄皮甜瓜单性花性状转育研究［J］.华北农学报,2003,18(2):78-80.

［193］梁艳荣,胡小红,陈源闽,等.胡萝卜雄性不育系生理生化特性研究［J］.华北农学报,2006,21(3):19-22.

［194］林德佩.甜瓜基因及其育种利用(上)［J］.长江蔬菜,1999(1):32-34.

［195］林德佩.甜瓜基因及其育种利用(下)［J］.长江蔬菜,1999(2):31-34.

［196］林佩德.国外甜瓜西瓜遗传基因的研究进展［J］.新疆农业科学,1990(2):93-95.

［197］林佩德.国外西瓜甜瓜的研究动态［J］.中国西瓜甜瓜,1989(2):1-8.

［199］刘春林,官春云,李枸,等.油菜分子标记图谱构建及抗菌核病性状的 QTL 定位［J］.遗传学报,2000,27(10):918-924.

［199］刘红艳,杨敏敏,赵应忠.芝麻显性核不育系花蕾发育过程中游离氨基酸的变化［J］.核农学报,2015,29(11):2071-2076.

［200］刘红艳,吴坤,杨敏敏,等.芝麻显性细胞核雄性不育系内源激素、可溶性糖和淀粉含量变化［J］.中国油料作物学报,2014,36(2):175-180.

［201］刘立功.西瓜品种和育种材料的 DNA 指纹分析与分子鉴定［D］.北京:中国农业科学院,2005.

［202］刘莉,刘翔,焦定量,等.西瓜强雌性状的遗传效应分析［J］.园艺学报,2009,36(9):1299-1304.

［203］刘龙洲,翟文强,陈亚丽,等.甜瓜蔓枯病抗性 QTL 定位的研究［J］.果树学报,2013,30(5):748-752.

[204] 刘齐元,朱肖文,刘飞虎,等.烟草雄性不育花蕾发育过程中几种物质含量的变化[J].江西农业大学学报,2007,29(3):336-340.

[205] 刘齐元,程元强,朱肖文,等.雄性不育烟草花蕾中 SOD、POD 和 CAT 活性研究[J].中国烟草学报,2011,17(5):34-39.

[206] 刘淑娟,朱祺,幸学俊,等.植物雄性不育影响因素研究进展[J].中国农学通报,2014,30(34):46-50.

[207] 刘树兵,王洪刚,孔令让.高等植物的遗传作图[J].山东农业大学学报,1999,30(1):73-78.

[208] 刘威,盛云燕,马鸿艳,等.甜瓜雄全同株与纯雌株基因遗传分析及初步定位[J].中国蔬菜,2010(4):24-30.

[209] 刘伟华,邱博,罗红兵.花药绒毡层发育和花粉母细胞减数分裂相关基因研究进展[J].作物研究,2015,29(3):311-316.

[210] 刘雪兰,张雪梅,宗静,等.整枝方式及留果节位对秋大棚厚皮甜瓜产量的影响[J].中国蔬菜,2010(20):71-73.

[211] 刘勋甲,郑用琏,尹艳.遗传标记的发展及分子标记的检测技术[J].湖北农业科学,1998,11(2):33-35.

[212] 刘永明,张玲,邱涛,等.高通量转录组测序技术在植物雄性不育研究中的应用[J].遗传,2000,38(8):677-687.

[213] 娄群峰,余纪柱,陈劲枫,等.植物性别分化的遗传基础与标记物研究[J].植物学通报,2002,19(6):684-691.

[214] 娄群峰.黄瓜全雌性基因分子标记及 ACC 合酶基因克隆与表达研究[D].南京:南京农业大学,2004.

[215] 卢钢.白菜分子遗传图谱构建及其重要农艺性状的基因定位研究[D].杭州:浙江大学,2001.

[216] 鲁玉洋.利用 SSR 和 RAPD 技术构建柑桔分子遗传图谱[D].重庆:西南大学,2006.

[217] 栾非时,马鸿艳,杨文君.日光节能温室不同温度对黄瓜产量及其生理指标影响的研究[C].北京:中国农业工程学会第七次全国会员代表大会暨学术年会,2004.

[218] 吕俊恒,邓用华.植物雄性不育与能量代谢的关系[J].辣椒杂志,2014(1):1-6.

[219] 马德伟,马克奇.甜瓜开花生物学观察[J].中国果树,1982(2):18-19.

[220] 孟芳.紫花苜蓿抗褐斑病基因 ISSR 和 SCAR 标记研究[D].北京:北京林业大学,2008.

[221] 孟令波,褚向明.关于甜瓜起源与分类的探讨[J].北方园艺,2001,139(4):20-21.

[222] 孟秋峰,汪炳良,皇甫伟国,等.AFLP 分子标记在园艺植物研究中的应用进展[J].江西农业学报,2007,19(2):39-42.

[223] 苗晗,顾兴芳,张圣平,等.黄瓜复雌花性状 QTL 定位分析[J].园艺学报,2010,37(9):1449-1455.

[224] 苗培明.TRAP 在评价棉花种质资源多样性中的应用研究[D].乌鲁木齐:新疆农业大学,2008.

[225] 潘守举.普通荞麦(*Fagopyrum esculetum* Moench)RAPD 和 STS 遗传标记图谱研究

[D].贵阳:贵州师范大学,2007.

[226] 庞丽琴,付春宝,康红梅,等.瓜类植物花粉形态扫描电镜观察[J].山西农业科学,2006,34(4):39-41.

[227] 齐靖.枣树形和针刺性状的QTL分析[D].保定:河北农业大学,2006.

[228] 潜宗伟,唐晓伟,吴震,等.甜瓜不同品种类型芳香物质和营养品质的比较[J].中国农学通报,2009,25(12):165-171.

[229] 乔昌萍,唐瑞永,胡敏,等.整枝方式及留果数对甜瓜叶片发育和果实生产的影响[J].安徽农业科学,2009,37(5):1972-1973.

[230] 乔军,刘富中,陈钰辉,等.茄子果形遗传研究[J].园艺学报,2011,38(11):2121-2130.

[231] 曲美玲,朱文莹,杜慧,等.黄瓜第1雌花节位和雌花率基因QTL定位[J].上海交通大学学报(农业科学版),2016,34(5):8-16.

[232] 邵映田,牛永春,朱立煌,等.小麦抗条锈病基因Yr10的AFLP标记[J].科学通报,2001,46(8):669-672.

[233] 沈亮余,李荣冲,王瑞雪,等.油菜雄性不育系160S育性转换中保护酶活性变化[J].重庆师范大学学报(自然科学版),2012,29(1):82-86.

[234] 盛云燕,常薇,矫士琦,等.甜瓜雄性不育植株雄蕊发育结构及生理生化特征[J].植物生理学报,2016,52(7):1028-1034.

[235] 盛云燕.甜瓜雌雄异花同株遗传分析与基因定位的研究[D].哈尔滨:东北农业大学,2009.

[236] 盛云燕.甜瓜SSR标记与其杂种优势的研究[D].哈尔滨:东北农业大学,2006.

[237] 寿森炎,汪俏梅.高等植物性别分化研究进展[J].植物学通报,2000,17(6):528-535.

[238] 宋军,张中华,潘光堂.苎麻雄性不育材料的生理生化特性初探[J].热带亚热带植物学报,2007,15(5):428-432.

[239] 孙振久,王亚娟,张显.黄瓜分子标记辅助育种研究进展[J].西北植物学报,2006,26(6):1290-1294.

[240] 谭军.水稻F_2群体SSRs连锁分析及分子标记作图模型研究[D].杭州:浙江大学,2001.

[241] 唐棣.控制甜瓜花性型基因"A"的分子标记[D].上海:上海交通大学,2007.

[242] 涂金星,付延栋,郑用琏.甘蓝型油菜核不育材料90-2441A的遗传及其等位性分析[J].华中农业大学学报,1997(16):255-258.

[243] 汪俏梅,孙耘子,于凤池.植物性别决定基因研究进展[J].细胞生物学杂志,2002,24(1):30-34.

[244] 王彩虹,王倩,戴洪义,等.与苹果柱型基因(Co)相关的AFLP标记片段的克隆[J].果树学报,2001,18(4):193-195.

[245] 王春台.水稻白叶枯病抗性基因$Xa22(t)$和$Xa24(t)$的精细定位和物理图谱的构建[D].武汉:华中农业大学,2000.

[246] 王坚.历史回顾与问题讨论——关于我国西瓜甜瓜发展具有明显中国特色问题的探讨[J].中国瓜菜,2016,29(8):61-62.

[247] 王坚.西瓜、甜瓜优质高效栽培技术[J].北方果树,2001(3):27-30.

[248] 王建康,盖钧镒.利用杂种 F_2 世代鉴定数量性状主基因－多基因混合遗传模型并估计其遗传效应[J].遗传学报,1997,24(5):432-440.

[249] 姚建春.利用香瓜×哈密瓜 F_2 群体构建 SRAP 连锁图[D].兰州:甘肃农业大学,2006.

[250] 程振家.甜瓜(*Cucumis melo* L.)白粉病抗性遗传机制及抗病基因 AFLP 分子标记研究[D].南京:南京农业大学,2006.

[251] 王鹏.大豆疫霉菌的分子检测[D].北京:中国农业科学院,2006.

[252] 王强,张建农,李计红.甜瓜性别分化的显微结构观察[J].甘肃农业大学学报,2009,44(6):79-84.

[253] 王强,张建农,李计红.甜瓜性别分化的显微结构观察[J].甘肃农业大学学报,2009(6):79-84.

[254] 王瑞雪,沈亮余,邹燕,等.甘蓝型油菜雄性不育系 09A 花蕾发育过程中生理生化特性研究[J].中国农学通报,2011,27(9):176-179.

[255] 王淑华,魏毓棠,冯辉,等.大白菜雄性不育株与可育株花蕾生理生化特性比较分析[J].沈阳农业大学报,1998,29(2):132-137.

[256] 王文召.厚皮甜瓜的整枝方式[J].农村科技开发,2004(3):11.

[257] 王晓林,王兰兰,陈灵芝,等.辣椒胞质雄性不育系与保持系的生理生化特性[J].甘肃农业大学学报,2013,48(6):64-67.

[258] 王晓梅,宋文芹,刘松,等.利用 AFLP 技术筛选与银杏性别相关的分子标记[J].南开大学学报(自然科学版),2001,34(1):5-9.

[259] 王学征,张志鹏,陈克农,等.西瓜果实硬度性状主基因＋多基因遗传分析[J].东北农业大学学报,2016,47(9):24-32.

[260] 王雪.结球甘蓝抗 *Tumv* 基因的 AFLP 标记研究[D].武汉:华中农业大学,2004.

[261] 王永军.大豆重组自交系群体的构建与调整及其在遗传作图、抗花叶病毒基因定位和农艺及品质性状 QTL 分析中的应用[D].南京:南京农业大学,2001.

[262] 王永琦,杨小振,莫言玲,等.西瓜雄性不育系"Se18"抗氧化酶活性和内源激素含量变化分析[J].园艺学报,2016,43(11):2161-2172.

[263] 王玉刚,修文超,沈宝宇,等.白菜和白菜型油菜角果相关性状遗传分析[J].植物遗传资源学报,2013(3):547-552.

[264] 王珍.大豆 SSR 遗传图谱构建及重要农艺性状 QTL 分析[D].南宁:广西大学,2004.

[265] 王振国.黄瓜白粉病抗性基因遗传规律和相关分子标记的研究[D].哈尔滨:东北农业大学,2007.

[266] 吴才君.芸薹作物杂种优势形成在基因表达水平上的分子生物学基础研究[D].杭州:浙江大学,2005.

[267] 吴明珠,李树贤.新疆厚皮甜瓜开花习性与人工授粉技术的研究[J].中国农业科学,1983,16(6):38-44.

[268] 吴起顺,孙河山.甜瓜全雌系转育的性型遗传研究简报[J].吉林蔬菜,2010(2):84-86.

[269] 吴为人,李维明,卢浩然.建立一个重组自交系群体所需的自交代数(英文)[J].福建农业大学学报,1997,26(2):129-132.

[270] 吴为人,李维明.基于性状-标记回归的QTL区间测验方法[J].遗传,2001,23(2):143-146.

[271] 吴晓雷.大豆高密度遗传图谱构建和重要农艺性状基因定位、大豆属进化关系的研究[D].北京:中国农业大学,2000.

[272] 吴则东,王华忠,韩英,等.甜菜细胞质雄性不育系和保持系花期几种酶活性的比较[J].中国糖料,2009(1):27-28.

[273] 夏启中,张明菊.分子标记辅助育种[J].黄冈职业技术学院学报,2002(2):36-41,47.

[274] 肖守华,赵善仓,王崇启,等.厚皮甜瓜高效再生体系的建立[J].山东农业科学,2007(4):35-39.

[275] 谢晓兵.棉花重要农艺性状SSCP标记的建立与分析[D].杨凌:西北农林科技大学,2011.

[276] 谢震.甜瓜雌雄不同株型基因的RAPD标记[D].泰安:山东农业大学,2002.

[277] 徐永清,殷志明,王晓磊,等.薄皮甜瓜雄花小孢子发生与雄配子体发育的研究[J].安徽农业科学,2012,40(14):8039-8040,8043.

[278] 徐玉波.黄瓜(Cucumis sativus L.)性别分化相关的遗传标记研究[D].南京:南京农业大学,2004.

[279] 许勇,欧阳新星,张海英,等.与西瓜野生种质抗枯萎病基因连锁的RAPD标记[J].植物学报,1999,41(9):952-955.

[280] 许占友,常汝镇,邱丽娟,等.大豆表达序列标记(EST)研究进展[J].大豆科学,2000,19(2):165-173.

[281] 杨传平,刘桂丰,魏志刚.高等植物成花基因的研究[J].遗传,2002,24(3):379-384.

[282] 杨光华,范荣,杨小锋,等.甜瓜果实颜色3个质量性状基因的定位[J].园艺学报,2014,41(5):898-906.

[283] 杨文龙.甜瓜全雌系的遗传分析及RAPD分子标记研究[D].兰州:甘肃农业大学,2007.

[284] 杨旭.白菜(Brassica campestris L.)耐抽薹性及其农艺性状QTL定位的研究[D].杨凌:西北农林科技大学,2006.

[285] 叶波平,吉成均,杨玲玲,等.不同性别表型黄瓜基因组中雌性系特异的ACC合酶基因[J].植物学报,2000,42(2):164-168.

[286] 伊风艳,石凤翎,高翠萍,等.苜蓿雄性不育株与可育株生理生化特性的比较[J].中国草地学报,2014(6):60-65.

[287] 易克.西瓜遗传图谱的构建及其重要农艺性状的基因定位[D].长沙:湖南农业大学,2002.

[288] 于蓉.甜瓜单性花性状遗传规律及分子标记研究[D].杨凌:西北农林科技大学,2006.

[289] 于栓仓.大白菜分子遗传图谱的构建及重要农艺性状的QTL定位[D].北京:中国农

业科学院,2003.

[290] 于拴仓,王永健,郑晓鹰.大白菜耐热性 QTL 定位与分析[J].园艺学报,2003,30(4):417-420.

[291] 于栓仓,王永健,郑晓鹰.大白菜分子遗传图谱的构建与分析[J]中国农业科学,2003,36(2):190-195.

[292] 余桂红.小麦赤霉病抗性遗传分析及分子标记的开发[D].上海:上海交通大学,2008.

[293] 袁晓君.黄瓜永久群体遗传图谱的构建及花、果相关性状的 QTL 定位[D].上海:上海交通大学,2008.

[294] 张春平,何平,曲志才,等.硝酸银对黄瓜雌性系的诱雄效应[J].西南大学学报(自然科学版),2007,29(2):49-52.

[295] 张春秋.对甜瓜抗白粉病基因 *Pm-2F* 的精细定位与克隆[D].北京:中国农业科学院,2012.

[296] 张德贵.厚皮甜瓜的五种整枝方式[J].新农村,2008(10):13.

[297] 张凤兰,赵岫云.用小孢子培养创建大白菜双单倍体永久作图群体[J].华北农学报,2003,18(4):55-57.

[298] 张桂华,徐晴,韩毅科,等.利用黄瓜远缘群体遗传连锁图谱进行始花节位定位[J].中国瓜菜,2010(2):5-7.

[299] 张海霞.黄瓜抗枯萎病基因连锁分子标记的研究[D].哈尔滨:东北农业大学,2006.

[300] 张海英,许勇,王永健.葫芦科瓜类作物分子遗传图谱研究进展[J].分子植物育种,2004,2(4):548-556.

[301] 张海英,葛风伟,王永健,等.黄瓜分子遗传图谱的构建[J].园艺学报,2004,31(5):617-622.

[302] 张洁,陈学好,张海英.黄瓜遗传图谱研究进展[J].分子植物育种,2006,4(3):23-29.

[303] 张磊,司龙亭,李坤.黄瓜瓜条长度的遗传分析[J].西北农业学报,2012(3):114-117.

[304] 张丽,沈向群,官国义.水萝卜雄性不育系及保持系小孢子发生的细胞形态学观察[J].沈阳农业大学学报,2004,31(2):166-168.

[305] 张秦英,刘军伟,刘莉,等.西瓜强雌性性状的遗传分析及分子标记研究[J].华北农学报,2009,24(1):138-142.

[306] 张仁兵.用重组自交系构建西瓜分子遗传图谱[D].杭州:浙江农业大学,2003.

[307] 张瑞萍,吴俊,李秀根,等.梨 AFLP 标记遗传图谱构建及果实相关性状的 QTL 定位[J].园艺学报,2011,38(10):1991-1998.

[308] 张文静,刘亮,黄正来,等.低温胁迫对稻茬小麦根系抗氧化酶活性及内源激素含量的影响[J].麦类作物学报,2016,36(4):501-506.

[309] 张学军,杨永,李寐华,等.甜瓜抗霜霉病基因 SSR 分子标记[J].华北农学报,2016,31(S1):80-85.

[310] 张雪娇.甜瓜果实相关性状 QTL 分析[D].哈尔滨:东北农业大学,2013.

[311] 张永兵,陈劲枫,伊鸿平,等.甜瓜花粉母细胞减数分裂及雄配子体的细胞学研究

［J］.西北植物学报,2011,31(3):446-450.

［312］张志明,赵茂俊,荣廷昭,等.玉米 SSR 连锁图谱构建与株高及穗位高 QTL 定位［J］.
作物学报,2007,33(2):341-344.

［313］章元明,盖钧镒,张孟臣.利用 P_1、F_1、P_2 和 F_2 或 $F_{2:3}$ 世代联合的数量性状分离分析
［J］.西南农业大学学报,2000,22(1):6-9.

［314］赵建华.利用 RAPD 标记对不同品种(系)甜瓜遗传多样性研究［D］.兰州:甘肃农业
大学,2005.

［315］赵中秋,郑海雷,张春光.分子标记的发展及其在植物研究中的应用［J］.福建热作科
技,2000(4):13-16.

［316］郑蕊,岳思君,罗秀梅,等.雄性不育枸杞花蕾 POD 和 EST 同工酶分析［J］.安徽农业
科学,2009,37(27):12953-12954.

［317］郑祖平.玉米 SSR 分子标记连锁图谱构建及两种供氮水平下主要农艺性状 QTL 定位
分析［D］.雅安:四川农业大学,2004.

［318］周志钦.马铃薯从休眠到发芽过程差异表达基因的分析［J］.西南农业大学学报,
2001,23(3):213-215.

［319］周仲华,陈金湘.棉花 QTL 定位原理、方法及研究进展［J］.江西农业学报,2005,17
(4):106-111.

［320］朱红芳,侯瑞贤,李晓锋,等.不结球白菜雄性不育新种质不育系与保持系的生理生化
分析［J］.上海农业学报,2011,27(4):22-25.

［321］朱子成,高美玲,高鹏,等.甜瓜结实花初花节位 QTL 分析［J］.园艺学报,2011,38
(9):1753-1760.

［322］邹晓艳.黄瓜性型遗传规律及性别决定相关基因的分布和表达研究［D］.北京:中国
农业科学院,2007.